"十四五"高等教育创新型教材·电气工程及其自动化系列

U0184775

数字逻辑电路设计

（第 3 版）

主　编　张玉茹

副主编　李　晖　金　浩　赵　明

主　审　苏晓东

哈尔滨工业大学出版社

内 容 简 介

"数字逻辑电路设计"是电类专业必修的一门专业基础课。本书主要介绍数字电路及逻辑设计的基本知识、分析与设计的基本方法及常用集成芯片的使用方法等。全书共分为 10 章,基础理论部分深入浅出,简要、透彻;数字逻辑电路的分析与设计部分注重实践性;常用集成芯片的选型部分考虑实用性。书中设有大量例题和习题,部分章节后附带实验内容,最后一章给出数字系统设计案例。

本书定位于本科层次,既可作为高等院校数字逻辑电路相关课程的教学用书,也可作为科技人员和相关专业学生的参考用书。

图书在版编目(CIP)数据

数字逻辑电路设计/张玉茹主编. —3 版. —哈尔滨:哈尔滨工业大学出版社,2023.3
ISBN 978 - 7 - 5603 - 9298 - 1

Ⅰ.①数… Ⅱ.①张… Ⅲ.①数字电路-逻辑电路-电路设计 Ⅳ.①TN790.2

中国版本图书馆 CIP 数据核字(2021)第 014351 号

策划编辑 王桂芝
责任编辑 张 荣 林均豫
出版发行 哈尔滨工业大学出版社
社　　址 哈尔滨市南岗区复华四道街 10 号 邮编 150006
传　　真 0451-86414749
网　　址 http://hitpress.hit.edu.cn
印　　刷 哈尔滨久利印刷有限公司
开　　本 787 mm×1 092 mm 1/16 印张 20.75 字数 518 千字
版　　次 2016 年 2 月第 1 版 2023 年 3 月第 3 版
　　　　　2023 年 3 月第 1 次印刷
书　　号 ISBN 978 - 7 - 5603 - 9298 - 1
定　　价 56.00 元

序

　　随着产业国际竞争的加剧和电子信息科学技术的飞速发展,电气工程及其自动化领域的国际交流日益广泛,而对能够参与国际化工程项目的工程师的需求越来越迫切,这自然对高等学校电气工程及其自动化专业人才的培养提出了更高的要求。

　　根据《国家中长期教育改革和发展规划纲要(2010—2020)》及教育部"卓越工程师教育培养计划"文件精神,为适应当前课程教学改革与创新人才培养的需要,使"理论教学"与"实践能力培养"相结合,哈尔滨工业大学出版社邀请东北三省十几所高校电气工程及其自动化专业的优秀教师编写了《普通高等教育"十二五"创新型规划教材·电气工程及其自动化系列》教材。该系列教材具有以下特色:

　　1. 强调平台化完整的知识体系。系列教材涵盖电气工程及其自动化专业的主要技术理论基础课程与实践课程,以专业基础课程为平台,与专业应用课、实践课有机结合,构成了一个通识教育和专业教育的完整教学课程体系。

　　2. 突出实践思想。系列教材以"项目为牵引",把科研、科技创新、工程实践成果纳入教材,以"问题、任务"为驱动,让学生带着问题主动学习,在"做中学",进而将所学理论知识与实践统一起来,适应企业需要和社会需求。

　　3. 培养工程意识。系列教材结合企业需要,注重学生在校工程实践基础知识的学习和新工艺流程、标准规范方面的培训,以缩短学生由毕业生到工程技术人员转换的时间,尽快达到企业岗位目标需求。如从学校出发,为学生设置"专业课导论"之类的铺垫性课程;又如从企业工程实践出发,为学生设置"电气工程师导论"之类的引导性课程,帮助学生尽快熟悉工程知识,并与所学理论有机结合起来。同时注重仿真方法在教学中的作用,以解决教学实验设备因昂贵而不足、不全的问题,使学生容易理解实际工作过程。

　　本系列教材是哈尔滨工业大学等东北三省十几所高校多年从事电气工程及其自动化专业教学科研工作的多位教授、专家们集体智慧的结晶,也是他们长期教学经验、工作成果的总结与展示。

　　我深信:这套教材的出版,对于推动电气工程及其自动化专业的教学改革、提高人才培养质量,必将起到重要推动作用。

教育部高等学校电子信息与电气学科教学指导委员会委员
电气工程及其自动化专业教学指导分委员会副主任委员　

2011 年 7 月

第 3 版前言

　　"数字逻辑电路设计"是高等院校电子信息工程、计算机科学与技术、软件工程、数据科学与大数据技术及物联网工程等专业的一门重要的专业基础课,该门课具有发展快、应用广、实践性强等特点。通过学习"数字逻辑电路设计"可以获得数字电子技术方面的基础理论、基础知识和基本技能,为后续学习"微机原理""单片机原理及应用""感测技术""计算机组成原理""嵌入式系统"等课程奠定基础。

　　物联网、大数据和人工智能催生了崭新的数字化时代,由逻辑部件组成的数字系统已经渗透到人类生活的各个方面。为了适应数字电子技术的最新发展,满足不同专业学生的需要,依据教育部制定的高等院校电子技术基础课程的教学基本要求,本书在第 2 版的基础上进行修订。

　　全书共分为 10 章,分别是:数制与代码、逻辑代数基础、小规模组合逻辑电路、模块级组合逻辑电路、触发器级时序逻辑电路、模块级时序逻辑电路、脉冲信号的产生与变换、D/A 与 A/D 转换、半导体存储器和数字系统设计等。

　　此次再版,在基本保持本书第 2 版原有内容、体系结构的基础上,主要做了以下几个方面的修改和补充:

　　(1)对全书的例题进行了全面梳理,部分章节增加了例题,丰富了题型。

　　(2)为了便于读者阅读和理解,增加文字的可读性,对部分章节重新进行了修改,知识阐述更加深入浅出。

　　(3)对全书的课后习题进行了全面梳理,删除了一部分偏难偏复杂的习题。

　　(4)对第 3~6 章后面的实验内容进行了调整,给出实验设计参考电路、详细实验过程及操作方法。

　　(5)新增加了第 9 章,主要介绍半导体存储器。

　　(6)对本书的最后一章——数字系统设计,按照设计题目的难易程度,对前后顺序进行了调整,同时将复杂的设计题目划分成模块,分模块介绍电路组成、工作原理等。

　　修订后的版本保持了第 2 版"重视基础,强调功能,注重应用,以提高读者分析和设计能力为目的"的特点:

　　(1)注重基础。书中逻辑代数基础介绍详细,由浅入深,在介绍逻辑代数基础知识的过程

中深化对逻辑门概念的理解,完成由逻辑代数到逻辑器件的无缝连接;逻辑门精选了 TTL 门和 CMOS 门两种典型电路,可帮助读者更好地理解和掌握逻辑器件的逻辑功能和工作原理。

(2)注重逻辑器件选择的实用性。书中涉及的逻辑器件及其应用均结合相关专业的特点,在器件的应用上力求与专业知识相关联。

(3)重点章节编入实验。"数字逻辑电路设计"课程是一门应用性极强的专业基础课,在教材中编入了 5 个典型实验,实验采用开放式设计方法,做到了基础实验有指导题目、深入实验有提示环节、扩展实验可创新设计,体现了理论指导实践的科学教学方法。

(4)每章习题按照基础、应用和综合的结构安排。本书可满足不同层次的学习需求,习题的设置涵盖了相应章节重要的知识点。

(5)精选了 8 个综合设计实例。书中给出了设计实例的 Proteus 电路仿真图,并在附录中列出了 Proteus 中常用的逻辑器件清单,方便读者参考学习。

本书既可作为高等院校数字逻辑电路相关课程的教学用书,也可作为科技人员和相关专业学生的参考用书。作为教材用书适合于 68 学时的课程,实验环节可根据需要设置在 15 学时左右;第 10 章可作为数字逻辑课程设计或综合实验的参考资料,精选的题目均可作为 20 学时课程设计使用。

本书编写人员均为多年从事电工电子基础教学、电子信息工程专业教学及实验指导的一线教师,主编为张玉茹,副主编为李晖、金浩和赵明,参加编写的还有陈得宁、华晓杰、张楠、李云和李艺琳,苏晓东教授担任主审。本书具体编写分工如下:第 1 章由陈得宇编写;第 2 章由李晖编写;第 3 章由赵明和李晖编写;第 4 章由华晓杰编写;第 5 章由金浩编写;第 6 章和第 9 章由张玉茹编写;第 7 章由赵明和张楠编写;第 8 章由李云编写;第 10 章由赵明、李艺琳和李晖编写;附录部分由金浩和李艺琳整理并编写。

由于编者研究水平和资料查阅范围的限制,书中难免存在疏漏及不足之处,敬请广大读者指正。

编 者
2023 年 2 月

目　　录

第1章　　数制与代码

本章首先介绍有关数制与代码的基本概念及编码方法,然后介绍几种常用的编码。

1.1　概　　述

21 世纪人类社会已进入了数字经济时代,一切信息都将数字化。所有这些都是与数字电子技术密不可分的。随着集成电路技术的发展,数字系统的可靠性和准确性得到了极大的提高,全世界正在经历一场数字化信息革命,数字电子技术将更多地应用到人们的日常生活中。

1.1.1　模拟信号和数字信号

在电路中,根据信号自身特性的不同,通常把信号分为模拟信号和数字信号两大类。

1. 模拟信号

人们在自然界感知的许多物理量,如速度、压力、温度和声音等都具有一个共同的特点,它们在时间上是连续变化的,幅值上也是连续取值的,这种连续变化的物理量称为模拟量。表示模拟量的电信号称为模拟信号。工作在模拟信号下的电子电路称为模拟电路。正弦电压信号就是典型的模拟信号,如图 1.1 所示。

2. 数字信号

与模拟量相对应的另一类物理量是数字量,它的变化发生在一系列离散的瞬间,数值的大小和增减总是某一最小单位的整数倍,即数字量是一系列时间离散、幅值也离散的信号。表示数字量的电信号称为数字信号。工作在数字信号下的电子电路称为数字电路。数字信号的典型例子是应用比较广泛的二值信号,图 1.2 所示是一个二值电压信号的波形,该信号只有 0 V(低电平)和 + 5 V(高电平)两种电压值。在数字逻辑电路分析与设计中,通常用二进制中的两个数码"1"和"0"分别表示高、低电平。

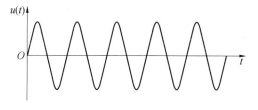

图 1.1　正弦电压信号波形图　　　　图 1.2　二值电压信号波形图

数字系统通常采用计算机对信号进行处理。由于计算机无法直接处理模拟信号,所以需要将模拟信号转换为数字信号后,再送到数字系统做进一步处理。

1.1.2　数字电路的发展

最初的数字电路是用若干个分立的半导体元件、电阻及电容连接而成的。不难想象,用这种分立元件组成大规模的数字电路非常困难,这就严重制约了数字电路的普遍应用。

1961 年,美国得克萨斯仪器公司率先将数字电路的元件制作在同一硅片上,制成了数字集成电路(Integrated Circuit,IC)。由于集成电路体积小、质量轻、可靠性好,因此在许多领域里迅速取代了分立元件组成的数字电路。直到20世纪80年代初,这种采用双极型三极管组成的 TTL(Transistor – Transistor Logic) 型集成电路一直是数字集成电路的主流产品。

然而,TTL 电路也存在着严重的缺点,即它的功耗比较大。因此,只能用 TTL 电路制作小规模集成电路(Small Scale Integration,SSI)(SSI 仅包含 10 个以内的门电路) 和中规模集成电路(Medium Scale Integration,MSI)(MSI 包含 10 ~ 100 个门电路),而无法制作成大规模集成电路(Large Scale Integration,LSI)(LSI 包含 100 ~ 10 000 个门电路) 和超大规模集成电路(Very Large Scale Integration,VLSI)(VLSI 包含 10 000 个以上的门电路)。CMOS(互补对称式金属 – 氧化物 – 半导体)(Complementary Symmetery Metal – Oxide – Semiconductor) 集成电路出现于 20 世纪 60 年代后期,它最突出的优点在于功耗低,所以非常适合制作大规模集成电路。随着 CMOS 制作工艺的不断进步,无论在运行速度上还是在驱动能力上,CMOS 电路已经不比 TTL 电路逊色。因此,CMOS 电路也成为当前数字集成电路的主流产品。

随着数字集成电路的问世和大规模集成电路工艺水平的不断提高,如今已经可以把大量的门电路集成在一块很小的芯片上,构成功能复杂的"片上系统"(System on Chip,SOC)。目前一片巨大规模集成电路(Great Large Scale Integratian,GLSI) 所含等效门电路的个数已超过一百万。数字电路已从简单的电路集成走向数字逻辑系统集成,即把整个数字逻辑系统制作在一个芯片上。

1.1.3　数字电路的特点

(1) 电路简单,易于实现。

数字电路中,只有"0" 和"1" 两种状态,而"0" 和"1" 分别对应一定范围的电压值,数字电路工作时,只需能可靠地区分出高、低两种电平状态即可,因此电路简单,易于实现。

(2) 信息便于存储、传输和处理。

数字电路中,只用"0" 和"1" 两个数码表示信息,便于信息的存储、传输和处理。

(3) 可靠性高,抗干扰能力强。

数字信号传输时,由于"0" 和"1" 分别对应一定范围的电压值,只有当传送过程中遇到相当大的干扰时,才有可能破坏信息的内容。因此,数字电路可靠性高,抗干扰能力强。

(4) 易于集成化。

由于数字电路结构简单,体积小,通用性强,因此便于集成化生产。

1.2　常用数制

用数码表示数量的多少称为计数,把多位数码中每位的构成方法以及从低位到高位的进位规则称为数制(Number System)。在日常生活中,人们习惯使用十进制。在目前应用广泛的计算机系统中,指令、数据、字母等所有信息都必须变换成硬件系统可以接收的信号——"1"和"0",采用的数制通常是二进制,有时也采用八进制或十六进制。

1.2.1　常用数制

1.十进制数的表示

十进制(Decimal System)是日常生活中最常用的数制。在十进制计数中有 $0 \sim 9$ 共 10 个数码,任何一个十进制数均用这 10 个数码来表示。计数的基数为 10,计数规则是"逢十进一、借一为十",同一数码在不同位置上表示的数值不同。例如,十进制数 7 326.51 可以表示为

$$7\ 326.51 = 7 \times 10^3 + 3 \times 10^2 + 2 \times 10^1 + 6 \times 10^0 + 5 \times 10^{-1} + 1 \times 10^{-2}$$

其中,$10^3,10^2,10^1$ 和 10^0 分别为千位、百位、十位和个位数码的权值,而小数点右侧数码的权值是 10 的负幂。

对于任意一个十进制数 N 可表示为

$$(N)_{10} = \sum_{i=-m}^{n-1} K_i \times 10^i \tag{1.1}$$

其中,K_i 是第 i 位的系数,可以是 $0 \sim 9$ 中的任意一个;n 为整数部分的位数;m 为小数部分的位数。10^i 称为第 i 位的权值。十进制数的表示常用下标 10、D 或默认不做任何标记,例如十进制数 26,可以表示为:$(26)_{10} = 26D = 26$。

2.二进制数的表示

在二进制(Binary System)计数中,只有"1"和"0"两个数码,计数的基数为 2,计数规则是"逢二进一、借一为二"。二进制数一般用下标 2 或 B 表示,例如二进制数 1010,可以表示为:$(1010)_2 = 1010B$。

对于任意一个二进制数 N 可表示为

$$(N)_2 = \sum_{i=-m}^{n-1} K_i \times 2^i \tag{1.2}$$

例如 $(1010.101)_2 = 1 \times 2^3 + 0 \times 2^2 + 1 \times 2^1 + 0 \times 2^0 + 1 \times 2^{-1} + 0 \times 2^{-2} + 1 \times 2^{-3}$。

3.八进制数和十六进制数的表示

除了二进制计数制,数字系统中还采用八进制(Octal System)计数制和十六进制(Hexadecimal System)计数制。

(1)八进制数的表示。

八进制数由 $0 \sim 7$ 共 8 个数码表示,计数的基数为 8,计数规则是"逢八进一、借一为八"。八进制数一般用下标 8 或 O 表示,例如八进制数 765,可以表示为:$(765)_8 = 765O$。

对于任意一个八进制数 N 可表示为

$$(N)_8 = \sum_{i=-m}^{n-1} K_i \times 8^i \tag{1.3}$$

例如 $(367.2)_8 = 3 \times 8^2 + 6 \times 8^1 + 7 \times 8^0 + 2 \times 8^{-1}$。

(2)十六进制数的表示。

十六进制数有 16 个数码,分别为 0,1,2,3,4,5,6,7,8,9,A,B,C,D,E,F,其中 A,B,C,D,E,F 分别代表十进制的 10,11,12,13,14,15。计数的基数为 16,计数规则是"逢十六进一、借一为十六"。十六进制数一般用下标 16 或 H 表示,例如十六进制数 1BD8,可以表示

为:$(1BD8)_{16} = 1BD8H$。

对于任意一个十六进制数 N 可表示为

$$(N)_{16} = \sum_{i=-m}^{n-1} K_i \times 16^i \tag{1.4}$$

例如 $(4AB.22)_{16} = 4 \times 16^2 + 10 \times 16^1 + 11 \times 16^0 + 2 \times 16^{-1} + 2 \times 16^{-2}$。

1.2.2 数制的转换

1. 二进制数和十进制数之间的转换

（1）二进制数转换为十进制数。

将二进制数按式（1.2）展开，然后将所有各项的数值按十进制数相加，得到的和值就是转换的十进制数。例如：

$$(1001.01)_2 = 1 \times 2^3 + 0 \times 2^2 + 0 \times 2^1 + 1 \times 2^0 + 0 \times 2^{-1} + 1 \times 2^{-2}$$
$$= 8 + 0 + 0 + 1 + 0 + 0.25 = 9.25$$

（2）十进制数转换为二进制数。

十进制数转换为二进制数时，整数部分与小数部分需分别转换。

① 整数部分的转换方法（除 2 取余法）。把十进制整数转换为二进制整数时，将十进制数连续除以 2，直到商为 0，每次所得余数依次为二进制转换结果的最低位（LSB）到最高位（MSB）。

例如，将 $(37)_{10}$ 转换为二进制数，运算过程如下：

```
            余数
  2│37      1(LSB)
  2│18      0
  2│9       1
  2│4       0
  2│2       0
  2│1       1(MSB)
    0
```

转换结果为

$$(37)_{10} = (100101)_2$$

② 小数部分的转换方法（乘 2 取整法）。把十进制小数转换为二进制小数时，可将十进制小数乘以 2，所得乘积的整数部分即为对应二进制小数最高位的值；将上次所得乘积的小数部分再乘以 2，所得乘积的整数部分即为对应二进制小数次高位的值；重复执行以上操作，直到乘积的小数部分为 0 或所得小数部分满足精度要求为止。

例如，将 $(0.6875)_{10}$ 转换为二进制数，运算过程如下：

十进制数的小数部分乘以 2	乘积的整数部分（二进制数的小数部分）
0.6875×2	1(MSB)
0.3750×2	0
0.7500×2	1
0.5000×2	1(LSB)
0.0000	

转换结果为

$$(0.687\,5)_{10} = (0.1011)_2$$

例如,将$(0.78)_{10}$转换为二进制数,转换结果精确到小数点后 2 位。运算过程如下:

十进制数的小数部分乘以 2	乘积的整数部分(二进制数的小数部分)
0.78×2	1
0.56×2	1
0.12×2	0
0.24×2	0
0.48×2	0
⋮	

由上述运算过程可知,经过 5 次乘 2 取整运算后,乘积结果还不为 0。遇到这种情况时,如果已经达到要求的精度,就可以结束乘 2 取整运算。

转换结果为

$$(0.78)_{10} = (0.11)_2$$

注意:此时的转换结果存在一定的误差。

2.十进制数与八进制数、十六进制数之间的转换

十进制数转换为八进制数、十六进制数的方法与十进制数转换为二进制数方法相似,只需将二进制数的基数分别换为对应的八进制数和十六进制数的基数即可。

例如,将$(254.358\,4)_{10}$转换为八进制数,运算过程如下:

整数部分转换		小数部分转换	
	余数		
8⌐254	6(LSB)	$0.358\,4 \times 8 = 2.867\,2$	2(MSB)
8⌐31	7	$0.867\,2 \times 8 = 6.937\,6$	6
8⌐3	3(MSB)	$0.937\,6 \times 8 = 7.500\,8$	7
0		$0.500\,8 \times 8 = 4.000\,6$	4(LSB)

转换结果为

$$(254.358\,4)_{10} = (376.267\,4)_8$$

例如,将$(254.358\,4)_{10}$转换为十六进制数,运算过程如下:

整数部分转换		小数部分转换	
	余数		
16⌐254	14(LSB)	$0.358\,4 \times 16 = 5.734\,4$	5(MSB)
16⌐15	15(MSB)	$0.734\,4 \times 16 = 11.750\,4$	11
0		$0.750\,4 \times 16 = 12.006\,4$	12(LSB)

转换结果为

$$(254.358\,4)_{10} = (FE.5BC)_{16}$$

3.二进制数与八进制数、十六进制数之间的转换

(1)二进制数转换为八进制数。

由于$2^3 = 8$,所以 3 位二进制数与 1 位八进制数相对应,转换方法:以小数点为分界线,分别向左和向右每 3 位看作一组,遇到不足 3 位时填 0 补足,整数部分在高位补 0,小数部分在低位补 0。八进制数的二进制编码表见表 1.1。

表 1.1　八进制数的二进制编码表

八进制数	二进制编码	八进制数	二进制编码
0	000	4	100
1	001	5	101
2	010	6	110
3	011	7	111

例如 $(11010111.11010111)_2 = (011\ 010\ 111.110\ 101\ 110)_2 = (327.656)_8$。

（2）八进制数转换为二进制数。

八进制数转换为二进制数的方法是将八进制数的每 1 位用对应的 3 位二进制数代替。

例如 $(67.731)_8 = (110\ 111.111\ 011\ 001)_2$。

（3）二进制数转换为十六进制数。

由于 $2^4 = 16$，所以 4 位二进制数与 1 位十六进制数相对应，转换方法：以小数点为分界线，分别向左和向右每 4 位看作一组，遇到不足 4 位时填 0 补足，整数部分在高位补 0，小数部分在低位补 0。十六进制数的二进制编码表见表 1.2。

表 1.2　十六进制数的二进制编码表

十六进制数	二进制编码	十六进制数	二进制编码
0	0000	8	1000
1	0001	9	1001
2	0010	A	1010
3	0011	B	1011
4	0100	C	1100
5	0101	D	1101
6	0110	E	1110
7	0111	F	1111

例如 $(11010111.110101101)_2 = (1101\ 0111.1101\ 0110\ 1000)_2 = (D7.D68)_{16}$。

（4）十六进制数转换为二进制数。

十六进制数转换为二进制数时，将十六进制数的每 1 位用对应的 4 位二进制数代替。

例如 $(3AB6)_{16} = (0011101010110110)_2$。

1.2.3　无符号二进制数运算

数字电路中"1"和"0"既可以表示逻辑状态，又可以表示数量的大小。当表示数量时，它们之间可以进行数值运算。

二进制数的加、减、乘、除四则运算在数字系统中经常遇到,运算规则与十进制数相似。下面介绍无符号二进制数的算术运算。

1. 二进制加法

无符号二进制数的加法规则是:

$$0 + 0 = 0, \quad 0 + 1 = 1, \quad 1 + 0 = 1, \quad 1 + 1 = [1]0$$

括号中的 1 是进位位,表示两个 1 相加"逢二进一"。

【例 1.1】　计算两个二进制数 1001 和 0101 的和。

解
$$
\begin{array}{r}
1001 \\
+\ 0101 \\
\hline
1110
\end{array}
$$

所以　　　　　　　　　　　　　$1001 + 0101 = 1110$

无符号二进制数的加法运算是最基本的一种运算,利用它的运算规则可以实现其他三种运算。

2. 二进制减法

无符号二进制数的减法规则是:

$$0 - 0 = 0, \quad 1 - 1 = 0, \quad 1 - 0 = 1, \quad 0 - 1 = [1]1$$

括号中的 1 是借位位,表示 0 减 1 时不够减,向高位借 1。

【例 1.2】　计算两个二进制数 1001 和 0101 的差。

解
$$
\begin{array}{r}
1001 \\
-\ 0101 \\
\hline
0100
\end{array}
$$

所以　　　　　　　　　　　　　$1001 - 0101 = 0100$

3. 二进制乘法

二进制数的乘法规则是:

$$0 \times 0 = 0, \quad 0 \times 1 = 0, \quad 1 \times 0 = 0, \quad 1 \times 1 = 1$$

【例 1.3】　计算两个二进制数 1001 和 0101 的积。

解
$$
\begin{array}{r}
1\ 0\ 0\ 1 \\
\times 0\ 1\ 0\ 1 \\
\hline
1\ 0\ 0\ 1 \\
0\ 0\ 0\ 0 \\
1\ 0\ 0\ 1 \\
+\ 0\ 0\ 0\ 0 \\
\hline
0\ 1\ 0\ 1\ 1\ 0\ 1
\end{array}
$$

所以　　　　　　　　　　　　　$1001 \times 0101 = 0101101$

4. 二进制除法

二进制数的除法规则是:

$$0 \div 1 = 0, \quad 1 \div 1 = 1$$

【例 1.4】　计算两个二进制数 1001 和 0101 的商。

解
$$
\begin{array}{r}
1.11 \\
0101\overline{)1001} \\
\underline{0101} \\
1000 \\
\underline{0101} \\
0110 \\
\underline{0101} \\
0001
\end{array}
$$

所以　　　　　　　　　　　　　　$1001 \div 0101 = 1.11$

1.3　有符号数表示法

在实际工作中,常常需要用计算机处理有符号数据,即带"+"和"−"号的数据。这些"+"和"−"号也必须用二进制符号来表示。下面介绍常用的有符号数(Sign Magnitude)表示方法。

1.3.1　原码表示法

原码(True Form)表示法是将最高位定义为符号位,通常用0表示正数,用1表示负数,其余部分为数值位,表示数的绝对值大小。n 位二进制原码由1位符号位和 $n-1$ 位数值位构成,可以表示十进制数的范围为: $-(2^{n-1}-1) \sim +(2^{n-1}-1)$。

8位原码由8位二进制数组成,最高位为符号位,其余7位为数值位。

【例1.5】　分别写出 $(+11)_{10}$ 和 $(-11)_{10}$ 的8位二进制原码。

解　　　　$(+11)_{10} = (+1011)_2 = (+0001011)_2 = (00001011)_{原码}$

$(-11)_{10} = (-1011)_2 = (-0001011)_2 = (10001011)_{原码}$

1.3.2　反码表示法

反码(One's Complement)表示法的符号位定义与原码相同。正数的数值位与原码数值位相同,即正数的反码与原码相同;负数的数值位通过将其原码数值位逐位取反得到。n 位二进制反码表示十进制数的范围为: $-(2^{n-1}-1) \sim +(2^{n-1}-1)$。

8位反码由8位二进制数组成,最高位为符号位,其余7位为数值位。

【例1.6】　分别写出 $(+11)_{10}$ 和 $(-11)_{10}$ 的8位二进制反码。

解　　　　$(+11)_{10} = (+1011)_2 = (+0001011)_2 = (00001011)_{反码}$

$(-11)_{10} = (-1011)_2 = (-0001011)_2 = (11110100)_{反码}$

1.3.3　补码表示法

在计算机中,有符号数通常采用补码(Complement)表示,正数的补码与原码相同;负数补码的符号位为1,数值位由其反码的数值位加1得到。n 位二进制补码表示的十进制数范围为: $-2^{n-1} \sim +(2^{n-1}-1)$。

【例1.7】　分别写出 $(+11)_{10}$ 和 $(-11)_{10}$ 的8位二进制补码。

解　　$(+11)_{10} = (+1011)_2 = (+0001011)_2 = (00001011)_{反码} = (00001011)_{补码}$

$$(-11)_{10} = (-1011)_2 = (-0001011)_2 = (11110100)_{反码} = (11110101)_{补码}$$

需要指出,当有符号数为纯小数时,原码和补码的符号位在小数点的前面,原来小数点前面的 0 不再表示出来。

【例 1.8】 分别计算 $(0.01101)_2$ 和 $(-0.01101)_2$ 的 8 位二进制原码、反码和补码。

解 $(0.01101)_2 = (0.0110100)_{原码} = (0.0110100)_{反码} = (0.0110100)_{补码}$

$(-0.01101)_2 = (1.0110100)_{原码} = (1.1001011)_{反码} = (1.1001100)_{补码}$

表 1.3 为 8 位原码、反码和补码的对照表。

表 1.3 8 位原码、反码和补码的对照表

十进制数	二进制数		
	原码	反码	补码
+ 127	01111111	01111111	01111111
+ 126	01111110	01111110	01111110
+ 125	01111101	01111101	01111101
⋮	⋮	⋮	⋮
+ 2	00000010	00000010	00000010
+ 1	00000001	00000001	00000001
+ 0	00000000	00000000	00000000
− 0	10000000	11111111	00000000
− 1	10000001	11111110	11111111
− 2	10000010	11111101	11111110
⋮	⋮	⋮	⋮
− 125	11111101	10000010	10000011
− 126	11111110	10000001	10000010
− 127	11111111	10000000	10000001
− 128	—	—	10000000

1.3.4 有符号数的补码运算

补码运算过程中需要注意的是:两个相同符号补码相加或两个不同符号补码相减时,有可能发生溢出(Overflow)。溢出是指运算结果超出了 n 位二进制补码所能表示的有符号数范围,发生溢出时需要增加二进制补码的位数。

【例 1.9】 用 8 位二进制补码计算 $(89)_{10} - (71)_{10}$,计算结果仍表示为十进制数。

解 $(89)_{10} - (71)_{10} = (89)_{10} + (-71)_{10}$

$= (01011001)_{补码} + (10111001)_{补码}$

$= [1](00010010)_{补码}$

$= (00010010)_{原码}$

$= (+18)_{10}$

$$\begin{array}{r} 01011001 \\ +\ 10111001 \\ \hline [1]00010010 \end{array}$$

↳ 自动丢失

采用补码进行加法运算时,运算结果仍为补码。对于字长为8位的运算器只保留8位运算结果,例1.9中最高位向上的进位"1"自动丢失。由于例1.9是两个相同符号补码做减法运算,运算过程中无溢出,运算结果正确。

【例1.10】 利用8位二进制补码计算$(71)_{10} - (89)_{10}$,计算结果仍表示为十进制数。

解 $(71)_{10} - (89)_{10} = (71)_{10} + (-89)_{10}$

$= (01000111)_{补码} + (10100111)_{补码}$

$= (11101110)_{补码}$

$= (10010010)_{原码}$

$= (-18)_{10}$

$$
\begin{array}{r}
01000111 \\
+\ 10100111 \\
\hline
11101110
\end{array}
$$

由于例1.10是两个相同符号补码做减法运算,运算过程中无溢出,运算结果正确。

【例1.11】 利用8位二进制补码计算$(-71)_{10} - (89)_{10}$,计算结果表示为十进制数。

解 $(-71)_{10} - (89)_{10} = (-71)_{10} + (-89)_{10}$

$= (10111001)_{补码} + (10100111)_{补码}$

$= [1](01100000)_{补码}$

$= (01100000)_{原码}$

$= (+96)_{10}$

$$
\begin{array}{r}
10111001 \\
+\ 10100111 \\
\hline
[1]01100000
\end{array}
$$

$\llcorner\!\!\rightarrow$ 发生溢出

由运算规则可知,一个负数减去一个正数的结果仍然是负数,符号位应该为1。从例1.11运算结果的符号位可以看出,结果是错误的。产生错误的原因是运算结果超出了8位二进制补码所能表示十进制数范围,运算过程中发生了溢出,解决的办法是增加补码的位数。

【例1.12】 利用16位二进制补码计算$(-71)_{10} - (89)_{10}$,计算结果表示为十进制数。

解 $(-71)_{10} - (89)_{10} = (-71)_{10} + (-89)_{10}$

$= (1111111110\ 111001)_{补码} + (1111111110\ 100111)_{补码}$

$= [1](1111111101\ 100000)_{补码}$

$= (1000000010\ 100000)_{原码}$

$= (-160)_{10}$

补码运算过程中,若最高数值位产生向符号位的进位而符号位不产生进位时,或者最高数值位无进位而符号位有进位时,运算过程中发生溢出,运算结果错误。

1.4 常用编码

计算机等数字系统除了处理二进制数外,有时候还需要处理其他信息,如十进制数、英文字母和一些特殊符号等,这些信息也必须用二进制数表示。用二进制数表示特定信息的过程称为二进制编码。本节重点介绍 BCD 码、ASCII 码等常用二进制编码。

1.4.1 BCD 码

BCD(Binary - Coded Decimal) 码是二 - 十进制码的简称,是用二进制代码来表示十进制的 0 ~ 9 十个数码。该表示法是将一个十进制数看作十进制数码的组合,而不是看作一个数值,每个数码用二进制代码表示。

十进制数有 0 ~ 9 共 10 个数码,至少需要 4 位二进制数进行编码。4 位二进制数进行编码时,共有 16 种组合代码 0000 ~ 1111,原则上可以从中任取 10 种代码进行二 - 十进制编码,显然,有多种编码方案。数字系统中常用的 BCD 码表见表 1.4。

表 1.4　常用的 BCD 码表

十进制数	有权码			无权码	
	8421BCD 码	5421BCD 码	2421BCD 码	余 3 码	余 3 循环码
0	0000	0000	0000	0011	0010
1	0001	0001	0001	0100	0110
2	0010	0010	0010	0101	0111
3	0011	0011	0011	0110	0101
4	0100	0100	0100	0111	0100
5	0101	1000	1011	1000	1100
6	0110	1001	1100	1001	1101
7	0111	1010	1101	1010	1111
8	1000	1011	1110	1011	1110
9	1001	1100	1111	1100	1010

1. 8421BCD 码

8421BCD 码是最常用的 BCD 码。其编码方法与 10 个十进制数码等值的二进制数完全相同,是一种有权码,各位的权值由高到低依次为 8,4,2,1。有权码的各编码位都有固定的权值,从而可以通过按权展开的方法求得各代码对应的十进制数码,所以 8421BCD 码的编码表完全不用死记硬背。8421BCD 码和对应十进制数码的相互转换十分方便,只要按照表 1.4 对应进行即可,例如:$(179.8)_{10} = (000101111001.1000)_{8421BCD}$。

注意:BCD 码中的每个代码和十进制数中的每个数码是一一对应的,一个 BCD 码表达式中整数部分高位的 0 和小数部分低位的 0 都是不可省略的。

2. 5421BCD 码

5421BCD 码也是一种有权码,各位的权值依次为 5,4,2,1。5421BCD 码的编码方式不唯一,例如对于十进制数"5",可以用 0101 编码,也可以用 1000 编码。表 1.4 中 5421BCD 码的编码方式是最常用的一种,其特点是编码的最高位先为 5 个连续的"0",后为 5 个连续的"1",从而在十进制 0 ~ 9 的计数时,最高位对应的输出端可以产生对称方波信号。

3. 2421BCD 码

2421BCD 码的权值分别为 2,4,2,1。2421BCD 码的编码方式也不唯一,例如对于十进制数"5",可以用 0101 编码,也可以用 1011 编码。表 1.4 中 2421BCD 码的编码方式为自补码编码方式,自补的含义是:若两个十进制数之和等于 9,则这两个数对应的编码是关于 9 的"互补",即两个编码之和等于 1111。

4. 余 3 码

余 3 码的代码比对应的 8421BCD 码的代码大 3(0011),这就是余 3 码名称的由来。余 3 码是一种无权 BCD 码,所谓无权码,就是找不到一组权值满足所有代码。例如,设余 3 码的 4 位数码是 $b_3b_2b_1b_0$,由 $(1)_{10} = (0100)_{余3码}$,按照权值的定义,b_2 的权值是 1;由 $(5)_{10} = (1000)_{余3码}$,b_3 的权值是 5。按有权码的规则,应有 $(1100)_{余3码} = (6)_{10}$,这与余 3 码定义不符(1100 是十进制数码 9 的编码),所以余 3 码不是有权码。

5. 余 3 循环码

余 3 循环码具有相邻性和循环性。相邻性是指任意两个相邻的代码中仅有 1 位取值不同,循环性是指首尾的两个代码也具有相邻性,凡是满足这两个特性的编码都称为循环码。余 3 循环码是一种无权码。

【例 1.13】 分别用 8421BCD 码、5421BCD 码、2421BCD 码、余 3 码和余 3 循环码表示十进制数 206.94。

解 $(206.94)_{10} = (001000000110.10010100)_{8421BCD}$
$= (001000001001.11000100)_{5421BCD}$
$= (001000001100.11110100)_{2421BCD}$
$= (010100111001.11000111)_{余3码}$
$= (011100101101.10100100)_{余3循环码}$

表 1.4 列举的 BCD 码都是 4 位的,也有些 BCD 码是 5 位的,例如 5 位右移码、5 中取 2 码等,有兴趣的读者可以查阅相关文献。

1.4.2　ASCII 码

ASCII 码是美国信息交换标准代码(American Standard Code for Information Interchange)的简称,它采用 7 位二进制编码格式,共有 128 种不同的编码,用来表示十进制字符、英文字母、基本运算字符、控制符和其他符号。完整的 ASCII 码编码表见表 1.5,其中控制字符的含义在表 1.6 中说明。表示十进制数码 0 ~ 9 的 7 位 ASCII 码是 0110000 ~ 0111001,为了便于记忆,也常用 2 位十六进制数表示,即数码 0 ~ 9 对应的 ASCII 码是 30H ~ 39H;表示大写英文字母 A ~ Z 的 ASCII 码是 41H ~ 5AH,表示小写英文字母 a ~ z 的 ASCII 码是 61H ~ 7AH。

通用计算机的键盘采用 ASCII 码,每按下一个键,键盘内部的控制电路就将该键对应的 ASCII 码作为键值发送给计算机,例如,按下 A 键,键盘就送出"1000001"。表 1.5 中 21H ~ 7EH 对应的所有字符都可以在键盘上找到。

表 1.5　ASCII 码编码表

$B_3B_2B_1B_0$	$B_6B_5B_4$							
	000	001	010	011	100	101	110	111
0000	NUL	DLE	SP	0	@	P	`	p
0001	SOH	DC1	!	1	A	Q	a	q
0010	STX	DC2	"	2	B	R	b	r
0011	ETX	DC3	#	3	C	S	c	s
0100	EOT	DC4	$	4	D	T	d	t
0101	ENQ	NAK	%	5	E	U	e	u

续表 1.5

B₃B₂B₁B₀	B₆B₅B₄							
	000	001	010	011	100	101	110	111
0110	ACK	SYN	&	6	F	V	f	v
0111	BEL	ETB	'	7	G	W	g	w
1000	BS	CAN	(	8	H	X	h	x
1001	HT	EM	)	9	I	Y	i	y
1010	LF	SUB	*	:	J	Z	j	z
1011	VT	ESC	+	;	K	[	k	{
1100	FF	FS	,	<	L	\	l	|
1101	CR	GS	−	=	M	]	m	}
1110	SO	RS	.	>	N	^	n	~
1111	SI	US	/	?	O	_	o	DEL

表 1.6　ASCII 码中各字符含义

字符	含义	字符	含义
NUL	空白	BS	backspace 退格
SOH	start of heading 标题开始	HT	horizontal tabulation 水平制表
STX	start of text 正文开始	LF	line feed 换行
ETX	end of text 正文结束	VT	vertical tabulation 垂直制表
EOT	end of transmission 传输结束	FF	form feed 走纸
ENQ	enquiry 询问	CR	carriage return 回车
ACK	acknowledge 确认	SO	shift out 移出
BEL	bell 响铃(告警)	SI	shift in 移入
DC1	device control 1 设备控制1	EM	end of medium 纸尽
DC2	device control 2 设备控制2	SUB	substitute 替换
DC3	device control 3 设备控制3	ESC	escape 脱离
DC4	device control 4 设备控制4	FS	file separator 文件分离符
NAK	negative acknowledge 否认	GS	group separator 字组分离符
SYN	synchronous idle 同步空闲	RS	record separator 记录分离符
ETB	end of transmission block 块结束	US	unit separator 单元分离符
CAN	cancel 取消	SP	space 空格
DLE	data link escape 数据链路换码	DEL	delete 删除

1.4.3 奇偶校验码

代码在传输过程中可能会出现"0"错成"1"，或者"1"错成"0"的差错，奇偶校验码（Parity check code）是一种能检查此类差错的可靠性编码，它由校验位和信息位两部分组成。

信息位是位数不限的任何一种二进制代码。校验位通常有一位，它可以放在信息位的前面，也可以放在信息位的后面。其编码方式有以下两种：

（1）信息位和校验位含有"1"的个数为奇数，称为奇校验。

（2）信息位和校验位含有"1"的个数为偶数，称为偶校验。

8421BCD 码的奇偶校验码见表 1.7。

表 1.7　8421BCD 码的奇偶校验码

十进制数	8421BCD 码的奇校验码		8421BCD 码的偶校验码	
	校验位	信息位	校验位	信息位
0	1	0000	0	0000
1	0	0001	1	0001
2	0	0010	1	0010
3	1	0011	0	0011
4	0	0100	1	0100
5	1	0101	0	0101
6	1	0110	0	0110
7	0	0111	1	0111
8	0	1000	1	1000
9	1	1001	0	1001

接收端对接收到的奇偶校验码进行检测时，只需检查各码组中"1"的个数是奇数还是偶数，就可以判断传输过程中是否出错。奇偶校验码只有检错能力，但不能确定是哪一位出错，因此它没有纠错能力。由于奇偶校验码编码简单，容易实现，而且在传输中通常一位出错的概率最大，所以奇偶校验码被广泛采用。

【例 1.14】　给下面的数加上适当的偶校验位，校验位放在前面，写出偶校验码。

（1）1010　　　（2）111000　　　（3）101101011111

解　由于偶校验要求信息位和校验位中含"1"的个数为偶数个，所以有：

（1）01010

信息位 1010 中含有 2 个"1"，偶校验位应该为"0"，偶校验码为 01010。

（2）1111000

信息位 111000 中含有 3 个"1"，偶校验位应该为"1"，偶校验码为 1111000。

（3）1101101011111

信息位 101101011111 中含有 9 个"1"，偶校验位应该为"1"，偶校验码为 1101101011111。

1.4.4 格雷码

二进制数表示法是按权计数体制下的一种用 0,1 表示数值的方法,n 位二进制数可以表示 2^n 个十进制数,例如,4 位二进制数 0000 ~ 1111 共 16 种取值,表示十进制数 0 ~ 15。格雷码用 0 和 1 的另一种组合方式来表示数值,十进制数 0 ~ 15 也可以用 4 位格雷码来表示,表 1.8 给出了十进制数 0 ~ 15 分别用 4 位自然二进制码和 4 位格雷码表示的编码表。

表 1.8 十进制数 0 ~ 15 的两种二进制编码表

十进制数	二进制编码		十进制数	二进制编码	
	自然二进制码	格雷码		自然二进制码	格雷码
0	0000	0000	8	1000	1100
1	0001	0001	9	1001	1101
2	0010	0011	10	1010	1111
3	0011	0010	11	1011	1110
4	0100	0110	12	1100	1010
5	0101	0111	13	1101	1011
6	0110	0101	14	1110	1001
7	0111	0100	15	1111	1000

格雷码是典型的循环码,除了具有一般循环码的特点外,还具有反射性。所谓反射性,是指以编码最高位的 0 和 1 分界处为镜像点,处于对称位置的代码只有最高位不同,其余各位都相同。例如,4 位格雷码的镜像对称分界点在 0100 和 1100 之间,处于镜像对称位置的格雷码 0101 和 1101 只有最高位取值不同。利用这种反射特性,通过位数扩展,可以方便地构造不同位数的格雷码,1 ~ 3 位格雷码的构造方法如图 1.3 所示。

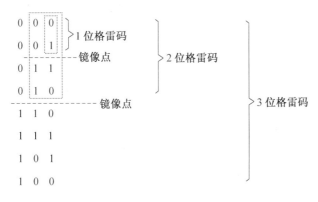

图 1.3 1 ~ 3 位格雷码的构造方法示意图

本章小结

本章介绍了几种常见的数制,包括二进制、十进制、八进制和十六进制等,在此基础上介绍了数制间的转换和计算。

有符号数可以用原码、反码和补码 3 种形式表示,其中补码应用最广泛。本章重点介绍了二进制数补码的表示形式及其加、减运算规则。

计算机系统中广泛使用 BCD 码和 ASCII 码。其中,BCD 码是二 - 十进制码的简称,本章介绍了几种常用 BCD 码的表示方式。

习　题

1.1　数字信号和模拟信号各有什么特点?

1.2　简述二进制数转换为八进制数和十进制数的方法。

1.3　有符号的二进制数如何用原码、反码和补码的形式表示?

1.4　什么是 BCD 码? 有哪些常用的 BCD 码?

1.5　格雷码和奇偶校验码的特点是什么?

1.6　填空题

(1) 一位十六进制数可以用(　　)位二进制数来表示。

(2) $(1011011.01)_2 = ($　　$)_{10} = ($　　$)_8 = ($　　$)_{16}$。

(3) $(36.452)_{10} = ($　　$)_2$。

(4) $(2E.B9)_{16} = ($　　$)_2 = ($　　$)_{10} = ($　　$)_{8421BCD}$。

(5) 已知 $X = (-1001101)_2$,则 X 的 8 位二进制补码为(　　$)_2$。

(6) $(3692)_{10} = ($　　$)_2 = ($　　$)_{8421BCD}$。

1.7　选择题

(1) 十进制整数转换为二进制数一般采用(　　)。

A. 除 2 取余法　　　B. 除 2 取整法　　　C. 除 10 取余法　　　D. 除 10 取整法

(2) 将 n 进制数转换为十进制数的共同规则是(　　)。

A. 除 n 取余　　　B. n 位转 1 位　　　C. 按权展开　　　D. 乘 n 取整

(3) 数字系统中,采用(　　)可以将减法运算转化为加法运算。

A. 补码　　　B. ASCII 码　　　C. 原码　　　D. BCD 码

(4) 下列四个数中与十进制数 163 不相等的是(　　)。

A. $(A3)_{16}$　　　　　　　　　　　B. $(10100011)_2$

C. $(000101100011)_{8421BCD}$　　　　D. $(100100011)_8$

(5) 十进制数 9 的 8421BCD 码是(　　)。

A. 1011　　　B. 1010　　　C. 1100　　　D. 1001

(6) 十进制数 1997 的十六进制数是(　　)。

A. 7CDH　　　B. 8CEH　　　C. 9ABH　　　D. 747H

1.8　将下列十进制数转换成二进制数、八进制数和十六进制数。

(1) 128　　　　　(2) 1024　　　　　(3) 0.47　　　　　(4) 254.25

1.9　将下列二进制数转换为十六进制数。

(1) $(1001101)_2$　　(2) $(11.01101)_2$

1.10　将下列十六进制数转换为二进制数。

(1) $(F05)_{16}$　　(2) $(2E.B9)_{16}$

1.11　将下列十六进制数转换为十进制数。

(1) $(103.2)_{16}$　　(2) $(A45D.0BC)_{16}$

1.12　将八进制数$(36.47)_8$转换为十六进制数。

1.13　写出下列各数的 8 位二进制原码、反码和补码。

(1) $(+1110)_2$　　(2) $(-10110)_2$

1.14　写出下列二进制补码所表示的十进制数。

(1) 00010111　　(2) 11101000

1.15　用 8 位二进制补码计算下列各式,并用十进制数表示结果。

(1) 12 + 9　　(2) 12 - 4　　　　(3) - 25 - 21　　　(4) - 120 + 30

1.16　已知 X, Y 的真值,试用补码运算,并指出是否溢出。

(1) $X = +1100110$　　$Y = -0111001$　　$X + Y = ?$

(2) $X = -1011011$　　$Y = -0011010$　　$X + Y = ?$

(3) $X = +1111101$　　$Y = +0111010$　　$X + Y = ?$

1.17　将下列十进制数转换为 8421BCD 码。

(1) 43　　　　(2) 127　　　　(3) 635.29　　　(4) 2.718

1.18　分别用 8421BCD 码、5421BCD 码、2421BCD 码、余 3 码和余 3 循环码表示十进制数 254.25。

1.19　用 ASCII 码表示下列字符。

(1) +　　　　(2) @　　　　(3) 9　　　　(4) A

1.20　给下面的数加上适当的奇校验位,校验位放在后面,写出奇校验码。

(1) 101101　　　　(2) 1000111001001

第 2 章　　逻辑代数基础

逻辑代数是分析和设计数字电路的理论基础和数学工具,通常称逻辑代数为布尔代数。

本章在明确逻辑变量及其基本运算的基础上,阐述逻辑代数的基本定律和运算规则,总结组合逻辑函数的 5 种描述方法以及描述方法之间的转换关系,最后从工程需要的角度详细介绍组合逻辑函数的化简方法。

2.1　逻辑代数的基本运算

2.1.1　逻辑变量和基本运算

1. 逻辑变量

在逻辑代数中用字母表示变量,变量的取值只有 1 和 0 两种,分别表示真和假。逻辑代数表示的是逻辑关系,并非数量关系,与普通代数有着本质上的区别。

2. 基本逻辑运算

逻辑代数的基本运算有"与"(AND)运算、"或"(OR)运算和"非"(NOT)运算 3 种。

(1)"与"运算。

① 定义。

"与"运算又称为逻辑乘,用符号"·"表示。"与"逻辑电路如图 2.1 所示,电路中只有当两个开关 A 和 B 同时闭合时,灯泡 F 才能点亮。

对图 2.1 所示电路工作过程进行逻辑抽象,假设输入变量(条件)为 A(开关 A 闭合状态)和 B(开关 B 闭合状态),输出变量(结论)为 F(灯泡 F 点亮状态);只有当两个条件均成立(输入变量均为 1)时,结论才成立(输出变量为 1)。

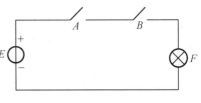

图 2.1　"与"逻辑电路

逻辑"与"的运算规则为:只有决定事物结果的全部条件同时具备时,结果才会发生,即只有全部输入变量取值均为 1 时,输出才为 1。

二输入"与"运算的真值表见表 2.1。

② 逻辑表达式。

在逻辑代数中,二输入"与"运算的逻辑表达式可以表示为

$$F(A,B) = A \cdot B \tag{2.1}$$

其中,A,B 为输入变量;F 为输出变量;符号"·"在表达式中可以省略。

表 2.1　"与"运算真值表

输入		输出
A	B	$F = A \cdot B$
0	0	0
0	1	0
1	0	0
1	1	1

③ 逻辑符号。

在数字电路中,能够实现"与"运算的逻辑器件称为"与"门(AND Gate),逻辑符号如图 2.2 所示,图中的矩形轮廓符号是美国国家标准学会(ANSI) 和电气与电子工程师协会(IEEE) 于 1984 年制定的关于二进制逻辑图形符号的标准符号。这种表示方式区分明确,清晰方便,本书后续均采用这种矩形轮廓符号表示逻辑器件。

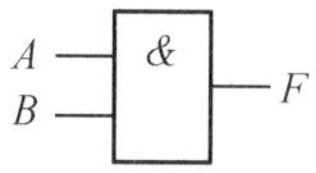

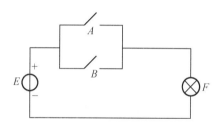

图 2.2　"与"门逻辑符号

(2)"或"运算。

① 定义。

"或"运算又称为逻辑加,用符号"+"表示。"或"逻辑电路如图 2.3 所示,图中如果两个开关 A、B 任意一个闭合,或者两个开关均闭合,灯泡 F 就会点亮。

对图 2.3 所示电路工作过程进行逻辑抽象,假设输入变量(条件)为 A(开关 A 闭合状态) 和 B(开关 B 闭合状态),输出变量(结论) 为 F(灯泡 F 点亮状态);只要两个条件中任意一个成立或两个条件都成立时(输入变量至少一个为 1),结论就会成立(输出变量为 1)。

图 2.3　"或"逻辑电路

逻辑"或"的运算规则:在决定事物结果的几个条件中只要有一个或一个以上条件具备时,结果就会发生,即只要有输入变量取值为 1,输出就为 1。

二输入"或"运算的真值表见表 2.2。

表 2.2　"或"运算真值表

输入		输出
A	B	$F = A + B$
0	0	0
0	1	1
1	0	1
1	1	1

② 逻辑表达式。

在逻辑代数中,二输入"或"运算的逻辑表达式为

$$F(A,B) = A + B \tag{2.2}$$

其中,A,B 为输入变量;F 为输出变量;符号"+"不可省略。

③ 逻辑符号。

数字电路中,能够实现"或"运算功能的逻辑器件称为"或"门(OR Gate),逻辑符号如图 2.4 所示。

图 2.4 "或"门逻辑符号

(3)"非"运算。

① 定义。

"非"运算又称为逻辑取反或逻辑否定,和"与"运算、"或"运算不同的是,"非"运算是一条件一结论的逻辑运算。"非"逻辑电路如图 2.5 所示,图中只有开关 A 断开,灯泡 F 才会点亮。

对图 2.5 所示电路工作过程进行逻辑抽象,假设输

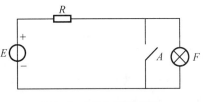

图 2.5 "非"逻辑电路

入变量(条件)为 A(开关 A 闭合状态),输出变量(结论)为 F(灯泡 F 点亮状态);只有条件不成立时(输入变量为 0),结论才会成立(输出变量为 1)。

逻辑"非"的运算规则:决定事物结果的条件具备了,结果不发生;条件不具备,结果发生,即输出与输入的取值相反。

"非"运算的真值表见表 2.3。

② 逻辑表达式。

在逻辑代数中,"非"运算的逻辑关系式为

$$F(A) = \overline{A} \tag{2.3}$$

其中 A 为输入变量,F 为输出变量。

在数字电路中,能够实现"非"运算功能的逻辑器件称为"非"门(NOT Gate),逻辑符号如图 2.6 所示。

表 2.3 "非"运算真值表

输入	输出
A	$F = \overline{A}$
0	1
1	0

图 2.6 "非"门逻辑符号

2.1.2 复合逻辑运算

复合逻辑运算是 3 种基本运算的组合。复合逻辑运算形式各异,种类繁多,本节重点介绍 5 种常用的复合逻辑运算:"与非"(NAND)运算,"或非"(NOR)运算,"与或非"(AND – OR – NOT)运算,"异或"(XOR)运算和"同或"(XNOR)运算。

1."与非"运算

(1)定义。

"与非"运算在复合逻辑中较为常用,关系是先"与"后"非",逻辑功能为:当输入变量全为 1 时,输出为 0;只要输入变量有一个为 0,输出就为 1。

"与非"运算的真值表见表 2.4。

表 2.4　"与非"运算真值表

输入		输出
A	B	$F = \overline{A \cdot B}$
0	0	1
0	1	1
1	0	1
1	1	0

（2）逻辑表达式。

二输入"与非"运算的逻辑关系式为

$$F(A,B) = \overline{A \cdot B} \qquad (2.4)$$

（3）逻辑符号。

"与非"门逻辑符号如图 2.7 所示。

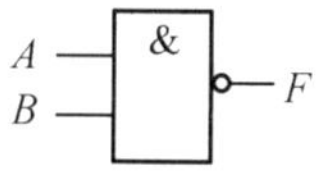

2."或非"运算

（1）定义。

"或非"运算的关系是先"或"后"非"，其逻辑功能为：只要输入变量有一个为 1，输出为 0；当输入变量全为 0 时，输出为 1。

"或非"运算的真值表见表 2.5。

图 2.7　"与非"门逻辑符号

表 2.5　"或非"运算真值表

输入		输出
A	B	$F = \overline{A + B}$
0	0	1
0	1	0
1	0	0
1	1	0

（2）逻辑表达式。

二输入"或非"运算的逻辑关系式为

$$F(A,B) = \overline{A + B} \qquad (2.5)$$

（3）逻辑符号。

"或非"门逻辑符号如图 2.8 所示。

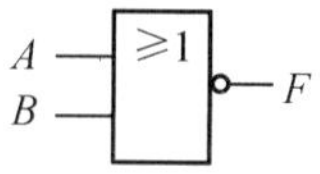

3."与或非"运算

（1）定义。

"与或非"运算的真值表见表 2.6。

图 2.8　"或非"门逻辑符号

表 2.6 "与或非"运算真值表

输入				输出
A	B	C	D	$F = \overline{AB + CD}$
0	0	0	0	1
0	0	0	1	1
0	0	1	0	1
0	0	1	1	0
0	1	0	0	1
0	1	0	1	1
0	1	1	0	1
0	1	1	1	0
1	0	0	0	1
1	0	0	1	1
1	0	1	0	1
1	0	1	1	0
1	1	0	0	0
1	1	0	1	0
1	1	1	0	0
1	1	1	1	0

（2）逻辑表达式。

"与或非"运算的逻辑关系式为

$$F(A,B,C,D) = \overline{AB + CD} \tag{2.6}$$

（3）逻辑符号。

"与或非"门逻辑符号如图 2.9 所示。

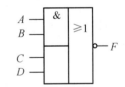

图 2.9 "与或非"门逻辑符号

4. "异或"运算和"同或"运算

（1）定义。

二输入"异或"运算和"同或"运算的真值表见表 2.7。

表 2.7 二输入"异或"和"同或"运算真值表

输入		"异或"输出	"同或"输出
A	B	$F = A \oplus B$	$F = A \odot B$
0	0	0	1
0	1	1	0
1	0	1	0
1	1	0	1

"异或"运算的逻辑功能为:当两个输入变量的取值不同时,输出为 1;相同时,输出为 0。"同或"运算的逻辑功能与"异或"运算相反:当两个输入变量的取值相同时,输出为 1;不同时,输出为 0。

（2）逻辑表达式。

二输入"异或"运算的逻辑表达式为

$$F(A,B) = A \oplus B = \overline{A}B + A\overline{B} \tag{2.7}$$

二输入"同或"运算的逻辑表达式为

$$F(A,B) = A \odot B = \overline{A \oplus B} = AB + \overline{A}\,\overline{B} \tag{2.8}$$

其中,A,B 为输入变量;F 为输出变量;"$\oplus$"为"异或"运算符;"$\odot$"为"同或"运算符。

（3）逻辑符号。

数字电路中,能够实现"异或"运算的逻辑部件称为"异或"门（XOR Gate）,其逻辑符号如图 2.10 所示;能够实现"同或"运算的逻辑部件称为"同或"门（XNOR Gate）,其逻辑符号如图 2.11 所示。

图 2.10　"异或"门逻辑符号　　　图 2.11　"同或"门逻辑符号

2.1.3　逻辑函数及逻辑函数相等

1. 逻辑函数

逻辑表达式中,一般用 A,B,C,$\cdots$ 表示输入变量,F 表示输出变量。单一字母（例如 A）称为原变量,其上有反号的（例如 $\overline{A}$）称为反变量。用有限个"与"、"或"和"非"逻辑运算符将输入变量连接起来,所得到的复合表达式 $F(A,B,C,\cdots)$ 称为逻辑函数。

2. 逻辑函数相等

设 $F(A_1,A_2,\cdots,A_n)$ 为输入变量 $A_1,A_2,\cdots,A_n$ 的逻辑函数,$G(A_1,A_2,\cdots,A_n)$ 为相同输入变量的另一个逻辑函数,如果对于变量 $A_1,A_2,\cdots,A_n$ 的任意一组状态组合,F 和 G 的值均相同,则称 F 和 G 是等值的,或称函数 F 和函数 G 相等,记作 $F = G$。

逻辑函数相等的本质就是函数 F 和函数 G 对于相同变量 $A_1,A_2,\cdots,A_n$ 的逻辑关系是相同的,由此可知,如果 $F = G$,两个函数应该具有相同的真值表;反之,如果两个函数的真值表相同,则 $F = G$。

【**例 2.1**】　设

$$F(A,B,C) = A(B + C)$$
$$G(A,B,C) = AB + AC$$

试证:$F(A,B,C) = G(A,B,C)$。

证明　根据逻辑函数 F 和 G 的表达式,列出真值表,见表 2.8。由表 2.8 可知,对应于变量 A,B,C 的任意一组取值,F 和 G 的值是完全相同的,因此 $F = G$。虽然 $F(A,B,C)$ 和 $G(A,B,C)$ 表达式的结构不同,但它们的逻辑功能是完全相同的。由此可知,同一逻辑功能可以有多种不同的表达形式。

表 2.8　逻辑函数 F 和 G 的真值表

输入			输出	
A	B	C	$F = A(B+C)$	$G = AB + AC$
0	0	0	0	0
0	0	1	0	0
0	1	0	0	0
0	1	1	0	0
1	0	0	0	0
1	0	1	1	1
1	1	0	1	1
1	1	1	1	1

2.2　逻辑代数的基本定律和运算规则

2.2.1　逻辑代数基本定律

逻辑代数中,依据"与""或""非"3 种基本运算为基础,可以推导出多种基本定律,包括 0 – 1 律、等幂律、互补律、双否律、交换律、结合律、分配律、包含律、吸收律和反演律(德摩根(De Morgan)定律)等 10 个定律。

1. 0 – 1 律

①$A \cdot 0 = 0$。

②$A + 0 = A$。

③$A \cdot 1 = A$。

④$A + 1 = 1$。

2. 等幂律

①$A \cdot A = A$。

②$A + A = A$。

3. 互补律

①$A \cdot \overline{A} = 0$。

②$A + \overline{A} = 1$。

4. 双否律

$\overline{\overline{A}} = A$。

5. 交换律

①$AB = BA$。

②$A + B = B + A$。

6. 结合律

①$ABC = (AB)C = A(BC)$。

②$A + B + C = (A + B) + C = A + (B + C)$。

7. 分配律

①$A(B + C) = AB + AC$。

②$A + BC = (A + B)(A + C)$。

8. 包含律

①$AB + \overline{A}C + BC = AB + \overline{A}C$。

②$(A + B)(\overline{A} + C)(B + C) = (A + B)(\overline{A} + C)$。

9. 吸收律

①$A(A + B) = A$。

证明：

$$A(A + B) = AA + AB = A(1 + B) = A$$

②$A + AB = A$。

【例 2.2】　利用吸收律化简函数。

$$F(A,B,C,D,E) = AB + \overline{B}C + AC + A\overline{B}C\overline{D}E$$

解

$$F(A,B,C,D,E) = AB + \overline{B}C + AC + A\overline{B}C\overline{D}E$$

$$= AB + \overline{B}C + AC(1 + \overline{B}DE)$$

$$= AB + \overline{B}C + AC$$

$$= AB + \overline{B}C$$

③$A(\overline{A} + B) = AB$

④$A + \overline{A}B = A + B$

证明：

$$A + \overline{A}B = (A + \overline{A})(A + B) = A + B$$

⑤$(A + B)(A + \overline{B}) = A$。

证明：

$$(A + B)(A + \overline{B}) = AA + AB + A\overline{B} + B\overline{B} = A + A(B + \overline{B}) = A$$

⑥$AB + A\overline{B} = A$。

10. 反演律

①$\overline{AB} = \overline{A} + \overline{B}$。

②$\overline{A + B} = \overline{A}\,\overline{B}$。

证明：利用反演律真值表 2.9 对反演律进行证明。

根据表 2.9 逻辑关系,可得

$$\overline{AB} = \overline{A} + \overline{B}$$

$$\overline{A + B} = \overline{A}\,\overline{B}$$

表 2.9 反演律真值表

输入		输出			
A	B	$\overline{AB}$	$\overline{A}+\overline{B}$	$\overline{A+B}$	$\overline{A}\,\overline{B}$
0	0	1	1	1	1
0	1	1	1	0	0
1	0	1	1	0	0
1	1	0	0	0	0

2.2.2 逻辑代数运算规则

除逻辑代数基本定律外,逻辑运算过程中的 3 个运算规则同样重要,分别为代入规则、对偶规则和反演规则。

1. 代入规则

代入规则:对于任一等式,如果用某个逻辑变量或逻辑函数同时代替等式两端的任何一个逻辑变量,等式仍然成立。

【例 2.3】 证明:$\overline{ABC} = \overline{A} + \overline{B} + \overline{C}$。

证明 由反演律

$$\overline{AB} = \overline{A} + \overline{B}$$

依据代入规则,用 BC 代替 B,得

$$\overline{ABC} = \overline{A} + \overline{BC} = \overline{A} + \overline{B} + \overline{C}$$

代入规则最重要的一个应用就是扩展基本定律,例如将反演律扩展为 n 个变量的形式:

$$\overline{A_1 + A_2 + \cdots + A_n} = \overline{A}_1 \cdot \overline{A}_2 \cdot \cdots \cdot \overline{A}_n \tag{2.9}$$

$$\overline{A_1 \cdot A_2 \cdot \cdots \cdot A_n} = \overline{A}_1 + \overline{A}_2 + \cdots + \overline{A}_n \tag{2.10}$$

2. 对偶规则

在阐述对偶规则之前,首先介绍对偶函数的概念。

对于逻辑函数 F,进行下述变化:

(1) F 中"与"运算符"·"换成"或"运算符"+","或"运算符"+"换成"与"运算符"·"。

(2) F 中常量"0"换成"1","1"换成"0"。

新得到的逻辑函数 F_d 称为原函数 F 的对偶函数(Duality Function),也称为对偶式(Duality Expression)。

对偶规则:如果两个逻辑函数相等,它们的对偶式也一定相等。

【例 2.4】 求 $F(A,B,C) = AB + \overline{\overline{A}C} + 1 \cdot B$ 的对偶函数。

解

$$F_d(A,B,C) = (A + B) \cdot \overline{(\overline{A} + C)} \cdot (0 + B)$$

在求对偶函数过程中需注意两点:

(1) 在变换过程中,只对相应的"与""或"运算和常量进行变换,逻辑函数式中的变量保

持不变。

（2）逻辑函数的运算顺序保持不变，必要时可以加入括号，不属于单个变量上的"非"号（长"非"号）要保持不变。

对偶规则的重要作用不仅在于简化逻辑等式证明，还有助于加深对前面介绍的逻辑代数基本定律的理解。通过观察不难发现，同一基本定律的不同公式之间一般互为对偶式，只需记忆其一，灵活应用即可。

3. 反演规则

求原函数 F 的反函数 $\overline{F}$ 的运算过程称之为"反演（Reversal Development）"。

反演规则：对于逻辑函数 F，按照如下的 3 个步骤进行变换，可以得到 F 的反函数 $\overline{F}$。

（1）F 中"与"运算符"·"换成"或"运算符"+"，"或"运算符"+"换成"与"运算符"·"。

（2）F 中常量"0"换成"1"，"1"换成"0"。

（3）F 中独立的原变量换成反变量，独立的反变量换成原变量。

反演规则应用过程中，不仅要注意保持原函数的运算顺序不变，同时要注意只有独立的变量才能进行原、反变量的互换，长"非"号同样要保持不变，必要时可以加括号。

【例 2.5】 求例 2.4 中函数 F 的反函数。

解 由反演规则可得

$$\overline{F}(A,B,C) = \overline{(\overline{A}+\overline{B}) \cdot \overline{(A+\overline{C})} \cdot (0+\overline{B})}$$

2.2.3 逻辑代数运算优先级别

在进行逻辑函数运算、化简和变换的过程中，不仅要熟练掌握基本定律和运算规则，同时也要明确逻辑代数运算的优先级别。

逻辑运算的优先级别如图 2.12 所示。优先级从高到低依次为：括号和长非号、逻辑"与"运算、"异或"和"同或"运算、逻辑"或"运算，在化简和变换过程中，要严格按照优先级别进行运算。

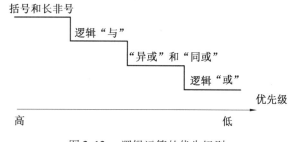

图 2.12 逻辑运算的优先级别

2.3 组合逻辑函数的描述方法

组合逻辑函数是一类描述逻辑变量之间关系的函数，在任何时刻状态输出仅仅取决于该时刻的输入。组合逻辑函数通常可以用真值表、逻辑函数式、逻辑图、卡诺图和波形图 5 种方法进行描述，它们之间可以相互转换。

2.3.1 真值表描述法

将输入变量的所有取值组合与输出变量函数值之间的对应关系列成表格,称为逻辑真值表,简称真值表。一个实际的逻辑命题进行逻辑抽象和逻辑赋值,形成命题的数学表达式时,通常首先会用到真值表,真值表是数字电路分析和设计的重要工具。

真值表结构上分为两部分,左侧为条件列表(输入变量的取值组合),右侧为结论列表(输出变量的结果)。特别需要注意的是:一般情况下,为防止遗漏,推荐输入变量的取值组合按照二进制数从小到大的顺序排列,从全 0 到全 1 依次递增列写。n 个输入变量的逻辑函数,输入变量有 2^n 种组合,因此真值表有 2^n 行。真值表描述逻辑关系,不是计算关系。

真值表的列写规则可以总结为以下两点:

(1)虽然逻辑关系可以有不同的表述方法,但真值表是描述逻辑关系的最直观手段。如果两个逻辑函数真值表相同,必须反映同一种逻辑关系。

(2)真值表列写时要先明确结构,后明确关系。为防止数据遗漏,列写过程要按照输入变量取值组合由小到大的顺序。

【例 2.6】 试列出图 2.13 所示电路的真值表。

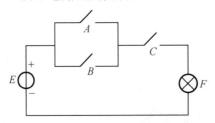

图 2.13 例 2.6 电路图

解 设 A,B,C 3 个开关的状态用"1"表示闭合,"0"表示断开。灯泡 F 的状态用"1"表示灯亮,"0"表示灯灭。分析电路,列出真值表,见表 2.10。

表 2.10 电路真值表

输入			输出
A	B	C	F
0	0	0	0
0	0	1	0
0	1	0	0
0	1	1	1
1	0	0	0
1	0	1	1
1	1	0	0
1	1	1	1

2.3.2　逻辑函数式描述法

逻辑函数式又称为逻辑表达式或逻辑代数式,是组合逻辑函数最常用的描述方法。

1. 逻辑函数的常用形式

由 2.1 节可知,相同的逻辑功能可以用不同的逻辑函数式描述,通常有 5 种常用的逻辑函数形式。

(1)"与或"式。例如:

$$F(A,B,C) = AB + \overline{A}C \tag{2.11}$$

(2)"或与"式。例如:

$$F(A,B,C) = (\overline{A} + B) \cdot (A + C) \tag{2.12}$$

(3)"与非 – 与非"式。例如:

$$F(A,B,C) = \overline{\overline{AB} \cdot \overline{\overline{A}C}} \tag{2.13}$$

(4)"或非 – 或非"式。例如:

$$F(A,B,C) = \overline{\overline{A + C} + \overline{\overline{A} + B}} \tag{2.14}$$

(5)"与或非"式。例如:

$$F(A,B,C) = \overline{A \cdot C + A \cdot \overline{B}} \tag{2.15}$$

其中"与或"式和"或与"式为基本形式。通常运算定律可以实现基本形式和其他形式之间的转换。

【例 2.7】　已知逻辑函数 $F(A,B,C) = AB + \overline{A}C$,试将其转换为"与非 – 与非"式。

解
$$F(A,B,C) = AB + \overline{A}C = \overline{\overline{AB + \overline{A}C}} = \overline{\overline{AB} \cdot \overline{\overline{A}C}}$$

【例 2.8】　已知逻辑函数 $F(A,B,C) = AB + \overline{A}C$,试将其转换为"与或非"式。

解　首先求反函数 $\overline{F}(A,B,C)$:

$$\overline{F}(A,B,C) = \overline{AB + \overline{A}C} = \overline{AB} \cdot \overline{\overline{A}C} = (\overline{A} + \overline{B}) \cdot (A + \overline{C}) = \overline{A}A + \overline{A}\overline{B} + \overline{B}\overline{C} + \overline{A}\overline{C} = \overline{A}\overline{B} + \overline{A}\overline{C}$$

对上式两边同时取反,可得

$$F(A,B,C) = \overline{A\overline{B} + \overline{A}\overline{C}}$$

2. 逻辑函数的标准形式

对于给定的逻辑函数,虽然逻辑表达式的形式并不唯一,但每个逻辑函数都有两种标准形式。在介绍逻辑函数的标准形式之前,首先介绍"最小项"和"最大项"的概念。

(1)最小项与最大项。

最小项:在 n 个变量的逻辑函数中,若 m 为包含全部 n 个变量的乘积项,且全部变量均以原变量或反变量的形式在 m 中出现一次,则称 m 为这 n 个变量的最小项。最小项通常采用小写字母 m 加下标 i 的形式进行标记,记作 m_i。根据变量逻辑组合关系可知,n 个变量有 2^n 个最小项。

最小项标号 i 的确定方法:各变量取值按序排列,原变量用"1"表示,反变量用"0"表示,各输入变量取值看作二进制数,其所对应的十进制数即为标号 i。表2.11为三变量的 $2^3 = 8$ 个最小项及其对应的标号。

表 2.11　三变量最小项

最小项	$\overline{A}\,\overline{B}\,\overline{C}$	$\overline{A}\,\overline{B}C$	$\overline{A}B\overline{C}$	$\overline{A}BC$	$A\overline{B}\,\overline{C}$	$A\overline{B}C$	$AB\overline{C}$	ABC
二进制	000	001	010	011	100	101	110	111
十进制	0	1	2	3	4	5	6	7
标号	m_0	m_1	m_2	m_3	m_4	m_5	m_6	m_7

最大项:在 n 个变量的逻辑函数中,若 M 为包含全部 n 个变量的和项,且全部变量均以原变量或反变量的形式在 M 中出现一次,则称 M 为这 n 个变量的最大项。最大项通常用大写字母 M 加下标 i 的形式进行标记,记作 M_i,根据变量逻辑组合关系可知,n 个变量有 2^n 个最大项。

最大项标号 i 的确定方法:各变量取值按序排列,原变量用"0"表示,反变量用"1"表示,各输入变量取值看作二进制数,其所对应的十进制数即为标号 i。表2.12为三变量的 $2^3 = 8$ 个最大项及其对应的标号。

表 2.12　三变量最大项

最大项	$A+B+C$	$A+B+\overline{C}$	$A+\overline{B}+C$	$A+\overline{B}+\overline{C}$	$\overline{A}+B+C$	$\overline{A}+B+\overline{C}$	$\overline{A}+\overline{B}+C$	$\overline{A}+\overline{B}+\overline{C}$
二进制	000	001	010	011	100	101	110	111
十进制	0	1	2	3	4	5	6	7
标号	M_0	M_1	M_2	M_3	M_4	M_5	M_6	M_7

（2）标准"与或"和标准"或与"式。

标准"与或"式又称为"最小项"表达式(Minterm Expression),标准"或与"式又称为"最大项"表达式(Maximum Expression)。

最小项逻辑加构成的和式称为最小项表达式,由于表达式具有"与或"式结构,因此最小项表达式也称为标准"与或"式。下例所示为一个三变量逻辑函数 $F(A,B,C)$ 的标准"与或"式的 3 种表示形式,即

$$F(A,B,C) = \overline{A}\,\overline{B}\,\overline{C} + \overline{A}BC + A\overline{B}\,\overline{C} + ABC \qquad （变量型）$$
$$= m_0 + m_2 + m_4 + m_7 \qquad （m 型）$$
$$= \sum m(0,2,4,7) \qquad （\sum m 型）$$

最大项逻辑乘构成的积式称为最大项表达式,由于表达式具有"或与"式结构,因此最大项表达式也称为标准"或与"式。下例所示为一个三变量逻辑函数 $F(A,B,C)$ 的标准"或与"式的 3 种表示形式,即

$$F(A,B,C) = (\overline{A}+\overline{B}+\overline{C})(\overline{A}+B+\overline{C})(A+\overline{B}+\overline{C})(A+B+C) \qquad （变量型）$$
$$= M_7M_5M_3M_0 \qquad （M 型）$$
$$= \prod M(0,3,5,7) \qquad （\prod M 型）$$

（3）最小项与最大项的性质。

① 任意一组变量取值，只有一个最小项的值为 1，其他最小项的值均为 0；任意一组变量取值，只有一个最大项的值为 0，其他最大项的值均为 1。

② 对于同一组变量，任意两个不同的最小项之积为 0；任意两个不同的最大项之和为 1。

$$m_i \times m_j = 0, \quad M_i + M_j = 1 \tag{2.16}$$

③ 全部最小项之和为 1，全部最大项之积为 0。

$$\sum_{i=0}^{2^n-1} m_i = 1, \quad \prod_{i=0}^{2^n-1} M_i = 0 \tag{2.17}$$

④ 相同标号的最小项与最大项之间互为反函数。

$$m_i = \overline{M_i}, \quad m_i + M_i = 1 \tag{2.18}$$

（4）标准"与或"式与标准"或与"式的关系。

① 标准"与或"式与标准"或与"式是同一函数的两种不同表示形式，二者在本质上是等同的。

② 标准"与或"式中的最小项与标准"或与"式中的最大项标号之间存在互补关系；标准"与或"式中未出现的最小项标号必以相应最大项的标号出现在标准"或与"式中，反之亦然。

③ 根据最小项与最大项的关系，相同标号的标准"与或"式与标准"或与"式互为反函数。

【例 2.9】　将函数 $F(A,B,C,D) = A\bar{B}C + \bar{A}\,\bar{B}D + A\bar{C}D + AB\bar{C}\bar{D}$ 分别转换为标准"与或"式和标准"或与"式的形式。

解　$F(A,B,C,D) = A\bar{B}C + \bar{A}\,\bar{B}D + A\bar{C}D + AB\bar{C}\bar{D}$

$\qquad = A\bar{B}C(D + \bar{D}) + \bar{A}\,\bar{B}D(C + \bar{C}) + A\bar{C}D(B + \bar{B}) + AB\bar{C}\bar{D}$

$\qquad = A\bar{B}CD + A\bar{B}C\bar{D} + \bar{A}\,\bar{B}CD + \bar{A}\,\bar{B}\,\bar{C}D + AB\bar{C}D + A\bar{B}\,\bar{C}D + AB\bar{C}\bar{D}$

$\qquad = m_{11} + m_{10} + m_3 + m_1 + m_{13} + m_9$

$\qquad = \sum m(1,3,9,10,11,13)$

$\qquad = \prod M(0,2,4,5,6,7,8,12,14,15)$

【例 2.10】　将函数 $F(A,B,C) = \overline{(A\bar{B} + B\bar{C}) \cdot \overline{AB}}$ 分别转换为标准"与或"式和标准"或与"式的形式。

解　$F(A,B,C) = \overline{(A\bar{B} + B\bar{C}) \cdot \overline{AB}} = \overline{A\bar{B} + B\bar{C}} + AB$

$\qquad = (\bar{A} + B)(\bar{B} + C) + AB = \bar{A}\,\bar{B} + \bar{A}C + BC + AB$

$\qquad = \bar{A}\,\bar{B}(\bar{C} + C) + \bar{A}C(\bar{B} + B) + BC(\bar{A} + A) + AB(\bar{C} + C)$

$\qquad = \bar{A}\,\bar{B}\,\bar{C} + \bar{A}\,\bar{B}C + \bar{A}\,\bar{B}C + \bar{A}BC + \bar{A}BC + ABC + AB\bar{C} + ABC$

$\qquad = \bar{A}\,\bar{B}\,\bar{C} + \bar{A}\,\bar{B}C + \bar{A}BC + AB\bar{C} + ABC$

$\qquad = m_0 + m_1 + m_3 + m_6 + m_7$

$\qquad = \sum m(0,1,3,6,7)$

$\qquad = \prod M(2,4,5)$

2.3.3 逻辑图描述法

用逻辑符号表示逻辑函数运算关系的图形称为逻辑图(Logic Map)或电路图,根据逻辑函数表达式,将输入变量通过对应的逻辑门符号逐级连接,得到输出变量。可以利用"与门"实现乘积关系,利用"或门"实现求和关系。实现同一逻辑关系的方法不唯一,因此逻辑图也不唯一。

逻辑图描述法最接近实际电路,可以按照逻辑图选择对应器件搭建实际电路。但逻辑图不方便进行运算和变形,同时逻辑图对于逻辑关系反映也不够直观。

【例 2.11】 利用逻辑图实现逻辑关系 $F(A,B,C) = \overline{A}BC + A\overline{B}C + ABC$。

解 根据逻辑关系,选择对应的逻辑门符号,绘制逻辑图,如图 2.14 所示。

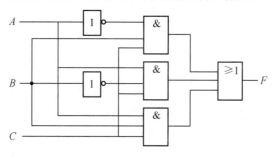

图 2.14　例 2.11 的逻辑图

2.3.4 卡诺图描述法

1953 年,美国贝尔实验室的工程师卡诺创造了用于简化逻辑函数的图形工具——卡诺图(Karnaugh Map)。将 n 变量逻辑函数的每一个最小项分别用一个小方格表示,并使具有逻辑相邻性的最小项在几何位置上也相邻地排列起来,所得到的图形称为 n 变量卡诺图。

1. 二变量卡诺图

二变量真值表、最小项及卡诺图之间的关系如图 2.15 所示。

输入		最小项
A	B	m_i
0	0	m_0
0	1	m_1
1	0	m_2
1	1	m_3

	$\overline{B}$	B
$\overline{A}$	$\overline{A}\,\overline{B}$	$\overline{A}B$
A	$A\overline{B}$	AB

A＼B	0	1
0	m_0	m_1
1	m_2	m_3

(a) 二变量真值表　　　　(b) 二变量最小项 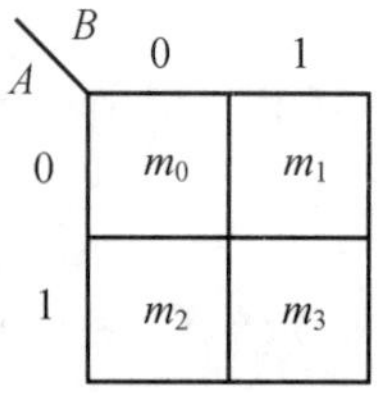　　　　(c) 二变量卡诺图

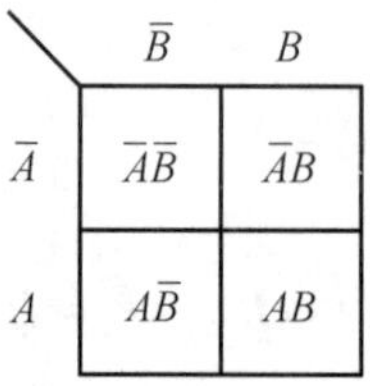

图 2.15　二变量真值表、最小项及卡诺图之间的关系图

将输入的两个变量 A,B 分别置于纵、横坐标,变量取值固定,非 0 即 1,组成一个由 4 个方格构成的图形,如图 2.15(b)所示。根据坐标的取值关系,变量 A,B 分别依次取值 0 和 1。4 个小方格的输入变量取值可以确定,每个小方格代表一个最小项,如图 2.15(c)所示。

2. 多变量卡诺图

三、四、五变量卡诺图的结构如图 2.16 所示。应使卡诺图相邻或中心轴对称的小方格所

代表的最小项或最大项只有一个变量取值不同,图框两侧标注的变量数值按照格雷码的顺序排列。

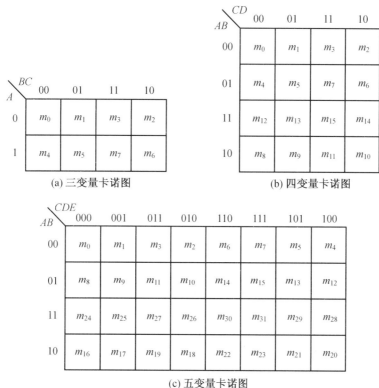

图 2.16　三、四、五变量的卡诺图

图2.16(a)为三变量卡诺图,变量 A 为纵坐标,依次取值0,1;变量 BC 为横坐标,取值按照格雷码的顺序排列,依次取值00,01,10,11。

卡诺图的相邻性表示为卡诺图中最小项或最大项的逻辑相邻性,是卡诺图最重要的性质,是后续学习"卡诺图化简法"化简逻辑函数的理论基础。

超过五变量的卡诺图原则上同样可以按照上述方法获得,但由于卡诺图描述逻辑关系的主要目的是进行逻辑化简,当逻辑变量的逻辑关系超过 5 个时,卡诺图化简优势已不存在,故本书不再赘述。

3. 卡诺图总结

(1)逻辑函数输入变量的个数决定卡诺图的结构,输入变量一旦确定,卡诺图中小方格数也随之确定。

(2)最小项是逻辑函数的重要概念,在卡诺图中对应为一个小方格,表示一个确定的输入条件组合。

(3)卡诺图的横、纵坐标列写不是按照二进制数值递增的顺序,图中最小项的位置分布具有逻辑相邻性,是按照格雷码的编码方式排列的。

【例 2.12】　利用卡诺图表示"异或"关系 $F(A,B) = \overline{A}B + A\overline{B}$。

解　根据逻辑关系，当变量 AB 取值分别为01和10时，对应小方格填1，其余填0，如图2.17所示。

A \ B	0	1
0	0	1
1	1	0

图2.17　"异或"逻辑的卡诺图

【例2.13】　用卡诺图表示逻辑函数 $F(A,B,C,D)=\bar{A}\,\bar{B}\,\bar{C}D+\bar{A}B\bar{C}+ACD+A\bar{B}$。

解　首先将函数 F 转换为标准"与或"式的形式

$$\begin{aligned}F(A,B,C,D)&=\bar{A}\,\bar{B}\,\bar{C}D+\bar{A}B\bar{C}+ACD+A\bar{B}\\&=\bar{A}\,\bar{B}\,\bar{C}D+\bar{A}B\bar{C}(D+\bar{D})+A(B+\bar{B})CD+A\bar{B}(C+\bar{C})(D+\bar{D})\\&=\bar{A}\,\bar{B}\,\bar{C}D+\bar{A}B\bar{C}D+\bar{A}B\bar{C}\,\bar{D}+ABCD+A\bar{B}CD+A\bar{B}\,\bar{C}\,\bar{D}+A\bar{B}\,\bar{C}D+A\bar{B}C\bar{D}\\&=m_1+m_4+m_5+m_8+m_9+m_{10}+m_{11}+m_{15}\end{aligned}$$

绘制四变量卡诺图，在图中对应于逻辑表达式的最小项位置填"1"，其余位置填"0"，得到逻辑函数 F 的卡诺图，如图2.18所示。

AB \ CD	00	01	11	10
00	0	1	0	0
01	1	1	0	0
11	0	0	1	0
10	1	1	1	1

图2.18　例2.13卡诺图

2.3.5　波形图描述法

波形图是一种描述逻辑函数输入变量与输出变量波形随时间发展变化关系的图形。由于变量的取值只有"0""1"两种，变量变化是瞬时完成的，所以画波形图时可以将横纵坐标轴省略。

【例2.14】　已知逻辑函数表达式 $F(A,B,C)=AB+\bar{C}$，输入变量 A,B,C 波形如图2.19所示，画出输出变量 F 的波形。

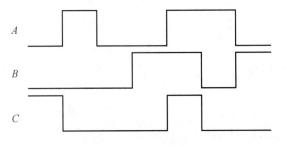

图2.19　例2.14输入变量波形图

解　波形图是时间的函数,在绘制输出变量 F 波形图之前,应该要明确所有输入变量的时间变化点,这些点同样也是输出变量的时间变化点,如图 2.20 所示。

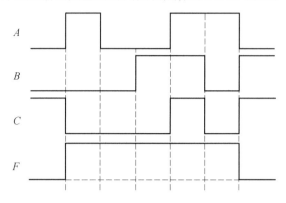

图 2.20　例 2.14 输出变量波形图

(1) 从每个输入变量的变化边沿向下竖直绘制虚线。

(2) 以第一条虚线为界,该虚线左侧输入变量取值为 $ABC=001$,根据逻辑表达式 $F=AB+\overline{C}$,计算可得 $F=0$,因此第一条虚线左侧输出 $F=0$。

(3) 第一条虚线和第二条虚线之间,输入变量取值为 $ABC=100$,同样根据逻辑关系计算可得 $F=1$,因此第一条虚线和第二条虚线之间输出 $F=1$。

(4) 依此类推,分别计算相邻虚线之间的输出结果,并完成输出变量 F 的波形的绘制,结果如图 2.20 所示。

波形图最大的优势是可以直观反映输入变量和输出变量在时间上的对应变化关系,但当变量个数比较多的时候,波形图绘制比较烦琐,同时在逻辑运算和转换方面没有优势。

2.3.6　描述方法之间的转换

1. 真值表与逻辑函数式之间的转换

(1) 真值表转换为标准“与或”式。

通过 2.3.2 节分析可知,最小项与真值表中 $F=1$ 的各行变量取值一一对应,因此逻辑函数的标准“与或”式就是真值表中函数值为 1 的最小项之和。

转换方法如下:

① 从真值表中寻找 $F=1$ 的行;

② 列写 $F=1$ 的行所对应的最小项,各变量取值按序排列后,“1”用原变量表示,“0”用反变量表示;

③ 最小项逻辑加,得到标准“与或”式。

【例 2.15】　已知函数真值表见表 2.13,列写函数的标准“与或”式。

解
$$F(A,B,C)=\overline{A}B C+A\overline{B}C+AB\overline{C}+ABC$$
$$=m_3+m_5+m_6+m_7$$
$$=\sum m(3,5,6,7)$$

表 2.13　函数真值表

输入			输出	对应的最小项
A	B	C	F	m_i
0	0	0	0	m_0
0	0	1	0	m_1
0	1	0	0	m_2
0	1	1	1	m_3
1	0	0	0	m_4
1	0	1	1	m_5
1	1	0	1	m_6
1	1	1	1	m_7

（2）真值表转换为标准"或与"式。

与最小项相类似,最大项与真值表中 $F=0$ 的各行变量取值一一对应,因此逻辑函数的标准"或与"式就是真值表中函数值为 0 的最大项之积。

转换方法如下:

① 从真值表中寻找 $F=0$ 的行;

② 列写 $F=0$ 的行所对应的最大项,各变量取值按序排列后,"0"用原变量表示,"1"用反变量表示;

③ 最大项逻辑乘,得到标准"或与"式。

（3）逻辑函数式转换为真值表。

逻辑函数式反映的是输出变量与输入变量之间的逻辑关系,在明确逻辑关系的前提下,将输入变量的取值组合逐一代入逻辑函数式,计算输出结果,完成真值表的列写。

2. 逻辑图与逻辑函数式之间的转换

（1）逻辑图转换为逻辑函数式。

将逻辑图转换为逻辑函数式就是按照逻辑图从输入级到输出级,依次写清各级关系,最终得到逻辑函数式的过程。

【例 2.16】　列写图 2.21 所示逻辑电路的函数式。

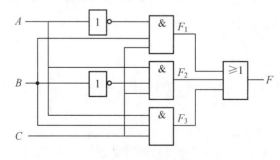

图 2.21　例 2.16 的电路图

解　根据逻辑图可得

$$F_1 = \overline{A}BC$$

$$F_2 = A\overline{B}C$$

$$F_3 = ABC$$

最终的逻辑函数式为

$$F(A,B,C) = F_1 + F_2 + F_3 = \overline{A}B\overline{C} + A\overline{B}\,\overline{C} + ABC$$

（2）逻辑函数式转换为逻辑图。

在明确逻辑函数式的基础上，选择能够实现对应逻辑关系的门电路，按照运算优先级连接组成逻辑图即可实现逻辑函数式到逻辑图的转换。

【例 2.17】　绘制逻辑函数式 $F(A,B,C) = \overline{\overline{ABC} + A\overline{B}\,\overline{C} + \overline{A}\,\overline{B}C + AB}$ 对应的逻辑图。

解　根据逻辑函数式，选择相应器件，绘制逻辑，如图 2.22 所示。

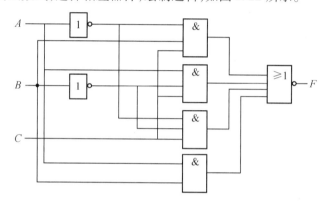

图 2.22　例 2.17 的电路图

3. 真值表与逻辑图之间的转换

真值表与逻辑图之间一般并不直接进行转换，需要利用逻辑函数式进行过渡。

4. 真值表转换为卡诺图

在明确卡诺图每个小方格与真值表每行关系后，将真值表中逻辑函数 F 取值为 1 的最小项对应的卡诺图中小方格填入"1"，其余填入"0"。

【例 2.18】　已知函数真值表见表 2.14，试利用卡诺图描述表中函数。

表 2.14　例 2.18 的真值表

输入			输出
A	B	C	F
0	0	0	1
0	0	1	0
0	1	0	1
0	1	1	1
1	0	0	0
1	0	1	1
1	1	0	1
1	1	1	1

解 依据真值表,逻辑函数具有 3 个变量,绘制三变量卡诺图,并在对应小方格内填入"1"和"0",如图 2.23 所示。

A \ BC	00	01	11	10
0	1	0	1	1
1	0	1	1	1

图 2.23　例 2.18 的三变量卡诺图

5. 逻辑函数式转换为卡诺图

根据逻辑函数式绘制卡诺图可以分为以下几种情况讨论。

(1) 标准函数式转换为卡诺图。

对于标准"与或"式,最小项对应的小方格填"1",其余填"0";对于标准"或与"式,最大项对应的小方格填"0",其余填"1"。

(2) 非标准函数式转换为卡诺图。

如果逻辑函数式不是标准"与或"式或标准"或与"式,在卡诺图中不能简单地只对一个小方格进行填"1"或填"0"。对于"与或"表达式,"与"项中原变量用"1"表示,反变量用"0"表示,在卡诺图中变量对应取值的方格内均填入"1",其余小方格填"0";对于"或与"表达式,"或"项中原变量用"0"表示,反变量用"1"表示,在卡诺图中变量对应取值的方格内均填入"0",其余小方格填"1"。

其他复杂的运算式,可以先将其转换为"与或"式或"或与"式,按上述方法绘制卡诺图。

【例 2.19】 用卡诺图表述下列逻辑函数:

$$F(A,B,C) = \overline{A}B + C$$

$$Y(A,B,C) = (A + \overline{B})\overline{C}$$

解 逻辑函数 F 的卡诺图如图 2.24(a) 所示,其中第一项 $\overline{A}B$ 包括卡诺图第一行右侧的 2 个方格(m_3 和 m_2);第二项 C 包括卡诺图中间两列的 4 个方格(m_1,m_3,m_5 和 m_7),在相应小方格填入"1",其余位置填入"0"。

逻辑函数 Y 的卡诺图如图 2.24(b) 所示,其中第一项 $A + \overline{B}$ 包括卡诺图第一行右侧的 2 个方格(M_3 和 M_2);第二项 $\overline{C}$ 包括卡诺图中间两列的 4 个方格(M_1,M_3,M_5 和 M_7),在相应小方格填入"0",其余位置填入"1"。

A \ BC	00	01	11	10
0	0	1	1	1
1	0	1	1	0

(a) 逻辑函数 F 的卡诺图

A \ BC	00	01	11	10
0	1	0	0	0
1	1	0	0	1

(b) 逻辑函数 Y 的卡诺图

图 2.24　例 2.19 的卡诺图

2.4　逻辑函数的化简方法

如前所述,一个逻辑函数的表达式具有不同的形式。虽然不同形式描述的逻辑功能相同,但电路实现时的复杂性和成本却不同。一般而言,表达式越简单,电路的复杂性就越低,成本越低,更为重要的是,电路的可靠性越高。为了简化电路,降低成本,提高可靠性,有必要学习逻辑函数的化简方法。

2.4.1　逻辑函数的化简依据和最简标准

逻辑函数的化简方法主要有代数化简法和卡诺图化简法两种。在学习两种化简方法之前,首先应该理解逻辑函数的化简依据和最简标准。

【例2.20】　已知逻辑函数 $F(A,B,C) = \overline{A}BC + A\overline{B}C + AB\overline{C} + ABC$,绘制逻辑图;化简后绘制最简"与或"式的逻辑图。

解　利用基本定律中的等幂律、互补律和分配律对逻辑函数进行变换和化简

$$F(A,B,C) = \overline{A}BC + A\overline{B}C + AB\overline{C} + ABC$$
$$= \overline{A}BC + A\overline{B}C + AB\overline{C} + ABC + ABC + ABC$$
$$= AB(\overline{C} + C) + BC(\overline{A} + A) + CA(B + \overline{B})$$
$$= AB + BC + CA$$

分别画出原表达形式和最简"与或"式的逻辑电路图,如图 2.25 所示。在保证逻辑功能不变的前提下,相比于图 2.25(a),图 2.25(b) 明显具有低复杂度和低成本的特点,同时具有处理速度快的优点。

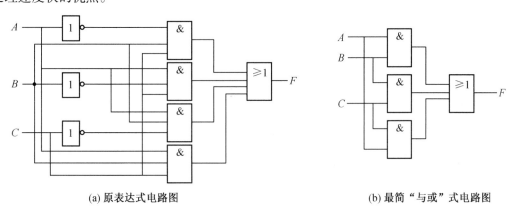

(a) 原表达式电路图　　　　　　　　　　　　(b) 最简"与或"式电路图

图 2.25　两种表达式逻辑图对比

从降低成本、提高电路工作速度和增加可靠性等方面考虑,逻辑函数的简化依据可以概括为以下 3 点:

① 逻辑图所用门的数量要少。

② 每个门的输入端个数要少。

③ 逻辑图构成级数要少。

简化依据 ① 和 ② 制定的目的是降低成本,简化依据 ③ 制定的目的是提高电路工作速度

及可靠性。

逻辑函数的最简标准取决于函数本身的类型。

"与或"式最简的标准包含两个条件：

① 函数式中乘积项最少。

② 乘积项中所含变量最少。

条件 ① 不仅可以保证实现电路的"与"门个数最少，同时可以保证下级"或"门的输入端个数最少；条件 ② 可以保证实现电路的"与"门输入端个数最少，这两个条件与逻辑函数的简化依据是相对应的。

同理，"或与"式的最简标准也包含两个条件：

① 函数式中和项最少。

② 和项中所含变量最少。

2.4.2 代数化简法

代数化简法就是直接利用逻辑代数的基本公式，通过代数化简手段消去逻辑函数中多余的项和变量，从而实现函数最简。

常用的代数化简方法有如下 4 种：

（1）并项。

利用 $AB + A\bar{B} = A$ 将两项合并为一项，且消去一个变量 B；利用并项进行化简，重点在于寻找逻辑相邻关系。

（2）消项。

利用 $A + AB = A$ 消去一项 AB；利用消项进行化简，重点在于寻找单因子项。

（3）消元。

利用吸收率 $A + \bar{A}B = A + B$ 消去一个变量 $\bar{A}$；利用吸收率进行化简，重点同样在于寻找单因子项。

（4）配项。

利用 $AB + \bar{A}C + BC = AB + \bar{A}C$ 消去一项 BC；利用配项进行化简，重点在于寻找多余项。

下面通过例题介绍代数法化简的方法。

【例 2.21】 利用代数法化简函数 $F(A,B,C,D) = A\bar{B} + \bar{A}C + BD$。

解 $$F(A,B,C,D) = A\bar{B} + \overline{\bar{A}C} + BD = \bar{A} + B + \bar{A}C + BD = \bar{A} + B$$

【例 2.22】 利用代数法化简函数 $F(A,B,C,D,E) = \bar{A}\bar{B} + ACD + BCD + \bar{C}\,\bar{D}E$。

解 $$F(A,B,C,D,E) = \bar{A}\bar{B} + ACD + BCD + \bar{C}\,\bar{D}E$$
$$= \bar{A}\bar{B} + (A + B)CD + \bar{C}\,\bar{D}E$$
$$= \bar{A}\bar{B} + \overline{\overline{A}\,\overline{B}}CD + \bar{C}\,\bar{D}E$$
$$= \bar{A}\bar{B} + CD + \bar{C}\,\bar{D}E$$
$$= \bar{A}\bar{B} + \bar{D}(C + \bar{C}E)$$

$$= \overline{A}\,\overline{B} + \overline{D}(C + E)$$

$$= \overline{A}\,\overline{B} + \overline{D}C + \overline{D}E$$

【例 2.23】　利用代数法化简函数 $F(A,B,C,D) = AC + \overline{A}D + \overline{B}D + B\overline{C}$。

解　　　　　　　$F(A,B,C,D) = AC + \overline{A}D + \overline{B}D + B\overline{C}$

$$= AC + (\overline{A} + \overline{B})D + B\overline{C}$$

$$= AC + B\overline{C} + \overline{AB}D$$

$$= AC + B\overline{C} + AB + \overline{AB}D$$

$$= AC + B\overline{C} + AB + D$$

$$= AC + B\overline{C} + D$$

代数化简法具有简单直接的优点,但在化简过程中,不仅要求熟悉逻辑代数的基本公式和基本定理,还需判断最终结果是否为最简。通常情况下,只有当逻辑函数较为简单时,才利用代数法进行化简,对于复杂逻辑函数,采用卡诺图化简法。

2.4.3　卡诺图化简法

1. 卡诺图化简原理

利用逻辑代数的吸收律

$$AB + A\overline{B} = A \quad 或 \quad (A + B)(A + \overline{B}) = A$$

将任意相邻的两个最小项或最大项结合可以消去取值不同的一个变量,取值相同的变量合并为一项。由卡诺图结构可知,图上任意两个在几何位置上相邻或与中心轴对称的小方格代表的最小项或最大项只有一个变量取值不同,因此,通过对卡诺图中小方格结合,可以将多个变量合并为一项。

2. 卡诺图化简规则

(1)卡诺图中两个相邻的最小项圈成一个矩形,该矩形称为两项卡诺圈,简称两项圈。两项圈可以消去 1 个取值不同的变量,如图 2.26 所示。

图 2.26(a)中化简的逻辑关系可以表述为

$$\overline{A}\,\overline{B}\,\overline{C} + \overline{A}B\overline{C} = \overline{A}\,\overline{B}$$

$$\overline{A}B\overline{C} + AB\overline{C} = B\overline{C}$$

即　　　　　$F(A,B,C) = \overline{A}\,\overline{B}\,\overline{C} + \overline{A}B\overline{C} + \overline{A}B\overline{C} + AB\overline{C} = \overline{A}\,\overline{B} + B\overline{C}$

图 2.26(b)中化简的逻辑关系可以表述为

$$\overline{A}B\overline{C}D + AB\overline{C}D = B\overline{C}D$$

$$\overline{A}\,\overline{B}CD + \overline{A}BCD = \overline{A}CD$$

$$\overline{A}\,\overline{B}\,\overline{C}\,\overline{D} + \overline{A}B\overline{C}\,\overline{D} = \overline{A}\,\overline{B}\,\overline{D}$$

即

$$F(A,B,C,D) = \overline{A}B\overline{C}D + AB\overline{C}D + \overline{A}\,\overline{B}CD + \overline{A}BCD + \overline{A}\,\overline{B}\,\overline{C}\,\overline{D} + \overline{A}B\overline{C}\,\overline{D}$$

$$= B\overline{C}D + \overline{A}CD + \overline{A}\,\overline{B}\,\overline{D}$$

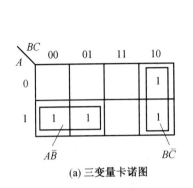

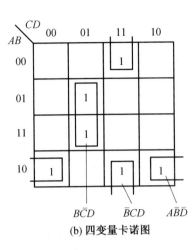

(a) 三变量卡诺图　　　　　　　(b) 四变量卡诺图

图 2.26　两项圈

（2）卡诺图中 4 个相邻的最小项（最大项）合并，可以圈成一个正方形或矩形的四项圈。四项圈可以消去两个取值不同的变量，如图 2.27 所示。

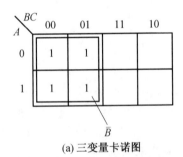

(a) 三变量卡诺图

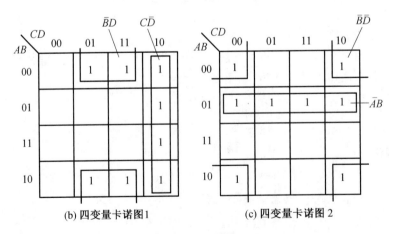

(b) 四变量卡诺图1　　　　　　　(c) 四变量卡诺图 2

图 2.27　四项圈

图 2.27（a）中化简的逻辑关系可以表述为

$$\overline{A}\,\overline{B}\,\overline{C} + \overline{A}\,\overline{B}C + A\overline{B}\,\overline{C} + A\overline{B}C = \overline{B}$$

图 2.27（b）中化简的逻辑关系可以表述为

$$\overline{A}\,\overline{B}C\overline{D} + \overline{A}BC\overline{D} + ABC\overline{D} + A\overline{B}C\overline{D} = C\overline{D}$$

$$\overline{A}\,\overline{B}\,C\overline{D} + A\overline{B}\,C\overline{D} + \overline{A}BCD + \overline{A}\,\overline{B}CD = \overline{B}D$$

图 2.27(c) 中化简的逻辑关系可以表述为

$$\overline{A}BC\overline{D} + \overline{A}BC\overline{D} + \overline{A}BCD + \overline{A}BCD = \overline{A}B$$

$$\overline{A}\,\overline{B}\,C\overline{D} + \overline{A}BC\overline{D} + \overline{A}\,\overline{B}C\overline{D} + A\,\overline{B}\,C\overline{D} = \overline{B}\,\overline{D}$$

（3）卡诺图中 8 个相邻的最小项（最大项）合并,可以圈成一个八项圈。八项圈可以消去 3 个取值不同的变量,如图 2.28 所示。

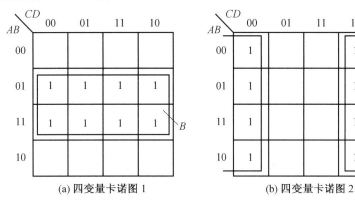

(a) 四变量卡诺图 1   (b) 四变量卡诺图 2

图 2.28 八项圈

图 2.28(a) 中化简的逻辑关系可以表述为

$$\sum m(4,5,6,7,12,13,14,15) = B$$

图 2.28(b) 中化简的逻辑关系可以表述为

$$\sum m(0,2,4,6,8,10,12,14) = \overline{D}$$

（4）结论:2^n 个相邻的最小项（最大项）合并,可以消去 n 个取值不同的变量。

3. 卡诺图画圈原则

为了实现卡诺图将逻辑函数进行最简处理,绘制卡诺圈时应该遵循如下原则:

（1）少圈开始:一般从圈法最少的项开始画圈。

（2）圈大数少:要求画圈的范围尽可能大,圈的数量尽可能少,圈可重复包围最小项（最大项）,但每个圈内必须有新的最小项（最大项）。

（3）全项圈过:卡诺图上所有的最小项（最大项）应该全部被卡诺圈圈过。

4. 卡诺图化简步骤

第一步:绘制卡诺图。

根据给定真值表或逻辑表达式确定变量个数,绘制相应的卡诺图。

第二步:根据逻辑函数填函数项。

根据给定真值表或逻辑表达式填写卡诺图中数值,对于"与或"表达式,最小项填入"1";对于"或与"表达式,最大项填入"0"。

第三步:合并最小项（最大项）。

根据卡诺图画圈原则,准确画出卡诺圈,对于"与或"表达式,圈"1";对于"或与"表达式,圈"0"。

第四步:列写化简项。

按"去异存同"的原则,将各卡诺圈中取值不同的变量消去,对于"与或"表达式,取值为1的变量用原变量表示,取值为0的变量用反变量表示,每个卡诺圈写出一个最简"积"项;对于"或与"表达式,取值为1的变量用反变量表示,取值为0的变量用原变量表示,每个卡诺圈写出一个最简"和"项。

第五步:整理表达式。

对于"与或"表达式,将所有卡诺圈的最简"积"项逻辑加,得到最简"与或"式,对于"或与"表达式,将所有卡诺圈的最简"和"项逻辑乘,得到最简"或与式"。

5. 卡诺图化简举例

【例 2.24】 利用卡诺图化简法将下式化简为最简"与或"式。

$$F(A,B,C) = A\overline{C} + \overline{A}C + B\overline{C} + \overline{B}C$$

解 根据题中待化简的逻辑表达式,绘制三变量卡诺图,如图 2.29 所示。

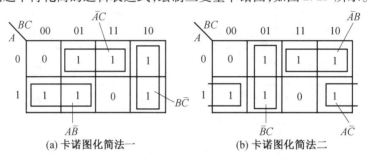

(a) 卡诺图化简法一　　　　　(b) 卡诺图化简法二

图 2.29　例 2.24 最简"与或"式卡诺图化简

根据卡诺圈画圈原则,将可以合并的最小项圈出。由图 2.29(a) 和(b) 所示,有两种可选方案。

(1) 依据图 2.29(a) 卡诺圈画圈方法合并最小项,得到

$$F(A,B,C) = A\overline{B} + \overline{A}C + B\overline{C}$$

(2) 依据图 2.29(b) 方案合并最小项,得到

$$F(A,B,C) = \overline{A}B + A\overline{C} + \overline{B}C$$

两个化简结果都符合最简"与或"式标准。由此可知,一个逻辑函数的化简结果可能不是唯一的。

【例 2.25】 利用卡诺图化简逻辑函数 $F(A,B,C,D) = \sum m(3,4,5,7,9,13,14,15)$,写出最简"与或"式和最简"或与"式。

解 (1) 最简"与或"式。

根据题中待化简的逻辑函数表达式,画出四变量卡诺图,如图 2.30 所示。

① 首先根据"少圈开始"的画圈原则,确定图中圈法唯一的 4 项:m_3,m_4,m_9 和 m_{14},并在图中绘制这 4 项的唯一卡诺圈。

② 根据"全项圈过"的画圈原则,发现卡诺图上所有的最小项都被圈过,因此化简结束。

应注意,我们思考题目时直观上会被中心位置的四项圈,即 m_5,m_7,m_{13} 和 m_{15}(图中的虚线圈) 所吸引,如果画出中心四项圈,剩余四项 m_3,m_4,m_9 和 m_{14} 正是画圈方法唯一且只能选择相邻项组成两项圈(图中的实线圈) 的最小项,画出 4 个两项圈后,不难发现中心位置的 4 项圈是

重复的多余圈,应该去除。

最终得到逻辑函数的最简"与或"式为

$$F(A,B,C,D) = \bar{A}CD + \bar{A}B\bar{C} + A\bar{C}D + ABC$$

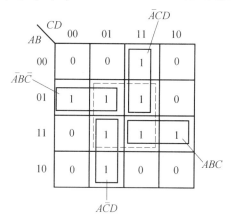

图 2.30　例 2.25 最简"与或"式卡诺图化简

(2) 最简"或与"式。

同理,画出四变量卡诺图,对"0"格进行画圈,如图 2.31 所示。最终得到逻辑函数的最简"或与"式为

$$F(A,B,C,D) = (A + B + C)(A + \bar{C} + D)(\bar{A} + C + D)(\bar{A} + B + \bar{C})$$

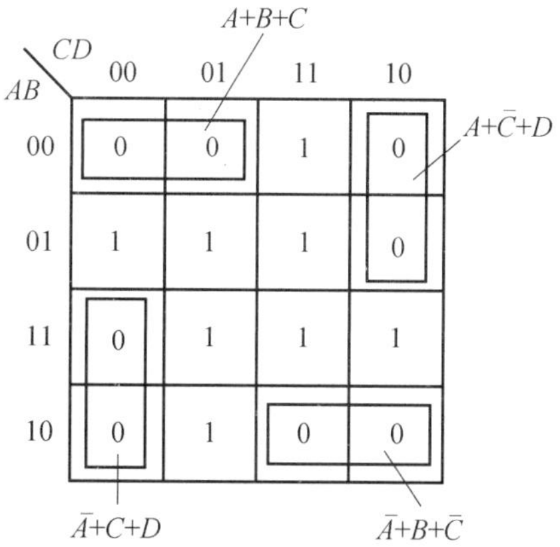

图 2.31　例 2.25 最简"或与"式卡诺图化简

【例 2.26】　利用卡诺图化简逻辑函数 $F(A,B,C,D) = \sum m(1,3,4,5,7,8,9,11,13,14)$,分别写出最简"与或"式和最简"或与"式。

解　(1) 最简"与或"式。

根据题中待化简的逻辑函数表达式,画出四变量卡诺图,图 2.32 给出了卡诺圈的画圈过程。

① 首先根据"少圈开始"的画圈原则,确定图中圈法唯一的三项:m_4,m_8 和 m_{14},并在图中绘制该 3 个最小项唯一的卡诺圈,如图 2.32(a) 所示。

② 根据"圈大数少"的画圈原则,选择卡诺圈范围最大(直观上最有吸引力)的卡诺圈,如图 2.32(b) 所示为两个四项圈。

③最后根据"全项圈过"的画圈原则,对剩余项 m_{11} 画圈,注意包含 m_{11} 的最大卡诺圈应该是四项圈,如图 2.32(c) 所示。

最终得到逻辑函数的最简"与或"式为

$$F(A,B,C,D) = \bar{A}D + \bar{C}D + \bar{B}D + \bar{A}B\bar{C} + A\bar{B}\,\bar{C} + ABC\bar{D}$$

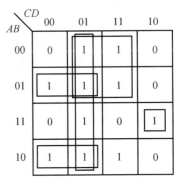

(a) 三项唯一圈法　　　　　　　　(b) 范围最大圈法

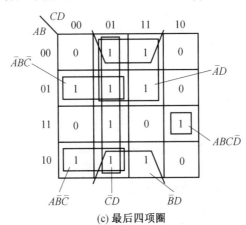

(c) 最后四项圈

图 2.32　例 2.26 最简"与或"式化简过程

(2) 最简"或与"式。

同理,画出四变量卡诺图,对"0"进行画圈,如图 2.33 所示。最终得到原逻辑函数的最简"或与"式为

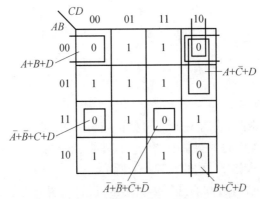

图 2.33　例 2.26 最简"或与"式化简

$$F(A,B,C,D) = (A + B + D)(A + \bar{C} + D)(B + \bar{C} + D)(\bar{A} + \bar{B} + C + D)(\bar{A} + \bar{B} + \bar{C} + \bar{D})$$

【**例 2.27**】 利用卡诺图化简 $F(A,B,C,D) = \sum m(0,2,5,7,8,10,12,13,14)$，写出最简"与或"式和最简"或与"式。

解 （1）最简"与或"式。

根据题中待化简的逻辑函数表达式，绘制四变量卡诺图，并对"1"画圈，如图 2.34 所示。

得到最简"与或"式：

$$F(A,B,C,D) = \bar{B}\,\bar{D} + A\bar{D} + B\bar{C}D + \bar{A}BD$$

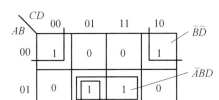

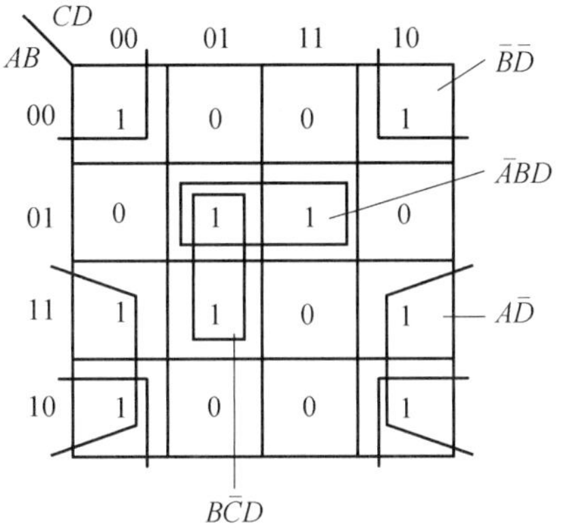

图 2.34 例 2.27 最简"与或"式卡诺图化简

（2）最简"或与"式。

根据题中待化简的逻辑函数表达式，绘制四变量卡诺图，并对"0"画圈，如图 2.35 所示。

得到最简"或与"式：

$$F = (B + \bar{D})(A + \bar{B} + D)(\bar{A} + \bar{C} + \bar{D})$$

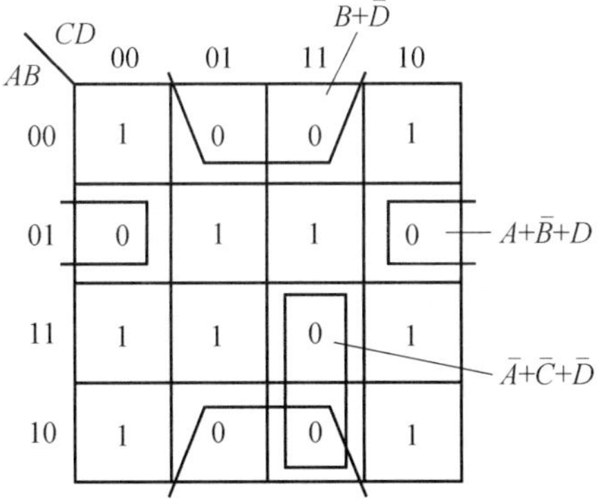

图 2.35 例 2.27 最简"或与"式卡诺图化简

2.4.4 含有任意项的逻辑函数化简

前面讨论的逻辑函数，当输入变量取值确定时，有唯一确定的函数值，非 1 即 0。但对于某些实际问题，在逻辑函数中，变量的某些取值组合不会出现；或者对于变量的某些取值组合，对应的函数值是不确定的,这样的变量组合所对应的最小项(最大项)称为任意项,又称无关项或约束项,本书用"×"来表示。如8421BCD码中的1010,1011,1100,1101,1110和1111这6种输入组合就是任意项。

1. 含有任意项的逻辑函数表示方法

与常规逻辑函数表示方法相类似,含有任意项的逻辑函数通常有以下3种表示方式,包括最小项表达式、最大项表达式两种标准表达式和非标准表达式。

(1) 最小项表达式。

最小项表达式可以表示为

$$F = \sum m(\quad) + \sum \Phi(\quad) \tag{2.19}$$

$$或 \begin{cases} F = \sum m(\quad) \\ 约束条件: \sum \Phi(\quad) = 0 \end{cases} \tag{2.20}$$

其中,$m(\quad)$为最小项;$\Phi(\quad)$为任意项;任意项与最小项之间是逻辑"或"的关系。

(2) 最大项表达式。

最大项表达式可以表示为

$$F = \prod M(\quad) \cdot \prod \Phi(\quad) \tag{2.21}$$

$$或 \begin{cases} F = \prod M(\quad) \\ 约束条件: \prod \Phi(\quad) = 1 \end{cases} \tag{2.22}$$

其中,$M(\quad)$为最大项;$\Phi(\quad)$为任意项;任意项与最大项之间是逻辑"与"的关系。

(3) 非标准表达式。

非标准表达式的含义是只要逻辑函数和约束条件中有一个是非标准形式。

2. 含有任意项的逻辑函数化简

含有任意项的逻辑函数化简一般采用直观描述的卡诺图化简法,在化简过程中,既可以将任意项看作"1",也可以看作"0",尽可能地画出"圈大数少"的卡诺圈。但需注意,每个卡诺圈除任意项外至少包含一个最小项(任意项看作"1")或一个最大项(任意项看作"0")。

【例2.28】 利用卡诺图化简逻辑函数,分别列写最简"与或"式和最简"或与"式。

$$F(A,B,C,D) = \sum m(0,1,6,9,14,15) + \sum \Phi(2,4,7,8,10,11,12,13)$$

解 (1) 最简"与或"式。

根据逻辑函数表达式,绘制四变量卡诺图,如图2.36所示,将任意项看作"1",利用任意项降低化简难度,最终化简结果为

$$F(A,B,C,D) = \overline{B}\,\overline{C} + BC$$

(2) 最简"或与"式。

绘制四变量卡诺图,如图2.37所示,将任意项看作"0",利用任意项降低化简难度,最终化简结果为

$$F(A,B,C,D) = (\overline{B} + C)(B + \overline{C})$$

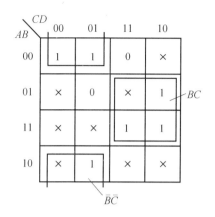

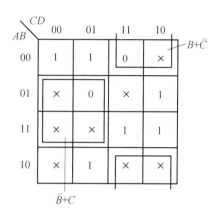

图 2.36　例 2.28 最简"与或"式卡诺图化简　　图 2.37　例 2.28 最简"或与"式卡诺图化简

【例 2.29】　某电路的输入 $ABCD$ 为 5421BCD 码。当输入的 5421BCD 码能被 4 或 5 整除时,电路输出 $F = 1$,否则 $F = 0$。试列出电路的真值表,写出最小项表达式,并利用卡诺图求出最简"与或"式和最简"或与"式。

解　（1）根据题意,列出真值表,见表 2.15。

表 2.15　电路真值表

No	输入				输出
	A	B	C	D	F
0	0	0	0	0	1
1	0	0	0	1	0
2	0	0	1	1	0
3	0	0	1	1	0
4	0	1	0	0	1
	0	1	0	1	×
	0	1	1	0	×
	0	1	1	1	×
5	1	0	0	0	1
6	1	0	0	1	0
7	1	0	1	0	0
8	1	0	1	1	1
9	1	1	0	0	0
	1	1	0	1	×
	1	1	1	0	×
	1	1	1	1	×

（2）根据真值表,写出最小项表达式。

$$\begin{cases} F(A,B,C,D) = \sum m(0,4,8,11) \\ 约束条件: \sum \Phi(5,6,7,13,14,15) = 0 \end{cases}$$

（3）最简"与或"式。

根据最小项表达式,画出四变量卡诺图,如图2.38所示,化简结果为

$$F = \bar{A}B + \bar{B}\,\bar{C}\,\bar{D} + ACD$$

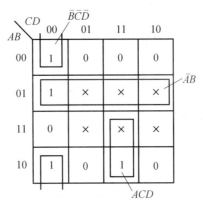

图 2.38　例 2.29 最简"与或"式卡诺图化简

（4）最简"或与"式。

如图 2.39 所示,图 2.39(a) 的化简结果为

$$F(A,B,C,D) = (A + \bar{D})(C + \bar{D})(\bar{C} + D)(\bar{A} + \bar{B})$$

图 2.39(b) 的化简结果为

$$F = (A + \bar{C})(C + \bar{D})(\bar{C} + D)(\bar{A} + \bar{B})$$

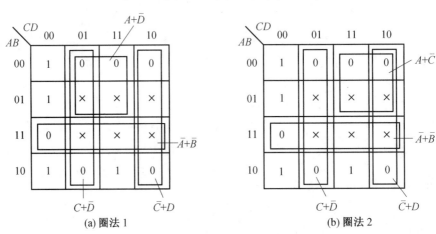

图 2.39　例 2.29 最简"或与"式卡诺图化简

本章小结

本章首先介绍了逻辑代数的基本运算,重点讲解了逻辑代数的基本定律和运算规则、逻辑函数的描述方法以及逻辑函数的化简方法。这些内容是数字逻辑分析和设计的基础,贯穿全书始终,重要性不言而喻。

本章需要重点掌握的知识如下:

（1）逻辑代数是数字逻辑的理论基础,是与普通代数不同的代数运算系统。其基本逻辑运算包含"与""或""非"3 种,其他任何复杂的逻辑关系都可以利用这 3 种基本逻辑运算组合而成,常见的复合逻辑运算包括"与非""或非""与或非""异或"和"同或"5 种。

(2)逻辑代数的基本定律、运算规则和优先级别是逻辑函数化简和变换的基础,因此对基本定律、代入规则、对偶规则及反演规则的掌握是后续逻辑函数描述和化简的前提和保证。

(3)逻辑函数通常可以用真值表、逻辑函数式、逻辑图、卡诺图和波形图 5 种方法进行描述,要求熟练掌握这些描述方法和它们之间的转换过程。逻辑函数表示法结构层次如图 2.40 所示。

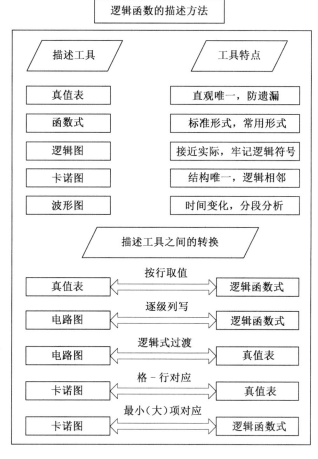

图 2.40　逻辑函数表示法结构层次

(4)为了简化电路、降低成本和提高可靠性,需要对逻辑函数进行化简。要理解代数化简法,熟练掌握卡诺图化简法,包括含有任意项的逻辑函数卡诺图化简,这部分内容是本章的重点。

习　题

2.1　计算下列各式。

(1)$F = 1 \oplus (1 \oplus 0) \oplus 1 \oplus 0$

(2)$F = 1 \oplus 1 \oplus 1 \oplus 1$

(3)$F = \overline{1 \oplus 0} \oplus \overline{0 \oplus 1}$

(4)$F = (0 + \overline{1 \oplus 1 \oplus 0}) \cdot (1 \oplus 0 \oplus 1)$

2.2 利用逻辑代数的基本定律证明下式。

(1) $\overline{A + BC + D} = \overline{A}(\overline{B} + \overline{C})\overline{D}$

(2) $(\overline{A} + B + C)(\overline{A} + B + \overline{C})(A + B + C) = B + \overline{A}C$

(3) $\overline{A}C + AB + \overline{B}\,\overline{C} = A\overline{C} + \overline{A}\,\overline{B} + BC$ (4) $(AB) \oplus (AC) = A(B \oplus C)$

(5) $A\overline{B}\,\overline{C} + \overline{A}BC + \overline{A}\,\overline{B}C + ABC = A \oplus B \oplus C$ (6) $ABC + \overline{A} + \overline{B} + \overline{C} = 1$

2.3 利用反演规则和对偶规则,写出下列逻辑函数的反函数和对偶函数。

(1) $F = A + A\overline{C} + \overline{A(B + \overline{CD})}$ (2) $F = A\overline{B}(\overline{C + D}) + C$

(3) $F = A\overline{B} + BC + \overline{AC}(A + B + \overline{C})$ (4) $F = A\overline{B} + B + C\overline{D} + AB\overline{C}D + (\overline{A} + C)$

2.4 利用真值表证明下述等式。

(1) $(AB) \oplus (AC) = A(B \oplus C)$

(2) $\overline{A}B\overline{C} + \overline{A}\,\overline{B}C + ABC + A\overline{B}\,\overline{C} = A \oplus B \oplus C$

(3) $A\overline{B} + \overline{A}B = (A + B)(\overline{A} + \overline{B})$

(4) $A(\overline{A} + B + C)(\overline{A} + B + \overline{C})(A + B + C) = AB$

2.5 图 2.41 所示电路为两处控制照明灯的电路,单刀双掷开关 A 装在一处,B 装在另一处。设 $F = 1$ 表示灯亮,$F = 0$ 表示灯灭;$A = 1$ 表示开关向上扳动,$A = 0$ 表示开关向下扳动,B 亦如此。试写出该逻辑关系的真值表。

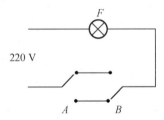

图 2.41 习题 2.5 电路图

2.6 3 个输入信号分别为 A,B 和 C,若 3 个信号同时为 0 或同时为 1 时,电路输出信号 F 为 1,否则 F 为 0,试列写该逻辑关系真值表。

2.7 有一 T 形走廊,在交汇处有一电灯,在进入走廊的 A,B,C 3 处各有一个控制开关,都能独立进行控制。任意闭合一个开关,灯亮;任意闭合两个开关,灯灭;3 个开关都闭合,灯仍亮,试写出该逻辑关系的真值表。

2.8 已知逻辑电路图如图 2.42 所示,试写出其对应的逻辑函数表达式,并化简。

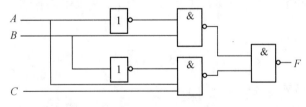

图 2.42 习题 2.8 电路图

2.9　将下列逻辑函数分别转换为最小项之和和最大项之积的形式。

（1）$F(A,B,C) = \overline{A}B + BC + A\overline{C}$

（2）$F(A,B,C) = (A + C)(\overline{A} + B)(B + \overline{C})$

（3）$F(A,B,C,D) = \overline{\overline{AB(C + \overline{D})}}$

（4）$F(A,B,C,D) = A\overline{B}C + \overline{A}\,\overline{B}D + ACD + \overline{A}B\overline{C}D$

2.10　用代数法化简下列各逻辑函数。

（1）$F(A,B,C) = \overline{A} + B + \overline{\overline{A}\overline{B}}(C + D)$

（2）$F(A,B,C) = \overline{A}\,\overline{B} + AC + B\overline{C} + A \oplus B$

（3）$F(A,B,C) = \overline{\overline{\overline{ABC} \cdot \overline{A}\,\overline{B}} \cdot \overline{AB}}$

（4）$F(A,B,C) = \overline{A}\overline{B}C + \overline{A}BC + ABC$

（5）$F(A,B,C,D) = \overline{A}\,\overline{B} + ACD + BCD + \overline{C}\,\overline{D}E$

（6）$F(A,B,C) = (\overline{A} \oplus B)(B \oplus C) + A \oplus BC \oplus \overline{C}$

2.11　用卡诺图法化简下列各逻辑函数。

（1）$F(A,B,C) = ABC + \overline{A} + \overline{B} + \overline{C}$

（2）$F(A,B,C) = \overline{A}\,\overline{B} + \overline{A} + \overline{B} + ABC$

（3）$F(A,B,C,D) = A\overline{B} + AD + BD + B\overline{C}\,\overline{D} + \overline{A}BCD$

（4）$F(A,B,C,D) = \overline{A}\,\overline{B}\,\overline{C}D + \overline{A}\,\overline{B}CD + \overline{A}B\overline{C}D + A\overline{B}\,\overline{C}D + \overline{A}BCD + AB\overline{C}\overline{D}$

（5）$F(A,B,C) = \sum m(0,1,2,4,6,7)$

（6）$F(A,B,C,D) = \sum m(0,2,5,7,8,10,13,15)$

（7）$F(A,B,C,D) = \prod M(0,1,2,3,8,10)$

（8）$F(A,B,C,D) = \prod M(0,2,4,8,9,11,13,15)$

2.12　用卡诺图法化简含有任意项的逻辑函数。

（1）$F(A,B,C,D) = \sum m(0,2,7,13,14) + \sum \Phi(3,9,11,15)$

（2）$F(A,B,C,D) = \sum m(1,2,4,12,14) + \sum \Phi(5,6,7,8,9,10)$

（3）$F(A,B,C,D) = \sum m(3,5,6,7,10) + \sum \Phi(0,1,2,4,8)$

（4）$F(A,B,C,D) = \sum m(2,3,7,8,11,14) + \sum \Phi(0,5,10,15)$

（5）$\begin{cases} F(A,B,C,D) = \sum m(0,2,7,13,15) \\ \text{约束条件}: \overline{A}B\overline{C} + \overline{A}B\overline{D} + \overline{A}\,\overline{B}D = 0 \end{cases}$

（6）$\begin{cases} F(A,B,C,D) = \overline{B}C + \overline{A}\,\overline{B}\,\overline{C}\,\overline{D} \\ \text{约束条件}: AB + BC = 0 \end{cases}$

2.13　如图2.43所示，辨析下列卡诺圈作法正误。

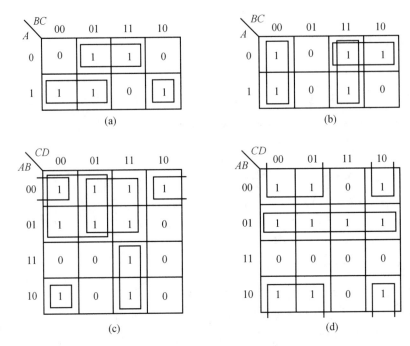

图 2.43 习题 2.13 卡诺圈作法示意图

2.14 已知某逻辑函数的真值表见表 2.16,列写该逻辑函数的标准"与或"式,并用卡诺图法化简。

表 2.16 函数真值表

输入			输出	
A	B	C	F	Y
0	0	0	1	0
0	0	1	0	1
0	1	0	1	1
0	1	1	1	1
1	0	0	0	0
1	0	1	1	1
1	1	0	1	1
1	1	1	1	0

第3章　小规模组合逻辑电路

本章首先介绍基本逻辑门的电路结构和工作原理,在此基础上讲解小规模组合逻辑电路的分析与设计方法,最后介绍组合逻辑电路中的竞争与冒险现象。

3.1　集成逻辑门

由第2章可知,常用逻辑门有"与"门、"或"门、"非"门、"与非"门和"异或"门等多种,同一种逻辑门的逻辑功能是一样的,但是其内部结构却不尽相同。

集成逻辑门可分为 TTL 逻辑门和 CMOS 逻辑门两大类,下面分别介绍这两类逻辑门的主要参数、电路结构及工作原理。

3.1.1　TTL 逻辑门

1. 主要参数

(1) 输出高电平 U_{OH} 和输出低电平 U_{OL}。

输出高电平 U_{OH} 指逻辑门输出管处于截止状态时的输出电平,此时逻辑门输出定义为逻辑"1"。输出高电平 U_{OH} 的范围为 2.4 ~ 5 V,典型值为 3.6 V。

输出低电平 U_{OL} 指逻辑门输出管处于导通状态时的输出电平,此时逻辑门输出定义为逻辑"0"。输出低电平 U_{OL} 的范围为 0 ~ 0.8 V,典型值为 0.3 V。

输出高、低电平都对应一定的电压范围,不是固定的电压值。当输出高电平的电压低于 2.4 V,或输出低电平的电压高于 0.8 V 时,称为不合格电平,此时会产生逻辑错误。

(2) 输入高电平 U_{IH} 和输入低电平 U_{IL}。

逻辑门对应逻辑"1"的输入电平称为输入高电平,一般为 3.6 V 左右。输入高电平 U_{IH} 的最小值为 2 V。

逻辑门对应逻辑"0"的输入电平称为输入低电平,一般为 0.3 V 左右。输入低电平 U_{IL} 的最大值为 0.5 V。

输入高、低电平都允许一定的电压范围,不是固定的电压值,但是,高电平过低或低电平过高,同样会产生输出逻辑错误,为不合格电平。

(3) 输入噪声容限 U_{NL} 和 U_{NH}。

当输入电压偏离正常的低电平($U_{IL} = 0.3$ V)而升高时,输出的电平并不立刻改变;同理,当输入电压偏离正常的高电平($U_{IH} = 3.6$ V)而降低时,输出的电平也不立刻改变。保证输出电平基本不变(或者变化范围不超出电平的允许范围)的条件下,允许输入信号的电平在一定范围内波动,这个范围就称为输入噪声容限。

图 3.1 所示为 TTL 门电路输入噪声容限示意图。

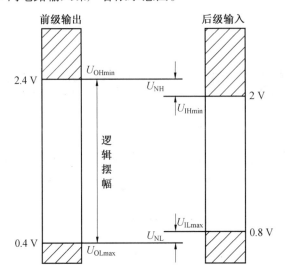

图 3.1　TTL 门电路输入噪声容限示意图

根据输入电平的不同,输入噪声容限有两个含义:

① 前级输出低电平的最大值 U_{OLmax} 和后级输入低电平的最大值 U_{ILmax} 之差称为逻辑门输入低电平时的输入噪声容限 U_{NL},即

$$U_{NL} = U_{ILmax} - U_{OLmax} \tag{3.1}$$

② 前级输出高电平的最小值 U_{OHmin} 和后级输入高电平的最小值 U_{IHmin} 之差称为逻辑门输入高电平时的输入噪声容限 U_{NH},即

$$U_{NH} = U_{OHmin} - U_{IHmin} \tag{3.2}$$

输入噪声容限用来表征逻辑门的抗干扰能力。一旦干扰电平超过输入噪声容限,逻辑门将不能正常工作。通常 $U_{NL} < U_{NH}$,所以常用 U_{NL} 作为逻辑门的输入噪声容限。

（4）关门电阻 R_{OFF} 和开门电阻 R_{ON}。

将逻辑门的一个输入端通过电阻 R_i 接地,逻辑门的其他输入端悬空,电源电流从输入端流向这个电阻 R_i,在 R_i 产生压降 U_i。当 U_i 使逻辑门的输出管工作在截止区,即称逻辑门处于关门状态,此时的电阻 R_i 称为逻辑门的关门电阻 R_{OFF}。如果 U_i 使逻辑门的输出管工作在饱和区,输出管工作处于饱和导通状态,则此时的输入电阻 R_i 称为逻辑门的开门电阻 R_{ON}。

当接入的电阻 $R_i \leqslant R_{OFF}$ 时,逻辑门处于关闭状态;当 $R_i \geqslant R_{ON}$ 时,逻辑门处于开门状态;当 $R_{OFF} < R_i < R_{ON}$ 时,逻辑门处于不标准的开门状态和不标准的关门状态,输出的电平为不合格电平。

典型 TTL 与非门的关门电阻 R_{OFF} 约为 0.7 kΩ,开门电阻 R_{ON} 约为 2.5 kΩ。

（5）扇出系数 N_0。

逻辑门在正常工作条件下,输出端最多能驱动同类门的数量称为扇出系数 N_0。它是衡量逻辑门输出端带负载能力的一个重要参数。扇出系数越大,带负载能力越强。

逻辑门输出低电平时的扇出系数一般小于输出高电平时的扇出系数。因此,逻辑门的带负载能力应以输出低电平时的扇出系数为准。

例如,某逻辑门 $I_{OL} = 8$ mA,$I_{IL} = 0.5$ mA,$I_{OH} = 400$ μA,$I_{IH} = 20$ μA,则输出低电平时的扇

出系数为 $N_O = I_{OL}/I_{IL} = 8/0.5 = 16$,输出高电平时的扇出系数为 $N_O = I_{OH}/I_{IH} = 400/20 = 20$,所以该逻辑门的扇出系数为 16。实际使用时,还应该留有余地。此外,如果某个逻辑门的输出端同时连接同一逻辑门的多个输入端,那么该逻辑门的扇出系数为负载门的输入端个数。

（6）功耗 P。

功耗是指逻辑门消耗的电源功率,常用空载功耗来表示。

当逻辑门输出端空载,逻辑门输出低电平时的功耗 P_{ON} 称为空载导通功耗。当逻辑门输出端空载,逻辑门输出高电平时的功耗 P_{OFF} 称为空载截止功耗。

由于 P_{ON} 比 P_{OFF} 大,因此常用 P_{ON} 表示逻辑门的空载功耗。TTL 逻辑门的 P_{ON} 一般不超过 50 mW。

（7）传输延时时间 t_{pd}。

逻辑门输入端信号变化引起输出端信号变化（均以变化至幅度 U_M 的 50% 处时起算）所需的平均时间,称为逻辑门的平均传输延时时间 t_{pd}。

以 TTL 门为例的传输延时时间示意图如图 3.2 所示。

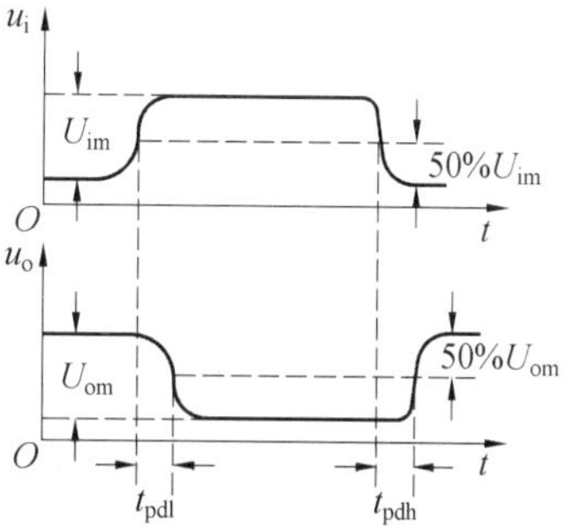

输出信号由高电平变换为低电平的传输延时时间为 t_{pdl},由低电平变换为高电平的传输延时时间为 t_{pdh},则平均传输延时时间为

$$t_{pd} = \frac{t_{pdl} + t_{pdh}}{2} \tag{3.3}$$

图 3.2　传输延时时间示意图

TTL 逻辑门的 t_{pd} 一般为几纳秒到几十纳秒。

2. TTL"非"门

（1）晶体管反相器。

① 电路结构。晶体管反相器电路结构如图 3.3 所示,只要电路的参数配合得当,就能够实现当 u_i 为低电平时,晶体管工作在截止状态,输出 u_o 为高电平;而当 u_i 为高电平时,晶体管工作在饱和状态,输出 u_o 为低电平。晶体管的 C – E 间相当于一个受 u_i 控制的开关。如果输入 u_i 与输出 u_o 之间是相反的电平关系,这在数字电路中称为"非"门。

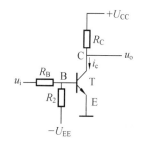

图 3.3　晶体管反相器电路结构图

由于接入了电阻 R_2 和负电源 $-U_{EE}$,即使输入的低电平信号稍大于 0 V 时,也能使晶体管的基极电位为负电位,从而使晶体管可靠截止,输出 u_o 为高电平。

② 动态特性。在动态情况下,也就是晶体管在截止和饱和导通两种状态之间迅速转换时,晶体管内部电荷的聚集和消散都需要一定的时间,因此信号的传输有延时,集电极电流 i_c 的变化将滞后于输入电压 u_i 的变化,且 u_o 与 u_i 反相,如图 3.4 所示。这种滞后现象也可以用晶体管存在结电容效应来解释。

（2）TTL"非"门。

图 3.5 所示电路为 74 系列 TTL"非"门电路内部结构图。因为这种类型电路的输入端和输出端均为晶体管,所以称之为晶体管 – 晶体管逻辑电路,简称 TTL 电路。

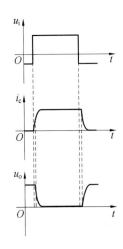

图 3.4　晶体管动态开关特性

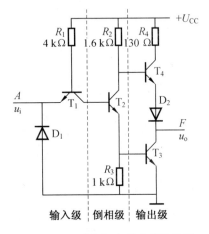

图 3.5　TTL"非"门电路内部结构图

① 电路内部结构。图 3.5 所示的 TTL"非"门电路由三部分组成：

输入级：由 T_1，R_1 和 D_1 构成。其中，D_1 是输入端钳位二极管，它既可以抑制输入端可能出现的负极性干扰脉冲，又可以防止输入电压为负时 T_1 的发射极电流过大，起到保护作用。

倒相级：由 T_2，R_2 和 R_3 构成，用以驱动输出级的晶体管 T_3 和 T_4。由于 T_2 的集电极输出的电压信号和发射极输出的电压信号变化方向相反，所以也将这一级称为倒相级。

输出级：由 T_3，T_4，R_4 和 D_2 构成，输出级的工作特点是在稳定的状态下 T_4 和 T_3 总是一个导通而另一个截止，这就有效地降低了输出级的静态功耗并提高了驱动负载的能力。通常将这种形式的电路称为推拉式（Push – Pull）电路或图腾柱（Totem – Pole）输出电路。为保证 T_3 导通时 T_4 可靠截止，又在 T_4 的发射极下端串联了二极管 D_2。

② 工作原理。设电源电压 $+U_{CC} = 5$ V，输入信号的高、低电平分别为 $U_{IH} = 3.4$ V，$U_{IL} = 0.2$ V。PN 结的伏安特性可以用线性化的等效电路替代，并设开启电压 $U_{ON} = 0.7$ V，晶体管三端电位分别用 v_B，v_C 和 v_E 表示。

当 $u_i = U_{IL} = 0.2$ V 时，T_1 发射结导通，导通后基极的电位被钳位在 $v_{B1} = U_{IL} + U_{ON} = 0.9$ V，因此 T_2 的发射结不会导通。由于 T_1 的集电极回路电阻是 R_2 和 T_2 的 B – C 结反向电阻之和，阻值非常大，因而 T_1 工作在深度饱和的状态，使 T_1 的 $U_{CE} \approx 0$。此时 T_1 的集电极电流很小，定量计算时可忽略不计。T_2 截止后 v_{C2} 输出高电平，而 v_{E2} 为低电平，从而使 T_4 导通、T_3 截止，输出为高电平 U_{OH}。

当 $u_i = U_{IH} = 3.4$ V 时，如果不考虑 T_2 的存在，则必有 $v_{B1} = U_{IH} + U_{ON} = 4.1$ V。显然，在 T_2 和 T_3 存在的情况下，T_2 和 T_3 的发射结必然同时导通。则 v_{B1} 被钳位在 2.1 V。T_2 的导通使 v_{C2} 降低而 v_{E2} 升高，结果导致 T_3 导通、T_4 截止，输出变为低电平 U_{OL}。可见，输入和输出之间是反相关系，即 $F = \bar{A}$。

输入端悬空时，TTL"非"门的输入级不构成回路，T_1 的发射级截止。电源 $+U_{CC}$ 通过 R_1 和 T_1 的集电结及 T_2 和 T_3 的发射结导通。使 T_2 和 T_3 处于饱和状态，此时 T_4 的基极电位大约为 1 V，二极管 D_2 截止，输出为低电平 U_{OL}。可见，TTL"非"门输入端悬空时和输入为高电平时，TTL"非"门的输出状态是一样的，即 TTL"非"门输入端悬空，等效于输入端接入高电平。此结论可以推广到所有 TTL 逻辑门电路。

需要说明的是，悬空的管脚容易引入干扰信号，从而降低逻辑门电路工作的稳定性，因此一般不要把多余的输入端悬空。处理方法参见本章 3.2.3 节逻辑门电路多余端处理的相关内容。

③ TTL"非"门工作特性曲线。图 3.6 所示为 TTL"非"门电路输出电压随输入电压变化的特性曲线。

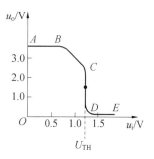

在曲线的 AB 段,因为 $u_i < 0.6$ V,所以 $v_{B1} < 1.3$ V,T_2 和 T_3 截止而 T_4 导通,故输出为高电平

$$U_{OH} = U_{CC} - v_{R2} - u_{BE4} - u_{D2} \approx 3.4 \text{ V}$$

这一段称为特性曲线的截止区。

图 3.6　TTL"非"门电压传输特性

在曲线的 BC 段,由于 1.3 V $> u_i > 0.7$ V,T_2 导通而 T_3 继续截止,此时 T_2 工作在放大区,随着 u_i 的升高 v_{C2} 和 u_o 线性地下降。这一段称为特性曲线的线性区。

在曲线的 CD 段,当输入电压 u_i 上升到 1.4 V 左右时,v_{B1} 约为 2.1 V,这时 T_2 和 T_3 同时导通,T_4 截止,输出电位急剧下降为低电平。转折区中点对应的输入电压称为阈值电压或门限电压,用 U_{TH} 表示。

在曲线的 DE 段,u_i 继续升高,u_o 不再变化。DE 段称为特性曲线的饱和区。

3. TTL"与非"门

(1) 电路内部机构。

74 系列 2 输入 TTL"与非"门电路内部结构如图 3.7 所示。TTL"与非"门电路和 TTL"非"门电路的区别在于输入端改成了多发射极的晶体管。

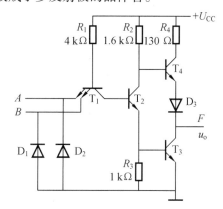

图 3.7　2 输入 TTL"与非"门电路内部结构图

(2) 工作原理。

① 当 $A = B = 0$,$A = 0$,$B = 1$ 或 $A = 1$,$B = 0$ 时,由于 A,B 至少有一个接低电平,则 T_1 必有一个发射结导通,并将 T_1 的基极电位钳位在 0.9 V。此时 T_2 和 T_3 都不导通,输出为高电平 U_{OH}。

② 当 $A = B = 1$ 时,A,B 均输入高电平,T_2 和 T_3 同时导通,此时输出变为低电平 U_{OL}。

因此,F 和 A,B 之间为"与非"关系,即 $F = \overline{AB}$。

TTL 电路中的"与"逻辑关系是利用 T_1 的多发射极结构来实现的。"与非"门输出电路的结构和电路参数与反相器基本相同,所以反相器的输出特性也适用于"与非"门。

在 TTL"与非"门的中间级再加一个反相电路,就可以得到 TTL"与"门。除此之外,普通

TTL门电路还有TTL"或非"门、TTL"或"门、TTL"异或"门等。

4. OC门

普通TTL逻辑门不允许将多个门的输出端直接相连。如果将多个门的输出端直接连在一起,原来输出为高电平的逻辑门的电流将全部流入输出为低电平的逻辑门中,这样轻则会使输出高电平的逻辑门电平降低,输出低电平的逻辑门电平抬高,成为既不是低电平也不是高电平的一种不合格电平,重则烧坏门电路芯片。因此,普通TTL逻辑门不能满足特殊情况下的使用要求。例如,在计算机系统中,CPU的外围接有大量存储器和I/O接口,通常以总线的方式进行数据传输,如果不允许多个器件的数据线相连,那么仅众多的数据线就会使CPU体积增大、功耗剧增,计算机将无法像今天这样被广泛使用。

将一般的TTL逻辑门进行适当改造,就可以解决这一问题。集电极开路门(OC门)和三态门就是改造后的允许输出端连接在一起的特殊TTL逻辑门。

OC门和普通TTL逻辑门一样有很多种类,下面以2输入OC"与非"门为例,介绍OC门的结构特点。

(1)电路内部结构。

2输入OC"与非"门电路内部结构如图3.8(a)所示,晶体管T_3的集电极开路,使用时必须使用上拉电阻R_L接至电源E_C,E_C可以是不同于U_{CC}的另一个电源。图3.8(a)所示的OC门与普通TTL"与非"门的差别是用外接电阻R_L代替了晶体管T_4构成的有源负载。OC"与非"门逻辑符号及典型连接方法如图3.8(b)、(c)所示。

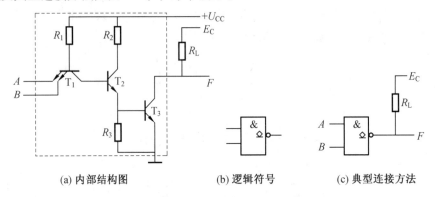

(a) 内部结构图   (b) 逻辑符号   (c) 典型连接方法

图3.8 2输入OC"与非"门内部结构图、逻辑符号及典型连接方法

(2)OC门的应用。

①实现"线与"。多个OC门的输出端可以直接相连,实现"逻辑与"的功能,一般称为"线与(Wired-AND)"。OC门之所以允许输出端直接连在一起,是因为E_C的电压值和R_L的阻值可以根据需要选取,只要选择得当,OC门就可以正常工作。

图3.9所示电路中,两个OC"与非"门在输出端直接相连,实现的是"线与"功能。其中,$F_1 = \overline{AB}$,$F_2 = \overline{CD}$,于是得到

$$F = F_1 \cdot F_2 = \overline{AB} \cdot \overline{CD} = \overline{AB + CD} \tag{3.4}$$

②驱动负载。有些OC门的输出管设计的容量比较大,足以承受较大电流和较大电压,因此可以用作驱动器,驱动一些非逻辑器件的负载,如发光二极管、继电器和脉冲电机等。

③实现电平转换。OC门可以应用于数字系统中的接口电路,实现前后级的电平匹配。

由图 3.8 可见，T_3 管饱和导通时，输出电平是标准的低电平，而 T_3 管截止时，输出电平可以通过调节 E_C 的大小来改变，就可以得到所需的 U_{OH} 值。

由于外接电阻 R_L 影响了 OC 门的开关速度，所以 OC 门适用于对工作速度要求不高的场合。

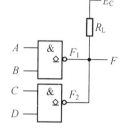

图 3.9　OC"与非"门实现"线与"功能电路图

5. 三态门

TTL 型三态门和普通 TTL 逻辑门一样也有很多种类，下面以 2 输入三态"与非"门为例，介绍三态门的结构特点。

（1）电路结构。

2 输入三态"与非"门电路内部结构图如图 3.10（a）所示，三态"与非"门就是在 TTL 门的基础上，增加使能端控制电路得到的。

（2）工作原理。

① 当使能端 $EN = 0$ 时，$G = 1$，二极管 D_4 截止，此时 G 和 A、B 一样相当于三发射级输入的一个输入端，因为 $G = 1$，电路的输出只取决于 A、B 的状态。此时三态门实现"与非"门的功能，即 $F = \overline{AB}$。

② 当使能端 $EN = 1$ 时，$G = 0$，二极管 D_4 导通，将 T_4 的基极电位钳位在 1 V 以下，D_3 不能导通，使 T_3 和 T_4 隔离切断，同时，因为 T_4 的基极和 T_2 的集电极相连，T_2 也不能导通，所以 T_3 也处于截止状态。此时 TTL 门的输出端和输入端隔离，电路处于高阻状态（也称为禁止状态）。

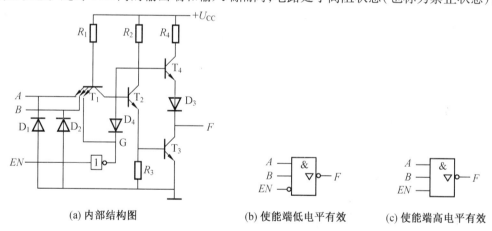

(a) 内部结构图　　　(b) 使能端低电平有效　　　(c) 使能端高电平有效

图 3.10　2 输入三态"与非"门电路内部结构图及逻辑符号

使能端 EN 低电平有效的表示方法是在逻辑符号 EN 输入端加一个小圆圈，逻辑符号如图 3.10（b）所示。使能端 EN 高电平有效的逻辑符号如图 3.10（c）所示。

其他形式的三态逻辑门除增加了使能端控制逻辑门处于高阻态之外，在使能端有效时，其逻辑关系和普通 TTL 逻辑门完全相同。

多个三态门的输出端可以直接相连，但与 OC 门输出端相连实现"线与"不同的是，连在一起的三态门必须分时工作，即任何时刻最多只允许一个三态门处于工作状态，不允许多个三态门同时工作。如果同时工作，将会出现和多个普通 TTL 门输出直接相连同样的问题。因此，需要对多个三态门的使能端 EN 进行控制，保证三态门分时工作。

（3）三态门的应用。

① 多路信号分时传输。在一些比较复杂的数字系统中,为了减少各单元之间的连线数量,希望能用一根导线分时传输多个数字信号,这时就可以采用图 3.11 所示的连接方法。图中 G_1,G_2,$\cdots$,G_n 均为三态"非"门,在工作过程中控制三态门的 EN 依次有效,而且在任意时刻只有一个 EN 有效,这样就可以把各个"非"门的输出信号分时传送到公共的传输线 —— 总线上,实现多路信号的分时传输。

② 双向数据传输。利用三态门电路可以实现数据的双向传输,电路如图 3.12 所示。

当使能端 $EN = 0$ 时,上端的三态门工作,下端的三态门处于高阻状态,D_1 线上的数据取"非"后传输到 D_2 线上。

当使能端 $EN = 1$ 时,下端的三态门工作,上端的三态门处于高阻状态,D_2 线上的数据取"非"后传输到 D_1 线上。即实现了数据的双向传输。

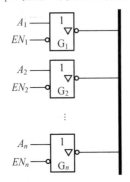

图 3.11   多路信号分时传输电路图

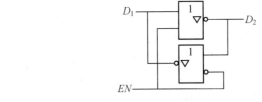

图 3.12   双向数据传输电路图

6. 发射极耦合逻辑门 ——ECL 逻辑门(Emitter Coupled Logic Gate)

ECL 逻辑门是一种采用非饱和型电子开关构成的双极型门电路。作为开关的三极管只工作在截止和放大状态,不进入饱和状态。电路的基本形式为"或"/"或非"门,故有两个互补输出端。

ECL 逻辑门电路具有以下特点:

（1）速度快,ECL 逻辑门电路是目前各种逻辑门电路中速度最快的一种。

（2）ECL 逻辑门带载能力强。

（3）多个 ECL 逻辑门的"或"输出端直接相连可实现"线与"功能;多个 ECL 逻辑门的"或非"输出端直接相连可实现"线或"功能。

（4）三极管导通时工作在非饱和状态,电路中的阻值较小,所以功耗较大。

（5）ECL 逻辑门使用 -5.2 V 负电源供电,输出高电平为 -0.8 V,低电平为 -1.6 V,电路信号的幅度较小,抗干扰能力差。

（6）当 ECL 逻辑门与 TTL 逻辑门连接时,需要专门的电平转换电路。

3.1.2   CMOS 逻辑门

在 CMOS 集成电路中,以金属 – 氧化物 – 半导体场效应晶体管(Metal – Oxide – Semiconductor – Effect Transistor,MOS 管) 作为开关元件,本节主要讨论 CMOS 电路的基本特性。

1. CMOS"非"门

CMOS"非"门是 CMOS 电路的基本结构形式。同时,CMOS"非"门和接下来介绍的 CMOS 传输门又是构成复杂 CMOS 逻辑电路的两种基本模块。

(1)电路结构。

CMOS"非"门电路内部结构如图 3.13 所示,这是一个有源负载反相器,其中 T_1 是 P 沟道增强型 MOS 管,T_2 是 N 沟道增强型 MOS 管。

如果 T_1 和 T_2 的开启电压分别为 $U_{GS(TH)P}$ 和 $U_{GS(TH)N}$,令 $U_{DD} > U_{GS(TH)N} + |U_{GS(TH)P}|$,那么当 $u_i = U_{IL} = 0$ 时,有

$$\begin{cases} |u_{GS1}| = U_{DD} > |U_{GS(TH)P}| & (u_{GS1} \text{ 为负}) \\ u_{GS2} = 0 < U_{GS(TH)N} \end{cases} \tag{3.5}$$

故 T_1 导通,而且导通内阻很低(在 $|u_{GS1}|$ 足够大时可小于 1 kΩ);而 T_2 截止,内阻很高(可达 $10^8 \sim 10^{10}$ Ω)。因此,输出为高电平 U_{OH},且 $U_{OH} \approx U_{DD}$。

当 $u_i = U_{IH} = U_{DD}$ 时,则有

$$\begin{cases} u_{GS1} = 0 < |U_{GS(TH)P}| \\ u_{GS2} = U_{DD} > U_{GS(TH)N} \end{cases} \tag{3.6}$$

故 T_1 截止而 T_2 导通,输出为低电平 U_{OL},且 $U_{OL} \approx 0$。

可见,输出与输入之间是逻辑"非"的关系。

无论 u_i 是高电平还是低电平,T_1 和 T_2 总是工作在一个导通一个截止的状态,即所谓互补状态,而且截止的内阻又极高,流过 T_1 和 T_2 的静态电流极小,因而 CMOS 反相器的静态功耗极小,这是 CMOS 电路最突出的一大优点。这种电路结构形式称为互补对称式金属 – 氧化物 – 半导体电路,简称 CMOS 电路。

(2)电压传输特性。

CMOS"非"门电路的电压传输特性如图 3.14 所示。当"非"门工作在电压传输特性的 AB 段时,由于 $u_i < U_{GS(TH)N}$,而 $|u_{GS1}| > |U_{GS(TH)P}|$,故 T_1 导通并工作在低内阻的电阻区,T_2 截止,使 $u_o = U_{OH} \approx U_{DD}$。

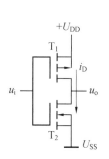

图 3.13　CMOS"非"门内部结构图

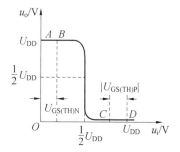

图 3.14　CMOS"非"门电压传输特性

在特性曲线的 CD 段,由于 $u_i > U_{DD} - |U_{GS(TH)P}|$,故 T_1 截止;而 $u_{GS2} > U_{GS(TH)N}$,T_2 导通。此时 $u_o = U_{OL} \approx 0$。

在特性曲线的 BC 段,即 $U_{GS(TH)N} < u_i < U_{DD} - |U_{GS(TH)P}|$ 时,T_1 和 T_2 同时导通。如果 T_1 和 T_2 的参数完全对称,则 $u_i = \frac{1}{2}U_{DD}$ 时两个管子的内阻相等,$u_o = \frac{1}{2}U_{DD}$,即工作于电压传输特

性转折区的中点。将电压传输特性转折区的中点所对应的输入电压称为反相器的阈值电压，用 U_{TH} 表示。因此，CMOS 反相器的阈值电压 $U_{TH} \approx \frac{1}{2} U_{DD}$。

从图 3.14 可以看出，CMOS "非" 门的电压传输特性不仅表现为数值满足 $U_{TH} \approx \frac{1}{2} U_{DD}$，而且转折区的变化率很大，因此它更接近于理想的开关特性。

（3）保护电路。

因为 MOS 管的栅极和衬底之间的绝缘介质非常薄，极易被击穿，所以必须采取保护措施。目前生产的 CMOS 集成电路中都采用了多种形式的输入保护电路，图 3.15（a）、（b）所示为两种输入保护电路内部结构图。在 74×C 系列的 COMS 器件中，大多采用图 3.15（a）所示的保护电路。图中 D_1 和 D_2 都是双极型二极管，它们的正向导通压降 $U_{DF} = 0.5 \sim 0.7$ V，反向击穿电压约为 30 V。由于 D_2 是在输入端大的 N 型扩散电阻区和 P 型衬底间自然形成的，是一种所谓分布式二极管结构，如图 3.15（a）中虚线框内部分所示。这种分布式二极管结构可以通过较大的电流。图 3.15（b）所示是一种常见于 4000 系列 CMOS 器件中的输入保护电路，这个电路同样能保证加到 C_1 和 C_2 上的电压不超过 $U_{DD} + U_{DF}$。

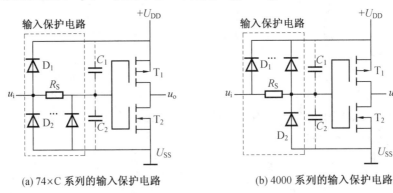

(a) 74×C 系列的输入保护电路　　　　　(b) 4000 系列的输入保护电路

图 3.15　CMOS "非" 门的输入保护电路内部结构图

2. CMOS "与非" 门

为画图方便，并能突出电路中与逻辑功能有关的部分，接下来讨论的 CMOS 门电路省略输入端的保护电路部分。

（1）电路结构。

图 3.16 所示是 CMOS "与非" 门电路内部结构图，它由两个并联的 P 沟道增强型 MOS 管 T_1，T_3 和两个串联的 N 沟道增强型 MOS 管 T_2，T_4 组成。

（2）工作原理。

当 $A = B = 0$ 时，T_1 和 T_3 导通、T_2 和 T_4 截止，输出 $F = 1$。

当 $A = 0$、$B = 1$ 时，T_1 和 T_4 导通、T_2 和 T_3 截止，输出 $F = 1$。

当 $A = 1$、$B = 0$ 时，T_2 和 T_3 导通、T_1 和 T_4 截止，输出 $F = 1$。

当 $A = B = 1$ 时，T_2 和 T_4 导通、T_1 和 T_3 截止，输出 $F = 0$。

因此 F 和 A，B 是 "与非" 的关系，即 $F = \overline{AB}$。

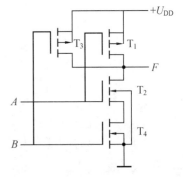

图 3.16　CMOS "与非" 门电路内部结构图

3. CMOS"或非"门

（1）电路结构。

图 3.17 所示是 CMOS"或非"门电路内部结构图,它由两个串联的 P 沟道增强型 MOS 管 T_1, T_3 和两个串联的 N 沟道增强型 MOS 管 T_2,T_4 组成。

（2）工作原理。

当 $A = B = 0$ 时,T_1 和 T_3 导通、T_2 和 T_4 截止, 输出 $F = 1$。

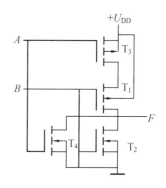

图 3.17　CMOS"或非"门电路内部结构图

当 $A = 0$、$B = 1$ 时,T_2 和 T_3 导通、T_1 和 T_4 截止,输出 $F = 0$。

当 $A = 1$、$B = 0$ 时,T_1 和 T_4 导通、T_2 和 T_3 截止,输出 $F = 0$。

当 $A = B = 1$ 时,T_2 和 T_4 导通、T_1 和 T_3 截止,输出 $F = 0$。

因此 F 和 A,B 是"或非"的关系,即 $F = \overline{A + B}$。

4. 带缓冲级的 CMOS"与非"门

图 3.16 所示的"与非"门电路虽然结构简单,但存在严重的问题。首先它的输出电阻受输入的影响,输入状态不同时输出电阻相差很大。其次输出的高、低电平受输入端数量的影响,当输入全部为高电平时,输入端数量越多,输出的低电平 U_{OL} 越高;而当输入全部为低电平时,输入端数量越多,输出的高电平 U_{OH} 也越高。

为了克服上述缺点,在实际生产的 4000 系列和 74 × C 系列 CMOS 电路中均采用带缓冲级的结构,即在每个门电路的输入端和输出端各增加一个反相器,如图 3.18 所示,该电路是在"或非"门的基础上在输入端和输出端增加 3 个"非"门缓冲器构成的。

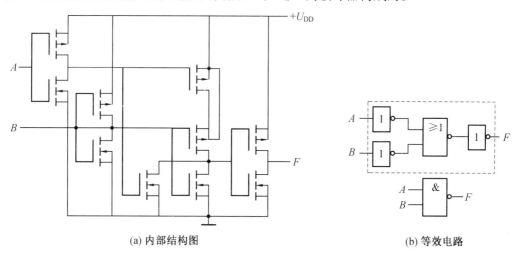

(a) 内部结构图　　　　　　　(b) 等效电路

图 3.18　带缓冲级的 CMOS"与非"门电路内部结构图及等效电路

5. OD 门和三态门

（1）漏极开路输出门电路（OD 门）。

在 CMOS 电路中,为了满足输出电平转换、吸收大负载电流及实现"线与"连接等需要,有时将输出级电路结构改为漏极开路输出的 MOS 管,构成漏极开路输出(Open – Drain Output)电路,简称 OD 门。OD 门的逻辑符号与 TTL 结构的 OC 门逻辑符号一样。

OD 门工作时同样需要将输出端经上拉电阻 R_L 接到电源 E_C 或电路电源 $+ U_{DD}$ 上。

(2) 三态输出的 CMOS 门电路。

CMOS 三态"非"门电路内部结构图及逻辑符号如图 3.19 所示。因为这种三态门电路总是接在集成电路的输出端,所以也将这种电路称为输出缓冲器(OutPut Buffer)。

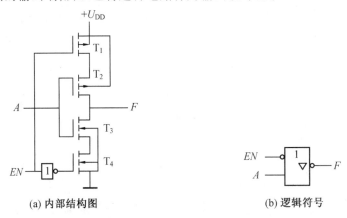

(a) 内部结构图　　　　　　　　(b) 逻辑符号

图 3.19　CMOS 三态"非"门电路内部结构图及逻辑符号

① 当 $EN = 0$ 时,T_1 和 T_4 导通,此时如果 $A = 0$,则 T_2 导通、T_3 截止,所以 $F = 1$;如果 $A = 1$,则 T_3 导通、T_2 截止,所以 $F = 0$。此时三态门实现"非"门的功能,即 $F = \bar{A}$。

② 当 $EN = 1$ 时,T_1 和 T_4 截止,此时 CMOS 门电路处于高阻状态。

三态门的其他特点和应用请参阅 TTL 三态门部分的内容。

6. 传输门

利用 P 沟道 MOS 管和 N 沟道 MOS 管的互补性可以构成图 3.20 所示的 CMOS 传输门。CMOS 传输门和 CMOS 反相器一样,是构成逻辑电路的一个基本单元。

(1) 电路结构。

图 3.20 中 T_1 是 N 沟道增强型 MOS 管,T_2 是 P 沟道增强型 MOS 管。因为 T_1,T_2 的源极和漏极在结构上是完全对称的,所以栅极引出端画在中间。T_1,T_2 的源极和漏极分别相连作为传输门的输入端和输出端,C 和 $\bar{C}$ 是一对互补的控制信号。

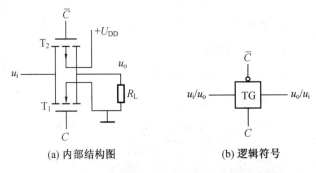

(a) 内部结构图　　　　　　　　(b) 逻辑符号

图 3.20　CMOS 传输门电路内部结构图及逻辑符号

（2）工作原理。

如果传输门的一端输入正电压，另一端接负载电阻 R_L，则 T_1 和 T_2 的工作状态如图3.21所示。

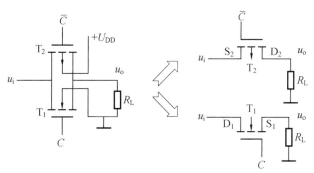

图 3.21 MOS 内部工作状态图

① 当 $C = 0$，$\overline{C} = 1$ 时，只要输入信号的变化范围不超出 $0 \sim U_{DD}$ 的范围，则 T_1 和 T_2 同时截止，输入与输出之间呈高阻状态，传输门截止。

② 当 $C = 1$，$\overline{C} = 0$，且 R_L 远大于 T_1 和 T_2 的导通电阻，当 $0 < u_i < U_{DD} - U_{GS(TH)N}$ 时，T_1 导通；当 $\mid U_{GS(TH)N} \mid < u_i < U_{DD}$ 时，T_2 导通。因此，u_i 在 $0 \sim U_{DD}$ 之间变化时，T_1 和 T_2 至少有一个导通，使 u_i 和 u_o 之间呈低阻状态，传输门导通。此时 $u_o = u_i$。

由于 T_1 和 T_2 的结构是对称的，即漏极和源极可互换使用，因而 CMOS 传输门属于双向器件，它的输入端和输出端也可以互易使用。

（3）传输门的应用。

① 构成各种复杂逻辑电路。利用 CMOS 传输门和 CMOS"非"门可以组成复杂的逻辑电路，如"异或"门、数据选择器、寄存器及计数器等。

图 3.22 所示为利用"非"门和传输门构成的一种"异或"门电路，由图可知：

当 $A = 1$，$B = 0$ 时，TG_1 截止而 TG_2 导通，$F = \overline{B} = 1$；

当 $A = 0$，$B = 1$ 时，TG_1 导通而 TG_2 截止，$F = B = 1$；

当 $A = B = 0$ 时，TG_1 导通而 TG_2 截止，$F = B = 0$；

当 $A = B = 1$ 时，TG_1 截止而 TG_2 导通，$F = \overline{B} = 0$；

综上可知，F 与 A，B 是"异或"关系，即 $F = A \oplus B$。

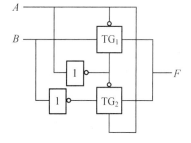

图 3.22 由"非"门和传输门构成的"异或"门电路

② 用作模拟开关。传输门的另一个重要用途是用作模拟开关，用来传输连续变化的模拟电压信号。这一点是一般逻辑门无法实现的。模拟开关的基本电路由一个 CMOS 传输门和一个 CMOS"非"门构成，如图3.23所示。当 $C = 0$ 时，开关断开；当 $C = 1$ 时，开关闭合。CMOS 双向模拟开关也是一个双向器件。

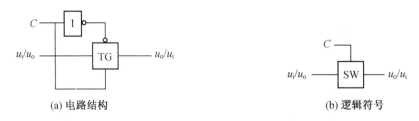

(a) 电路结构   (b) 逻辑符号

图 3.23　CMOS 双向模拟开关电路结构及逻辑符号

3.1.3 集成逻辑门系列简介

1. TTL 系列

TTL 门电路分为 54（军用）和 74（民用）两大系列，每个系列又有若干个子系列。例如 74 系列就有表 3.1 所示的子系列，表中同时列出了各子系列的传输时间、功耗和扇出系数。

表 3.1　TTL74 系列的子系列参数对比表

各子系列	名称	传输延迟/ 纳秒每门	功耗/ 毫瓦每门	扇出系数
74××	标准系列	10	10	10
74L××	低功耗系列	33	1	10
74H××	高速系列	6	22	10
74S××	肖特基系列	3	19	10
74LS××	低功耗肖特基系列	9	2	10
74AS××	先进肖特基系列	1.5	8	40
74ALS××	低功耗先进肖特基系列	4	1	20
74F××	快速 TTL 系列	3	4	15

54 系列和 74 系列有相同的子系列。功能编号相同的 54 系列芯片与 74 系列芯片的逻辑功能完全相同，只是电源和温度的适应范围不同，54 系列要优于 74 系列。

2. CMOS 系列

按照器件编号分类，CMOS 门电路分为 4000 系列、74×C×× 系列和硅 – 氧化铝三大系列。前两个系列应用广泛，而硅 – 氧化铝系列因制造工艺成本高、价格昂贵，目前尚未普及。

4000 系列有若干子系列，其中以采用硅栅工艺和双缓冲输出的 4000B 系列最为常用。

74×C×× 系列的功能和管脚设置均与 TTL74 系列相同，也有若干子系列。74×C×× 系列为普通 CMOS 系列，除此之外还有其他子系列。CMOS 系列芯片及其功能比较见表 3.2。

表 3.2　CMOS 系列的子系列参数对比表

各子系列	名称	传输延迟/ 纳秒每门	功耗/ 毫瓦每门	电源电压/V
4000B	4000 系列	25 ~ 100	0.002	3 ~ 18
74HC/HCT××	高速系列	10	0.009	2 ~ 6
74AC/ACT××	先进 CMOS 系列	6	0.01	2 ~ 6

3. 逻辑门的性能比较

逻辑门的种类繁多,此处只选择 TTL,ECL 和 CMOS 3 种逻辑门进行比较,见表 3.3。

表 3.3　集成逻辑门的性能比较表

参数	TTL	ECL	CMOS
功耗/毫瓦每门	$10 \sim 25$	$50 \sim 100$	$0.001 \sim 0.01$
传输延迟/纳秒每门	$10 \sim 40$	$1 \sim 2$	40
抗干扰容限/V	1	0.2	$45\% \, U_{DD}$
抗干扰能力	中	弱	强
扇出系数(N_o)	$\geqslant 8$	$\geqslant 10$	$\geqslant 15$
逻辑摆幅/V	3.3	0.8	$\approx U_{DD}$
电源电压/V	5	-5.2	$5 \sim 15$
电路基本形式	与非	或/或非	与非/或非

3.2　小规模组合逻辑电路的分析与设计

组合逻辑电路分为小规模组合逻辑电路和中规模(模块级)组合逻辑电路。如果组合逻辑电路仅由逻辑门组成,则该电路称为小规模组合逻辑电路。本节介绍小规模组合逻辑电路的分析方法和设计方法。

3.2.1　小规模组合逻辑电路分析

组合逻辑电路分析就是根据给定的组合逻辑电路,得出该电路的输出逻辑表达式,最后确定电路的逻辑功能。

小规模组合逻辑电路分析步骤:

(1)根据给定的逻辑电路,写出输出逻辑表达式。

(2)对逻辑表达式进行必要的化简和变换。

(3)根据化简后的逻辑表达式列出真值表。

(4)根据真值表判断电路的逻辑功能。

分析电路的逻辑功能有时需要分析者的实际经验,所以给出准确的结论有一定的难度。

【例 3.1】　分析图 3.24 所示电路的逻辑功能。

解　(1)根据给定的逻辑电路,写出输出逻辑表达式。

简单的电路可以直接写出逻辑表达式,复杂的电路建议分步写出。本例采用分步写出逻辑表达式的方法。

分步写出逻辑表达式时要在电路图上标出每个逻辑门的输出变量编号,如图 3.25 所示。

由图 3.25 可得:$F_1 = \overline{AB}$,$F_2 = \overline{BC}$,$F_3 = \overline{AC}$,进而求得逻辑表达式为

$$F(A,B,C) = \overline{F_1 F_2 F_3} = \overline{\overline{AB} \cdot \overline{BC} \cdot \overline{AC}}$$

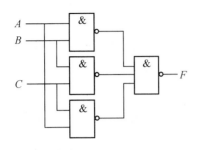

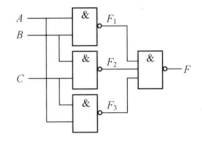

图 3.24　例 3.1 电路图　　　　图 3.25　标注每个门输出量的电路图

（2）对逻辑表达式进行化简和变换。

变换和化简的目的是列出真值表和分析逻辑功能，为方便分析通常将逻辑表达式写成最小项表达式或者最大项表达式形式。变换结果为

$$F(A,B,C) = \overline{F_1 F_2 F_3} = \overline{\overline{AB} \cdot \overline{BC} \cdot \overline{AC}} = AB + BC + AC = \sum m(3,5,6,7)$$

（3）根据逻辑表达式列出真值表。

真值表见表 3.4。

表 3.4　例 3.1 真值表

输入			输出
A	B	C	F
0	0	0	0
0	0	1	0
0	1	0	0
0	1	1	1
1	0	0	0
1	0	1	1
1	1	0	1
1	1	1	1

（4）判断逻辑功能。

从真值表可以看出，当输入逻辑变量有两个或两个以上为"1"时，输出 $F=1$，否则 $F=0$。因此，此电路是对逻辑变量为"1"的个数进行判断，多数为"1"时，输出为"1"。如果将 A,B,C 分别看作 3 个人对某一事件的表决，"1"表示赞成，"0"表示不赞成；将 F 看作表决结果，"1"表示提案通过，"0"表示提案不通过，则该电路便实现了少数服从多数的表决电路功能。可以判断该电路是"三人表决电路"。

【例 3.2】　分析图 3.26 所示电路的逻辑功能。

解　这个电路比较简单，不需要严格按照步骤求解，可直接写出逻辑表达式，列出真值表，见表 3.5。

图 3.26　例 3.2 电路图

$$\begin{cases} S(A,B) = A \oplus B = A\overline{B} + \overline{A}B \\ C(A,B) = AB \end{cases}$$

表 3.5 例 3.2 真值表

输入		输出	
A	B	S	C
0	0	0	0
0	1	1	0
1	0	1	0
1	1	0	1

由真值表可知,这是一个 1 位半加器,所谓半加器就是两个 1 位二进制数相加,不考虑低位来的进位,结果也由两个变量表示,一个是本位的和,另一个是相加之后产生的进位。实现半加运算功能的逻辑器件称为半加器(Half - Adder),简称 HA。本例中 A,B 分别为 1 位二进制加数的输入端,S 为本位和输出端,C 为进位输出端。

【例 3.3】 分析图 3.27 所示电路的逻辑功能。

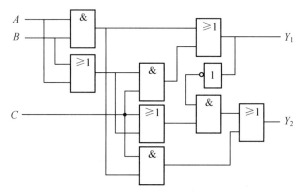

图 3.27 例 3.3 电路图

解 (1)根据给定的逻辑电路,写出输出逻辑表达式。

在电路图上标出每个逻辑门的输出变量编号,如图 3.28 所示。

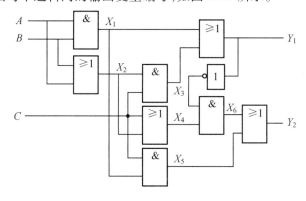

图 3.28 标注每个门输出量的电路图

由图 3.28 可得:$X_1 = AB$,$X_2 = A + B$,$X_3 = X_2 C$,$X_4 = X_2 + C$,$X_5 = X_1 C$,$X_6 = X_4 \overline{Y_1}$。写出输出逻辑表达式

$$\begin{cases} Y_1(A,B,C) = X_1 + X_3 = AB + (A + B)C \\ Y_2(A,B,C) = X_5 + X_6 = ABC + \overline{\overline{AB} + (A + B)C}(A + B + C) \end{cases} \tag{1}$$

（2）对逻辑表达式进行化简和变换。

式（1）可以变换为

$$\begin{cases} Y_1(A,B,C) = AB + (A+B)C = \sum m(3,5,6,7) \\ Y_2(A,B,C) = ABC + \overline{\overline{AB} + \overline{(A+B)C}}(A+B+C) = \sum m(1,2,4,7) \end{cases} \quad (2)$$

（3）根据化简后的逻辑表达式列出真值表。

真值表见表 3.6。

表 3.6　例 3.3 真值表

输入			输出	
A	B	C	Y_1	Y_2
0	0	0	0	0
0	0	1	0	1
0	1	0	0	1
0	1	1	1	0
1	0	0	0	1
1	0	1	1	0
1	1	0	0	0
1	1	1	1	1

（4）判断电路的逻辑功能。

根据真值表分析，这是一个 1 位全加器。所谓 1 位全加器就是两个 1 位二进制数相加，同时考虑低位来的进位，相当于 3 个 1 位二进制数相加。本例中，A,B 分别为 1 位二进制加数，C 为低位来的进位，Y_1 表示全加器的和，Y_2 表示全加器的进位。

如果是多位二进制数相加，半加器只能用于最低位的数相加，全加器则可以用于所有位相加。

【例 3.4】　分析图 3.29 所示电路的逻辑功能。

（1）根据给定的逻辑电路，写出输出逻辑表达式并进行化简和变换。

首先在电路图上标出每个逻辑门的输出变量，如图 3.30 所示。

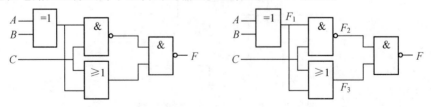

图 3.29　例 3.4 电路图　　　图 3.30　标注每个门输出量的电路图

由图 3.30 可得：$F_1 = A \oplus B$，$F_2 = F_1 C$，$F_3 = C + A \oplus B$，求得输出逻辑表达式为

$$F = \overline{F_1 F_2} = \overline{A}\,\overline{B}\,\overline{C} + AB\overline{C} + \overline{A}BC + ABC$$

（2）根据逻辑表达式列出真值表。

真值表见表 3.7。

表 3.7　例 3.4 真值表

输入			输出
A	B	C	F
0	0	0	1
0	0	1	0
0	1	0	0
0	1	1	1
1	0	0	0
1	0	1	1
1	1	0	1
1	1	1	0

（3）判断电路逻辑功能。

从真值表可以看出，当 3 位二进制输入逻辑变量中有偶数个 1 时输出为 1，因此，可以判断该电路是 3 位二进制数的奇偶校验器（验偶）电路。

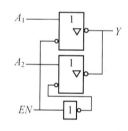

图 3.31　例 3.5 电路图

【例 3.5】　分析图 3.31 所示电路的逻辑功能。

解　（1）根据给定的逻辑电路，写出输出的逻辑表达式。

① 当使能端 $EN = 0$ 时，上端的三态门工作，下端的三态门处于高阻状态，将信号 A_1 线传输到输出端，$A = \overline{A_1}$。

② 当使能端 $EN = 1$ 时，下端的三态门工作，上端的三态门处于高阻状态，将信号 A_2 线传输到输出端，$A = \overline{A_2}$。

综上，得到逻辑表达式：

$$\begin{cases} EN = 0, Y = \overline{A_1} \\ EN = 1, Y = \overline{A_2} \end{cases}$$

（2）判断电路逻辑功能。

根据逻辑式可以看出，此电路是利用三态门输出端直接相连，实现对两路信号的选择输出。

【例 3.6】　分析图 3.32 所示电路的逻辑功能。

解　（1）根据给定的逻辑电路，写出输出逻辑表达式。

在电路图上标出每个逻辑门的输出变量编号，如图 3.33 所示。

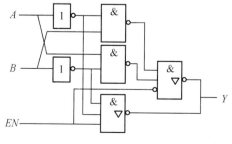

图 3.32　例 3.6 电路图

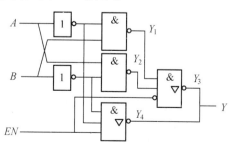

图 3.33　标注每个门输出量的逻辑电路图

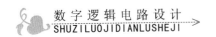

根据图 3.33 得: $Y_1 = \overline{\overline{A}B}$, $Y_2 = \overline{A\overline{B}}$。$Y_3$ 为三态"与非"门, 使能端 EN 低电平有效, 即当 $EN = 0$ 时, $Y_3 = \overline{Y_1 Y_2}$; Y_4 也为三态"与非"门, 使能端 EN 高电平有效, 即当 $EN = 1$ 时, $Y_4 = \overline{\overline{A}\ \overline{B}}$。

写出输出逻辑表达式:

$$\begin{cases} EN = 0 \text{ 时}, Y = \overline{A}B + A\overline{B} \\ EN = 1 \text{ 时}, Y = A + B \end{cases}$$

(2) 判断电路逻辑功能。

根据逻辑式可以看出, 这是一个有控制端的组合逻辑电路。当 $EN = 0$ 时, 电路实现"异或"功能; 当 $EN = 1$ 时, 电路实现"或"的功能。

3.2.2 小规模组合逻辑电路设计

组合逻辑电路设计是按照逻辑功能要求, 设计出能实现该功能的电路, 小规模组合逻辑电路设计步骤:

(1) 根据逻辑功能定义输入输出变量、列出真值表。

(2) 根据真值表写出逻辑表达式。

(3) 对逻辑表达式化简并进行必要的变换。

(4) 根据第(3)步的结果画出电路图。

【例 3.7】 设计一个 1 位二进制数的半减器, 其中 A 为被减数, B 为减数, 计算结果 S 为差, C 为向高位的错位。

解 (1) 根据逻辑要求列出真值表, 见表 3.8。

表 3.8 半减器真值表

输入		输出	
A	B	S	C
0	0	0	0
0	1	1	1
1	0	1	0
1	1	0	0

(2) 根据真值表写出逻辑表达式。

$$\begin{cases} S = \overline{A}B + A\overline{B} \\ C = \overline{A}B \end{cases}$$

(3) 化简和变换。

$$\begin{cases} S = \overline{A}B + A\overline{B} = A \oplus B \\ C = \overline{A}B \end{cases}$$

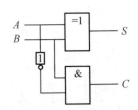

图 3.34 半减器电路图

(4) 画出逻辑电路图, 如图 3.34 所示。

【例 3.8】 设计一个 1 位二进制数全减器, 其中 A_i 为被减数, B_i 为减数, C_i 为低位向本位的借位, 计算结果 S_i 为差, C_{i+1} 为向高位的借位。

(1) 根据逻辑要求画出真值表, 见表 3.9。

表 3.9　全减器真值表

输入			输出	
A_i	B_i	C_i	S_i	C_{i+1}
0	0	0	0	0
0	0	1	1	1
0	1	0	1	1
0	1	1	0	1
1	0	0	1	0
1	0	1	0	0
1	1	0	0	0
1	1	1	1	1

（2）根据真值表写出逻辑表达式：

$$\begin{cases} S_i = \overline{A_i}\,\overline{B_i}C_i + A_i\overline{B_i}\,\overline{C_i} + \overline{A_i}B_i\overline{C_i} + A_iB_iC_i \\ C_{i+1} = \overline{A_i}\,\overline{B_i}C_i + \overline{A_i}B_i\overline{C_i} + \overline{A_i}B_iC_i + A_iB_iC_i \end{cases}$$

（3）化简和变换：

$$\begin{cases} S_i = \overline{A_i}\,\overline{B_i}C_i + A_i\overline{B_i}\,\overline{C_i} + \overline{A_i}B_i\overline{C_i} + A_iB_iC_i = A_i \oplus B_i \oplus C_i \\ C_{i+1} = \overline{A_i}\,\overline{B_i}C_i + \overline{A_i}B_i\overline{C_i} + \overline{A_i}B_iC_i + A_iB_iC_i = \overline{A_i}B_i + B_iC_i + \overline{A_i}C_i \end{cases}$$

（4）画出电路图，如图 3.35 所示。

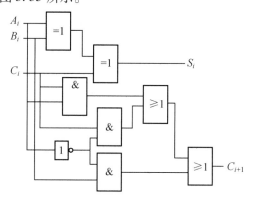

图 3.35　全减器电路图

【例 3.9】　设计一个判断 3 个变量是否一致的组合逻辑电路，要求当输入变量 A,B,C 不同时，输出 Y 为 1，当输入变量 A,B,C 相同时，输出 Y 为 0。

解　（1）根据逻辑要求列出真值表，见表 3.10。

（2）根据真值表写出逻辑表达式：

$$Y = \sum m(1,2,3,4,5,6) = \overline{A}\,\overline{B}C + \overline{A}B\overline{C} + \overline{A}BC + A\overline{B}\,\overline{C} + A\overline{B}C + AB\overline{C}$$

表 3.10　例 3.9 真值表

输入			输出
A	B	C	Y
0	0	0	0
0	0	1	1
0	1	0	1
0	1	1	1
1	0	0	1
1	0	1	1
1	1	0	1
1	1	1	0

（3）化简和变换。

可以采用代数式化简：

$$Y = \overline{A}\,\overline{B}C + \overline{A}B\overline{C} + \overline{A}BC + A\overline{B}\,\overline{C} + A\overline{B}\,C + AB\overline{C} + AB\overline{C} = \overline{A}C + B\overline{C} + A\overline{B}$$

也可以采用卡诺图化简。卡诺图如图 3.36 所示。化简后的结果为

$$Y = A\overline{B} + B\overline{C} + \overline{A}C$$

（4）根据逻辑式画出电路图，如图 3.37 所示。

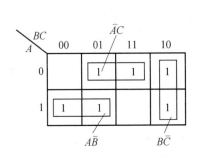

图 3.36　例 3.9 的卡诺图

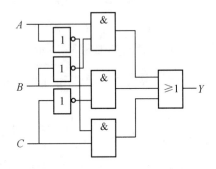

图 3.37　判一致电路的电路图

【例 3.10】　某厂有 A,B,C 3 个车间和 Y,Z 两台发电机。如果一个车间开工，启动 Z 发电机就可以满足使用要求；如果两个车间开工，启动 Y 发电机就可以满足要求；如果 3 个车间都开工，则需要同时启动 Y,Z 两台发电机才能满足要求。试用两种电路实现这一功能。

解　（1）根据逻辑要求列出真值表。

用"0"表示车间不开工，用"1"表示车间开工；用"0"表示电机不工作，用"1"表示电机工作。根据车间开工情况来决定发电机的启动。因此，A,B,C 是输入变量，Y,Z 是输出变量。由此列出电路的真值表，见表 3.11。

（2）根据真值表写出逻辑表达式。

根据真值表得到输出逻辑表达式为

$$\begin{cases} Y(A,B,C) = \sum m(3,5,6,7) \\ Z(A,B,C) = \sum m(1,2,4,7) \end{cases} \quad (1)$$

表 3.11　　例 3.10 真值表

输入			输出	
A	B	C	Y	Z
0	0	0	0	0
0	0	1	0	1
0	1	0	0	1
0	1	1	1	0
1	0	0	0	1
1	0	1	1	0
1	1	0	1	0
1	1	1	1	1

（3）化简和变换。

本例采用卡诺图化简（也可以采用代数法化简），如图 3.38 所示。

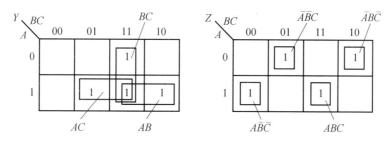

图 3.38　　例 3.10 的卡诺图

由卡诺图可见，Y 可以化简，Z 已是最简，化简后的结果为

$$\begin{cases} Y(A,B,C) = AB + BC + CA \\ Z(A,B,C) = A\,\overline{B}\,\overline{C} + \overline{A}\,\overline{B}C + \overline{A}B\,\overline{C} + ABC \end{cases} \quad (2)$$

根据化简后的逻辑表达式画出电路图，如图 3.39 所示。

由图 3.39 可见，Z 的输出电路很烦琐，如果采用代数变换的方法用"异或"门实现，则电路会简单很多，变换结果为

$$\begin{cases} Y(A,B,C) = \overline{\overline{AB} \cdot \overline{BC} \cdot \overline{AC}} \\ Z(A,B,C) = A \oplus B \oplus C \end{cases} \quad (3)$$

根据式（3）得到的电路图如图 3.40 所示。

图 3.39 和图 3.40 实现的功能是一样的，图 3.40 使用的芯片少，电路简单。

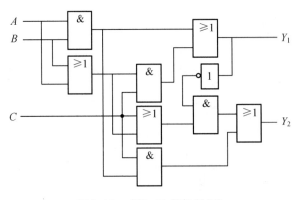

图 3.39 例 3.10 逻辑图(1)

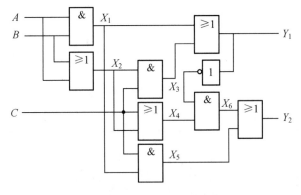

图 3.40 例 3.10 逻辑图(2)

【**例 3.11**】 设计实现下列要求的电路。该电路输入为 8421BCD 码,当电路能够被 4 或 5 整除时输出为 1,否则输出为 0。

解 (1)根据逻辑要求列出真值表。

用 $ABCD$ 表示输入的 8421BCD 码;输出用 Y 表示,能够被 4 或 5 整除时,输出 $Y=1$,否则 $Y=0$。由于 8421BCD 码只有 10 个码值,四位二进制数有 16 种组合,因此有 6 个任意项。由此列出电路的真值表,见表 3.12。

表 3.12 例 3.11 真值表

输入				输出
A	B	C	D	Y
0	0	0	0	1
0	0	0	1	0
0	0	1	0	0
0	0	1	1	0
0	1	0	0	1
0	1	0	1	1
0	1	1	0	0

续表 3.12

输入				输出
A	B	C	D	Y
0	1	1	1	0
1	0	0	0	1
1	0	0	1	0
1	0	1	0	×
1	0	1	1	×
1	1	0	0	×
1	1	0	1	×
1	1	1	0	×
1	1	1	1	×

（2）根据真值表写出逻辑表达式

$$Y = \sum m(0,4,5,8) + \sum \varPhi(10,11,12,13,14,15)$$

（3）化简和变换：

采用卡诺图化简，卡诺图如图 3.41 所示。卡诺图化简后的结果为

$$Y = \overline{C}\,\overline{D} + B\overline{C} = \overline{C}(B + D)$$

（4）根据化简后的逻辑表达式画出电路图，如图 3.42 所示。

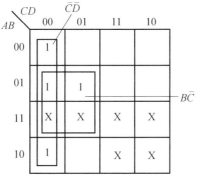

图 3.41　例 3.11 卡诺图

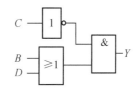

图 3.42　例 3.11 电路图

【例3.12】　设计实现下列要求的电路。该电路有 3 个输入变量 A,B,C 和 1 个工作状态控制变量 M。当 $M = 0$ 时，电路实现"判一致"功能（即 A,B,C 相同时输出为"1"，否则输出为"0"）；当 $M = 1$ 时，电路实现"表决器"功能（A,B,C 中多数为"1"时，输出为"1"）。

解　（1）根据逻辑要求列出真值表。

根据题目要求列出电路的真值表，见表 3.13。

（2）根据真值表写出逻辑表达式。

根据真值表得到输出函数逻辑表达式为

$$Y(M,A,B,C) = \sum m(0,7,11,13,14,15) \tag{1}$$

表 3.13　例 3.12 真值表

输入				输出
M	A	B	C	Y
0	0	0	0	1
0	0	0	1	0
0	0	1	0	0
0	0	1	1	0
0	1	0	0	0
0	1	0	1	0
0	1	1	0	0
0	1	1	1	1
1	0	0	0	0
1	0	0	1	0
1	0	1	0	0
1	0	1	1	1
1	1	0	0	0
1	1	0	1	1
1	1	1	0	1
1	1	1	1	1

（3）化简和变换。

本例采用卡诺图结合代数法化简，卡诺图化简后的结果如图 3.43 所示。

$$Y(M,A,B,C) = \overline{m}\,\overline{A}\,\overline{B}\,\overline{C} + ABC + MBC + M\overline{A}B + M\overline{A}C$$

$$= \overline{m}\,\overline{A}\,\overline{B}\,\overline{C} + (M + A)BC + M\overline{A}(B + C) \tag{2}$$

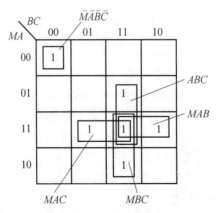

图 3.43　例 3.12 卡诺图

（4）根据化简后的逻辑表达式画出电路图，如图 3.44 所示。

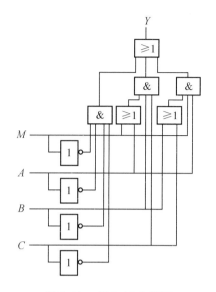

图 3.44 例 3.12 电路图

【例 3.13】 设计一个实现将 8421BCD 码转换为余 3 码的小规模组合逻辑电路。

解 （1）根据逻辑要求画出真值表,见表 3.14。

表 3.14 例 3.13 真值表

输入				输出			
A	B	C	D	M	N	P	Q
0	0	0	0	0	0	1	1
0	0	0	1	0	1	0	0
0	0	1	0	0	1	0	1
0	0	1	1	0	1	1	0
0	1	0	0	0	1	1	1
0	1	0	1	1	0	0	0
0	1	1	0	1	0	0	1
0	1	1	1	1	0	1	0
1	0	0	0	1	0	1	1
1	0	0	1	1	1	0	0
1	0	1	0	×			
1	0	1	1	×			
1	1	0	0	×			
1	1	0	1	×			
1	1	1	0	×			
1	1	1	1	×			

（2）根据真值表直接将 4 个输出的结果填入卡诺图进行化简,4 个输出量的卡诺图如图 3.45 所示。

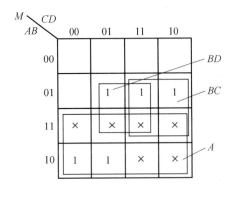

(a) 输出量 M 的卡诺图

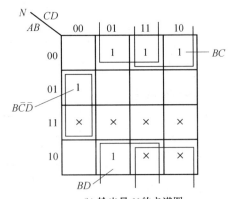

(b) 输出量 N 的卡诺图

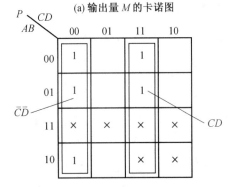

(c) 输出量 P 的卡诺图

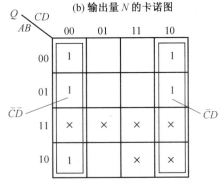

(d) 输出量 Q 的卡诺图

图 3.45　例 3.13 卡诺图

（3）写出卡诺图化简结果并进行代数变换,得到最简逻辑表达式

$$\begin{cases} M = A + BC + BD = A + B(C + D) \\ N = \overline{B}D + \overline{B}C + B\overline{C}\overline{D} = \overline{B}(C + D) + B\overline{C}\overline{D} \\ P = \overline{C}\,\overline{D} + CD = \overline{C \oplus D} \\ Q = \overline{D} \end{cases}$$

（4）画出逻辑电路图,如图 3.46 所示。

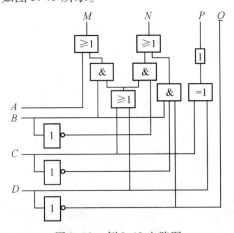

图 3.46　例 3.13 电路图

3.2.3　逻辑门多余输入端的处理

在小规模组合逻辑电路设计时,会遇到所用芯片有多余输入端的情况,需要对多余输入端进行适当的处理,下面介绍处理的方法。

1. TTL 逻辑门多余输入端的处理

(1)"与"门和"与非"门多余输入端的处理。

① 接入高电平;

② 通过一个大电阻接地,电阻的阻值不小于 $2.5\ \text{k}\Omega$;

③ 如果扇出系数足够,可以和某一输入端并联。

连接示意图如图 3.47 所示。

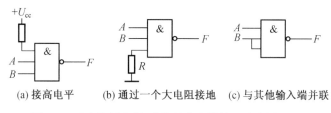

(a) 接高电平　　(b) 通过一个大电阻接地　　(c) 与其他输入端并联

图 3.47　"与"门和"与非"门多余端处理示意图

(2)"或"门和"或非"门多余输入端的处理。

① 接入低电平;

② 通过一个小电阻接地,电阻的阻值不大于 $0.5\ \text{k}\Omega$;

③ 如果扇出系数足够,可以和某一输入端并联。

"或"门多于输入端处理示意图如图 3.48 所示。"或非"门连接方法相同,图略。

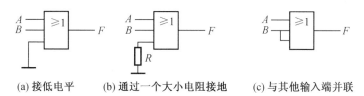

(a) 接低电平　　(b) 通过一个大小电阻接地　　(c) 与其他输入端并联

图 3.48　"或"门和"或非"门多余端处理示意图

(3)"与或非"门多余端的处理。

"与或非"的逻辑关系为 $F = \overline{AB + CD}$。

① 如果只多余一个输入端,则处理方法与"与"门的处理方法一致,例如 D 为多余输入端,则将其接入高电平,逻辑式为 $F = \overline{AB + C \cdot 1} = \overline{AB + C}$。

② 如果将"与或非"门作为"与非"门使用,则将一个"与"门的两个输入端均接入低电平,逻辑式为 $F = \overline{AB + 0 \cdot 0} = \overline{AB}$。

2. CMOS 逻辑门多余输入端的处理

CMOS 逻辑门的结构特点和 TTL 逻辑门有所不同,因此 TTL 逻辑门多余端的处理方法不都适合于 CMOS 逻辑门。

(1)CMOS 逻辑门输入阻抗高,对干扰信号的捕捉能力也强,如果输入端悬空则很容易引入干扰。同时,由于输入管是 MOS 管的绝缘栅级与其他电极间的绝缘层很容易被击穿,外来的干扰信号可能会损坏元件,所以 CMOS 逻辑门的多余输入端绝不允许悬空。

(2)CMOS 逻辑门的输入端无论输入高电平还是低电平,其输入电流均很小,输入端无论通过多大的电阻接地均被视为接入低电平,这一点在实际使用中要注意和 TTL 逻辑门的区别。

因此,CMOS 门多余输入端的处理方法如下:

(1)"与"门和"与非"门多余输入端的处理。

① 接入高电平;

② 如果扇出系数足够,可以和某一输入端并联。

(2)"或"门和"或非"门多余输入端的处理。

① 接入低电平;

② 如果扇出系数足够,可以和某一输入端关联。

(3)"与或非"门多余端的处理。

① 如果只多余一个输入端,则处理方法与"与"门的处理方法一致;

② 如果将"与或非"门作为"与非"门使用,则将一个"与"门的两个输入端均接入低电平,逻辑式为 $F = \overline{AB + 0 \cdot 0} = \overline{AB}$。

3.3 组合逻辑电路中的竞争与冒险

在上一节中讨论的组合逻辑电路的分析与设计仅考虑了理想情况下电路的输入与输出关系,没有考虑信号在传输过程中发生的延时,即都是按理想情况进行分析和设计的。如果考虑电路的信号传输延时,输出端可能会出现不是理想分析下的结果,甚至会出现错误的输出。

各个信号经过不同路径到达某一个逻辑门的时间有先有后,这种现象称为组合逻辑电路的竞争。由于竞争的存在,当输入信号发生变化时,电路输出有可能出现瞬间的错误,这种瞬间的错误称为组合逻辑电路的冒险。由于错误很短暂,冒险现象表现为输出端出现了不按稳态规律变化的窄脉冲,常称为"毛刺"。

3.3.1 竞争与冒险的分析

【例3.14】 图 3.49 所示电路的逻辑关系为 $F(A,B,C) = AB + \overline{A}C$,当 $B = C = 1$ 时,$F = A + \overline{A} \equiv 1$。这个逻辑分析是在假设逻辑传输时延为 0 的情况下得到的。而实际电路是存在延时的,图 3.49 中用 $\Delta t_1, \Delta t_2, \Delta t_3$ 分别表示 3 个逻辑门的延时(设非门延时为 0),试分析存在延时的情况下输出信号 F 的取值是否恒等于 1。

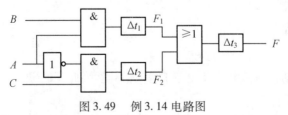

图 3.49 例 3.14 电路图

解 由图3.49可见信号A沿着两条不同的路径传输到输出端。当$B=C=1$时:

(1)$\Delta t_1 = \Delta t_2 = 0$时,可以确保$F = A + \overline{A} \equiv 1$,波形图如图3.50(a)所示。

(2)$\Delta t_1 < \Delta t_2$时,F_1和F_2在某一时段同时为0,这就会导致输出端在一段时间内$F=0$,输出端出现非预期的窄脉冲(毛刺),波形图如图3.50(b)所示。

(3)$\Delta t_1 > \Delta t_2$时,F_1和F_2在某一时段仍然同时为0,这也会导致输出端在一段时间内$F=0$,输出端出现非预期的窄脉冲(毛刺),波形图如图3.50(c)所示。

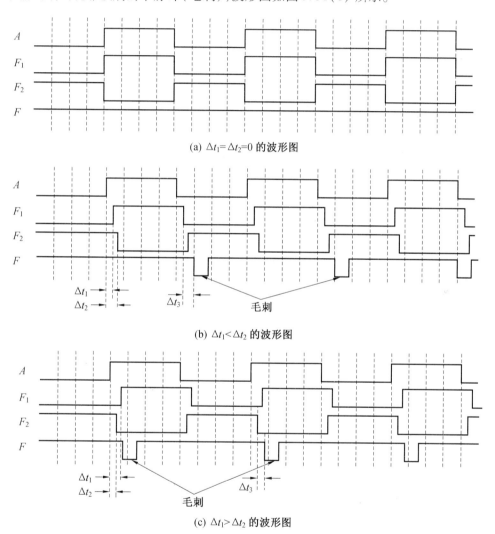

(a) $\Delta t_1 = \Delta t_2 = 0$ 的波形图

(b) $\Delta t_1 < \Delta t_2$ 的波形图

(c) $\Delta t_1 > \Delta t_2$ 的波形图

图3.50 例3.14 不同延时的波形图

【例3.15】 图3.51所示电路的逻辑关系为$F(A,B,C) = (A+B) \cdot (\overline{A}+C)$,当$B=C=0$时,$F = A \cdot \overline{A} \equiv 0$。这个逻辑分析同样是在每个逻辑传输延时为0的情况下得到的。图3.51中用Δt_1,Δt_2,Δt_3分别表示3个逻辑门的延时(设非门延时为0),试分析在有延时的情况下输出信号F的取值是否恒等于0。

解 由图3.51可见信号A沿着两条不同的路径传输到输出端。当$B=C=0$时:

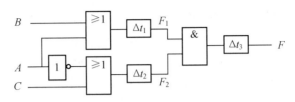

图 3.51　例 3.15 电路图

（1）$\Delta t_1 = \Delta t_2$ 时，可以确保 $F = A \cdot \overline{A} \equiv 0$，波形图如图 3.52（a）所示。

（2）$\Delta t_1 < \Delta t_2$ 时，F_1 和 F_2 在某一时段同时为 1，这就会导致输出在一段时间内 $F = 1$，输出出现非预期的窄脉冲（毛刺），波形图如图 3.52（b）所示。

（3）$\Delta t_1 > \Delta t_2$ 时，F_1 和 F_2 在某一时段仍然同时为 1，这也会导致输出在一段时间内 $F = 1$，输出出现非预期的窄脉冲（毛刺），波形图如图 3.52（c）所示。

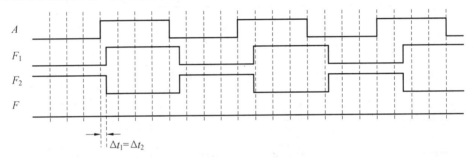

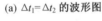

(a) $\Delta t_1 = \Delta t_2$ 的波形图

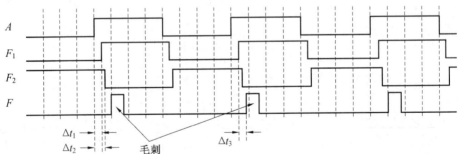

(b) $\Delta t_1 < \Delta t_2$ 的波形图

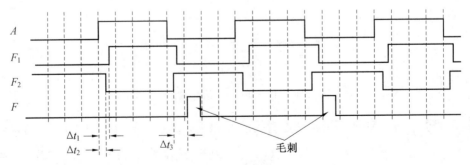

(c) $\Delta t_1 > \Delta t_2$ 的波形图

图 3.52　例 3.15 不同延时的波形图

上面两个例子中变量 A 经过不同路径到达输出端,产生了竞争,变量 A 称为有竞争力的变量。

由上面两个例题的分析可见,冒险是否出现与电路结构、信号的取值组合、信号传输路径上的时延等都有关系。"毛刺"对电路的影响是暂时的还是永久的不能确定。如果"毛刺"稍纵即逝,这种冒险称为非临界冒险;如果"毛刺"的影响对电路造成永久的误动作,则被称为临界冒险。输出"毛刺"为负脉冲的冒险称为 0 型冒险,主要出现在"与或""与非""与或非"型电路中。输出"毛刺"为正脉冲的冒险称为 1 型冒险,主要出现在"或与""或非"型电路中。

3.3.2 冒险的消除

在组合逻辑电路中,可以采用修改逻辑设计、增加选通线路、增加输出滤波等方法消除冒险。后两种方法会增加电路的复杂程度,或使波形变坏,极少使用。本节只介绍通过修改逻辑设计来消除冒险的方法。

1. 代数法

修改逻辑设计消除冒险的方法是通过增加冗余项,使函数在任何情况下都不出现类似 $F = A + \overline{A}$ 或 $F = A \cdot \overline{A}$ 的情况,从而达到消除冒险的目的。

在例 3.14 中,用代数法将函数变换为 $F = AB + \overline{A}C + BC$,则在任何输入组合下都不会出现 $F = A + \overline{A}$ 的情况,从而消除产生冒险的条件。修改后的电路图如图 3.53 所示。

2. 卡诺图法

用卡诺图也可以简单、直观地判断组合逻辑电路的竞争与冒险。在卡诺图中,如果两个卡诺圈相邻且相切,则存在竞争与冒险。

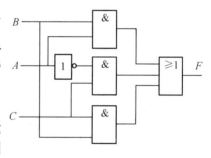

图 3.53 消除冒险电路图

例 3.14 原电路的卡诺图如图 3.54(a)所示。两个卡诺圈($\overline{A}C$ 和 AB)是相邻的,但不相交。因此,可判断存在竞争与冒险。改进的卡诺图方案如图 3.54(b)所示,增加了一个用虚线表示的冗余圈(BC),该卡诺圈让两个相邻的卡诺圈相交,消除了出现竞争与冒险的隐患。对应的逻辑式变成了 $F = AB + \overline{A}C + BC$,逻辑图同图 3.53。

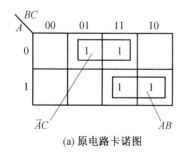
(a) 原电路卡诺图

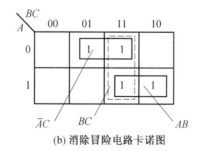
(b) 消除冒险电路卡诺图

图 3.54 卡诺图法消除冒险

3.4 小规模组合逻辑电路实验

3.4.1 实验目的和意义

（1）掌握"与"门、"或"门、"与非"门、"异或"门和"非"门等基本逻辑器件的功能及使用方法；

（2）掌握小规模组合逻辑电路分析方法及测试方法；

（3）掌握小规模组合逻辑电路设计方法及调试方法。

3.4.2 实验预习要求

（1）复习"与"门、"与非"门、"或"门、"异或"门和"非"门的基本逻辑关系和真值表；

（2）复习半加器和全加器的工作原理；

（3）完成实验题目的电路设计；

（4）按照预习要求完成实验报告相关部分的撰写；

（5）完成实验题目的 Proteus 仿真验证。

3.4.3 实验仪器和设备

（1）示波器：1 台。

（2）数字电路实验箱：1 台。

（3）数字万用表：1 块。

（4）"与非"门芯片 7400：1 片。

（5）"异或"门芯片 7486：1 片。

（6）"与"门芯片 7408：1 片。

（7）"或"门芯片 7432：1 片。

（8）"非"门芯片 7404：1 片。

3.4.4 实验注意事项

（1）实验中使用 + 5 V 电源，电源极性不要接错；

（2）插入集成芯片时，要认清定位标记，不要插反；

（3）连线之前，先用万用表测量导线是否导通；

（4）接通电源前，需用万用表检测电源和地是否正确接入电路；

（5）实验中观察实验现象，如发生芯片过热等异常情况立即关闭电源，并报告实验指导教师。

3.4.5 实验内容

1. 芯片功能测试

（1）实验芯片。

本实验可使用五种芯片，分别为"与非"门 7400、"与"门 7408、"或"门 7432、"异或"门

7486 和"非"门 7404。五种芯片的外形相同,均为 DIP14 封装。内部结构如图 3.55 所示。

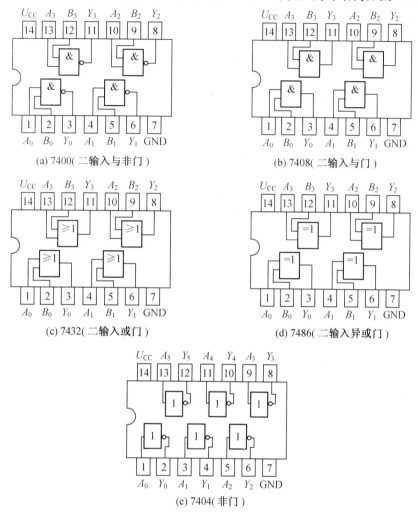

(a) 7400(二输入与非门)　　　　(b) 7408(二输入与门)

(c) 7432(二输入或门)　　　　(d) 7486(二输入异或门)

(e) 7404(非门)

图 3.55　五种芯片引脚图

（2）芯片测试步骤。

① 7400 芯片功能测试。

Ⅰ.将 7400 芯片插于实验台的 DIP14 管座上,注意芯片的方向。

Ⅱ.将芯片的 14 引脚接 + 5 V 电源,7 引脚接地。

Ⅲ.将芯片的 1、2 引脚接电平开关,3 引脚接指示灯,参照表 3.15(a) 检查第一个"与非"门功能是否正常。

Ⅳ.以同样的方法分别将 4,5 引脚接电平开关,6 引脚接指示灯;将 13,12 引脚接电平开关,11 引脚接指示灯;将 10,9 引脚接电平开关,8 管脚接指示灯,分别检查其他 3 个"与非"门的功能是否正常。

② 7408 芯片功能测试。

测试步骤参考 7400 芯片的测试过程。

③ 7432 芯片功能测试。

测试步骤参考 7400 芯片的测试过程。

④ 7486 芯片功能测试。

测试步骤参考 7400 芯片的测试过程。

⑤ 7404 芯片功能测试。

Ⅰ. 将 7404 芯片插于实验台的 DIP14 管座上,注意芯片的方向。

Ⅱ. 将芯片的 14 引脚接 + 5 V 电源,7 引脚接地。

Ⅲ. 将芯片的 1 引脚接电平开关,2 引脚接指示灯,参照表 3.15(b)检查第一个"非"门功能是否正常。

Ⅳ. 以同样的方法分别将 3 引脚接电平开关,4 引脚接指示灯;将 5 引脚接电平开关,6 引脚接指示灯;将 13 引脚接电平开关,12 引脚接指示灯;将 11 引脚接电平开关,10 引脚接指示灯;将 9 引脚接电平开关,8 引脚接指示灯,分别检查其他 5 个"非"门的功能是否正常。

表 3.15(a) "与非"门、"与"门、"或"门和"异或"门的状态测试表

输入 A B	输出 Y 7400	输出 Y 7408	输出 Y 7432	输出 Y 7486
0 0	1	0	0	0
0 1	1	0	1	1
1 0	1	0	1	1
1 1	0	1	1	0

表 3.15(b) "非"门 7404 的状态测试表

输入 A	输出 Y 7400
1	0
0	1

2. 小规模组合逻辑电路的分析实验

(1) 分析实例一:分析图 3.56 所示电路的逻辑功能。

① 根据图 3.56 所示电路,写出 S,C 的逻辑表达式。

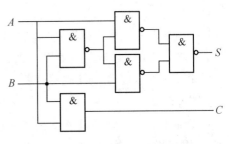

图 3.56 分析实例一电路图

$$\begin{cases} S = \overline{\overline{\overline{AB} \cdot A} \cdot \overline{\overline{AB} \cdot B}} = \overline{A}B + A\overline{B} \\ C = AB \end{cases} \qquad (1)$$

② 画出真值表并判断逻辑功能。

根据逻辑表达式,画出真值表,见表 3.16。

表 3.16　图 3.56 真值表

输入		输出	
A	B	S	C
0	0	0	0
0	1	1	0
1	0	1	0
1	1	0	1

根据真值表可以判断,图 3.56 所示的电路为半加器逻辑电路。输入 A,B 为两个 1 位二进制数加数,输出 S 为本位的和,另一个输出 C 为两个数相加之后产生的进位。

③ 根据图 3.56 统计芯片的数量和种类,选择合适的芯片。

本实验需要用到 4 个"与非"门和 1 个"与"门,需要 1 片 7400"与非"门芯片和 1 片 7408"与"门芯片。

④ Proteus 仿真验证。

完成图 3.56 电路的 Proteus 仿真验证。

⑤ 在数字逻辑实验台上连接电路进行验证。

Ⅰ.先将一片 7400 和一片 7408 插到实验箱 14 管脚底座上;

Ⅱ.将 2 个芯片的 14 管脚接 + 5 V 电源,7 管脚接地;

Ⅲ.任选 2 个电平开关作为输入端 A,B,然后按照图 3.56 连接电路,输出 S 和 C 接到指示灯上;

Ⅳ.检查无误后接通电源。对照表 3.16 检查电路的性能。

(2)分析实例二:分析图 3.57 电路的逻辑功能。

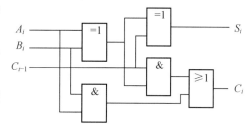

图 3.57　分析实例二电路图

① 根据图 3.57 所示电路,写出 S_i,C_i 的逻辑表达式。

$$\begin{cases} S_i = A_i \oplus B_i \oplus C_{i-1} = \overline{A}_i B_i C_{i-1} + A_i \overline{B}_i C_{i-1} + A_i B_i \overline{C}_{i-1} + A_i B_i C_{i-1} \\ C_i = A_i B_i + A_i \oplus B_i \cdot C_{i-1} = A_i B_i + B_i C_{i-1} + A_i C_{i-1} \end{cases}$$

② 画出真值表并判断逻辑功能。

根据逻辑表达式,画出真值表,见表 3.17。

表 3.17　全加器功能测试表

输入			输出	
A_i	B_i	C_{i-1}	S_i	C_i
0	0	0	0	0
0	0	1	1	0
0	1	0	1	0
0	1	1	0	1
1	0	0	1	0
1	0	1	0	1
1	1	0	0	1
1	1	1	1	1

根据真值表可以判断,图 3.57 所示的电路为全加器逻辑电路。其中,A_i,B_i 分别为一位二进制加数,C_{i-1} 为低位来的进位,S_i 表示全加器运算的和,C_i 表示全加器运算后产生的新的进位。

③ 根据图 3.57 统计芯片的数量和种类,选择合适的芯片。

本实验需要用到 2 个"异或"门、2 个"与"门和 1 个"或"门,需要 1 片 7486"异或"门芯片、1 片 7408"与"门芯片和 1 片 7432"或"门芯片。

④ Proteus 仿真验证。

完成图 3.57 电路的 Proteus 仿真验证。

⑤ 在数字逻辑实验台上连接电路进行验证。

Ⅰ. 先将一片 7486、7408 和一片 7432 插到实验箱 14 管脚底座上。

Ⅱ. 将 3 个芯片的 14 管脚接 + 5 V 电源,7 管脚接地。

Ⅲ. 任选 3 个电平开关作为输入端 A_i,B_i,C_{i-1};然后按照图 3.57 连接电路;输出 S_i 和 C_i,接到指示灯上。

Ⅳ. 检查无误后接通电源。对照表 3.17 检查电路的性能。

3. 小规模组合逻辑电路设计实验

(1)设计实例一:设 A,B,C 为密码锁的三个按键,当 A 键单独按下时,锁打不开也不报警;当 A,B 或 A,B,C 或 A,C 分别同时按下时锁可以打开;不符合上述条件,锁打不开,发出报警信息。试设计实现密码锁功能的组合逻辑电路。

设 A、B、C 按下为"1",没按下为"0";锁开启信号用 X 表示,锁打开时 $X = 1$,锁打不开 $X = 0$;报警信号用 Y 表示,报警 $Y = 1$,不报警 $Y = 0$。

① 根据逻辑要求画出真值表,见表 3.18。

表 3.18　设计实例一真值表

输入			输出	
A	B	C	X	Y
0	0	0	0	0
0	0	1	0	1
0	1	0	0	1
0	1	1	0	1
1	0	0	0	0
1	0	1	1	0
1	1	0	1	0
1	1	1	1	0

② 根据真值表写出逻辑表达式,并进行化简和变换。

$$\begin{cases} X = A\bar{B}C + AB\bar{C} + ABC = AB + AC = A(B + C) \\ Y = \bar{A}\bar{B}C + \bar{A}B\bar{C} + \bar{A}BC = \bar{A}C + \bar{A}B = \bar{A}(B + C) \end{cases}$$

③ 画出电路图,如图 3.58 所示。

④ 根据逻辑电路图中逻辑门的数量和种类,选择芯片。

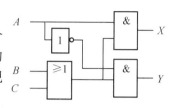

图 3.58　设计实验一电路图

由图 3.58 可知,电路需要 1 个"或"门,1 个"非"门和 2 个"与"门;因此需要 1 片 7432,1 片 7404,1 片 7408。如果用多余的"异或"门实现逻辑"非"的关系,也可以不使用 7404 芯片,实现的方法及电路图请读者自行绘制。

⑤ Proteus 仿真验证。

⑥ 在数字逻辑实验台上连接电路进行验证。

Ⅰ. 先将一片 7432、一片 7404 和一片 7408 插到实验箱 14 管脚底座上。

Ⅱ. 将 3 个芯片的 14 管脚接 + 5 V 电源,7 管脚接地。

Ⅲ. 任选 3 个电平开关作为输入端 A,B,C;然后按照图 3.58 连接电路;输出 X 和 Y 接到指示灯上。

Ⅳ. 检查无误后接通电源。对照表 3.18 检查电路性能。

(2) 设计实例二:设 $A = A_1 A_0$、$B = B_1 B_0$ 均为两位二进制数,设计一个判断 $A > B$ 的比较器。

设输出用 Y 表示,当 $A > B$ 时 $Y = 1$;当 $A \leqslant B$ 时 $Y = 0$。

① 根据逻辑要求画出真值表,见表 3.19。

表 3.19　设计实验二真值表

输入				输出
A		B		Y
A_1	A_0	B_1	B_0	
0	0	0	0	0
0	0	0	1	0
0	0	1	0	0
0	0	1	1	0
0	1	0	0	1
0	1	0	1	0
0	1	1	0	0
0	1	1	1	0
1	0	0	0	1
1	0	0	1	1
1	0	1	0	0
1	0	1	1	0
1	1	0	0	1
1	1	0	1	1
1	1	1	0	1
1	1	1	1	0

② 根据真值表写出逻辑式:

$$Y = \sum (4,8,9,12,13,14) \tag{1}$$

③ 采用卡诺图化简,卡诺图如图3.59所示。

化简和变换后得:

$$Y = A_0 \overline{B_1} \overline{B_0} + A_1 \overline{B_1} + A_1 A_0 \overline{B_0} = A_0 \overline{B_0}(\overline{B_1} + A_1) + A_1 \overline{B_1} \tag{2}$$

④ 根据逻辑电路图中逻辑门的数量和种类,选择芯片。

由图3.60可见,实现电路需要2个"非"门、2个"或"门和3个"与"门,因此需要1片7404、1片7432和1片7408。从逻辑式的化简和变换结果可以看出,如果不对式(2)进行变换,直接用最简"与或"式实现电路,则需要5个"与"门和2个"或"门,需要2片7408和1片7432,变换后的电路性能更优。

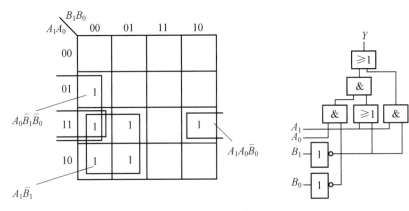

图3.59　设计实验二卡诺图　　　　图3.60　设计实例二电路图

⑤ Proteus仿真验证。

⑥ 在数字逻辑实验台上连接电路进行验证。

Ⅰ. 先将一片7404、一片7408和一片7432插到实验箱14管脚底座上。

Ⅱ. 将3个芯片的14管脚接 + 5 V电源,7管脚接地。

Ⅲ. 任选4个电平开关作为输入端A_1,A_0,B_1,B_0;然后按照图3.60连接电路;输出Y接到指示灯上。

Ⅳ. 检查无误后接通电源。对照表3.19检查电路的性能。

本章小结

本章首先介绍了几种集成逻辑门的内部结构、工作原理、电路特点和使用特性,然后介绍了小规模组合逻辑电路的分析与设计方法。

(1) 集成逻辑门。

集成逻辑门是组合逻辑电路的基本部件,通过 TTL 结构和 CMOS 结构的几种典型逻辑门电路的工作原理和性能特点的了解,可以更好地掌握其使用特性。本章重点介绍了 TTL 结构的"非"门、"与非"门、OC门和三态门;CMOS结构的"非"门、"与非"门、传输门、OD门和三态门及 ECL 逻辑门。

本章还对各系列门电路的特点进行了简单的比较,介绍了集成逻辑门的主要参数。

（2）小规模组合逻辑电路的分析与设计。

本章重点介绍了小规模组合逻辑电路分析与设计的步骤和方法，说明了组合逻辑电路分析与设计是相互的逆过程，并通过一定数量的例题对分析和设计方法进行实际应用的说明。还介绍了逻辑门多余端的处理方法。

（3）组合逻辑电路的竞争与冒险。

竞争与冒险现象是组合逻辑电路存在的客观现象，本章介绍了竞争与冒险的概念、种类以及通过修改逻辑设计消除冒险的方法。

习　题

3.1　衡量门电路输出带负载能力的指标是什么？

3.2　图 3.61 中的逻辑门均为 TTL 门，试问图 3.61 中各电路能否可以分别实现 $F_1 = AB$，$F_2 = AB$，$F_3 = \overline{AB} \cdot \overline{BC}$ 的功能，并说明理由。

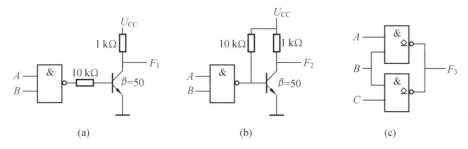

图 3.61　习题 3.2 电路图

3.3　三态"与非"门电路的特点是什么？能否实现"线与"的逻辑功能？

3.4　集成 TTL 逻辑门和 CMOS 逻辑门的多余端是否可以悬空？为什么？多余端应该如何处理？

3.5　写出如图 3.62 所示电路的输出逻辑表达式。

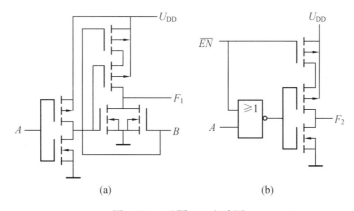

图 3.62　习题 3.5 电路图

3.6　如果将"与非"门、"或非"门和"异或"门作为"非"门使用，应该如何连接？画出示意图。

3.7 简要说明 ECL 逻辑门的优缺点有哪些。

3.8 图 3.63 所示为 TTL 三态门构成的电路,试根据输入条件填写表 3.20 中的 Y 的输出结果。

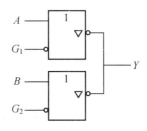

图 3.63 习题 3.8 电路图

表 3.20 习题 3.8 表

输入				输出
G_1	A	G_2	B	Y
0	0	1	0	
0	1	1	1	
1	0	0	0	
1	0	0	1	
1	0	1	0	
1	0	1	1	

3.9 分析传输门作为模拟开关的工作原理。

3.10 某组合逻辑电路如图 3.64(a) 所示。

(1) 写出其输出逻辑函数表达式。

(2) 画出对应图 3.64(b) 所示输入波形的输出波形。

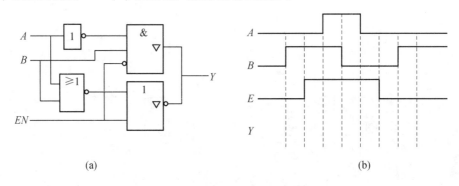

(a)   (b)

图 3.64 习题 3.10 电路图及波形图

3.11 门电路组成的电路分别如图 3.65(a),(b) 和(c) 所示,写出各电路的输出逻辑表达式,已知输入波形如图 3.65(d) 所示,画出 F_1,F_2,F_3 的波形。

3.12 CMOS 传输门如图 3.66 所示,其开启电压 $U_{TN} = 2$ V,$U_{TP} = -2$ V。

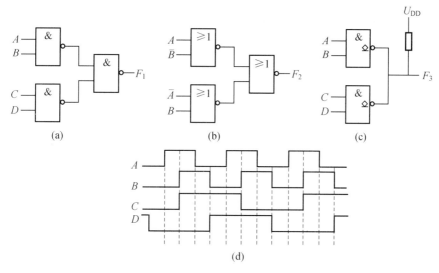

图 3.65　习题 3.11 电路图及波形图

（1）若输入信号 $C = 5\ V$，$\overline{C} = -5\ V$，输入正弦波的峰值为 5 V，试写出 T_1，T_2 都导通的输入电压范围。

（2）若输入信号 $C = -5\ V$，$\overline{C} = 5\ V$，输入正弦波的峰值为 8 V，试画出输出电压的波形。

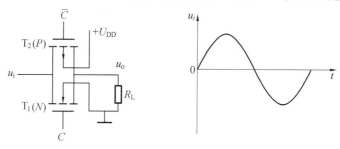

图 3.66　习题 3.12 电路图及波形图

3.13　分析表 3.21、表 3.22 描述的组合逻辑电路的功能，并画出最简电路图。

表 3.21

输入			输出
A	B	C	Y
0	0	0	0
0	0	1	1
0	1	0	1
0	1	1	0
1	0	0	1
1	0	1	0
1	1	0	0
1	1	1	1

表 3.22

输入				输出			
A	B	C	D	W	X	Y	Z
0	0	0	0	0	0	1	1
0	0	0	1	0	1	0	0
0	0	1	0	0	1	0	1
0	0	1	1	0	1	1	0
0	1	0	0	0	1	1	1
0	1	0	1	1	0	0	0
0	1	1	0	1	0	0	1
0	1	1	1	1	0	1	0
1	0	0	0	1	0	1	1
1	0	0	1	1	1	0	0

3.14 试分析图 3.67 所示电路的逻辑功能,其中 $I_3 \sim I_0$ 是二进制数输入信号,A_1,A_0 是控制信号,Y 是输出信号。

3.15 如图 3.68 所示的电路,已知输入为余 3 码,分析输出是什么码制?

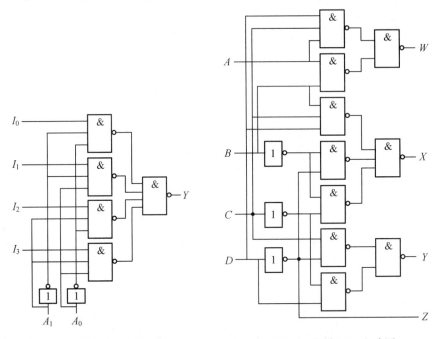

图 3.67 习题 3.14 电路图 图 3.68 习题 3.15 电路图

3.16 分析图 3.69 所示电路的逻辑功能。

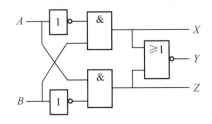

图 3.69 习题 3.16 电路图

3.17 已知输入信号 A,B,C,D 的波形如图 3.70 所示,试选择合适的逻辑门设计产生输出 F 波形的组合电路。

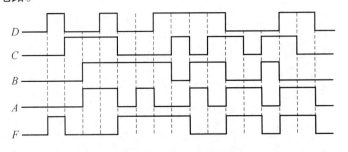

图 3.70 习题 3.17 波形图

3.18　设计一个监视交通灯工作状态的逻辑电路。在正常情况下任何时刻一组交通灯中只能有一盏灯亮,当出现 2 盏灯或 3 盏灯亮,或 3 盏灯都不亮的情况时,发出故障报警信号。

3.19　旅客列车分特快、普快和直快,并以此为优先顺序通过。某站在同一时间只能通过一列火车,即只能给出一个开车信号。试设计此组合逻辑电路。以 A,B,C 代表特快、普快和直快,开车信号分别为 Y_A,Y_B,Y_C。

3.20　有红、黄、绿 3 个信号灯,用来指示 3 台设备的工作情况。当 3 台设备都正常工作时,绿灯亮;当有 1 台设备发生故障时,黄灯亮;当有 2 台设备发生故障时,红灯亮;当 3 台设备同时发生故障时,红灯和黄灯同时亮。

3.21　用门电路设计一个校院新年晚会入场控制电路:规定男生持红票可以入场,女生持绿票可以入场,持黄票的不论男女都可以入场。如果一个人同时持有几种票,只要有票符合入场条件就可以入场。

3.22　设计一个四人表决电路,其中 A 同意得 2 分,B,C,D 同意各得 1 分;总分大于等于 3 分表决通过。

3.23　医院某科室有 4 间病房,各个房间按患者病情程度分类。1 号病房患者病情最重,4 号病房患者病情最轻。试用组合逻辑电路设计呼叫装置,要求按患者病情严重程度呼叫医生,若两个或两个以上患者同时呼叫,只显示病情最重的患者的呼叫。

3.24　设计一个加减器,X 为控制端。当 $X=0$ 时,电路实现全加器的功能;当 $X=1$ 时,电路实现全减器的功能,用小规模组合逻辑芯片实现。

3.25　设计一个通话控制电路:设 A,B,C,D 分别代表四条话路,正常工作最多只允许两路同时通话,且 A 路和 B 路、C 路和 D 路不允许同时通话,试设计一个逻辑电路,用以指示不能正常工作情况。

3.26　设计一个血型配对指示器,当供血和受血血型不符合表 3.23 所列情况时,指示灯亮。

表 3.23　血型配对指示器逻辑状态表

供血血型	受血血型
A	A,AB
B	B,AB
AB	AB
O	A,B,AB,O

第4章 模块级组合逻辑电路

第3章介绍了TTL和CMOS两种常用集成逻辑门的电路结构,重点讲解了小规模组合逻辑电路的分析与设计方法。本章介绍常用的模块级(中规模)组合逻辑电路的逻辑功能和使用方法,在此基础上介绍模块级组合逻辑电路的分析与设计方法。

常用的模块级组合逻辑电路有加法器、数值比较器、编码器、译码器和数据选择器等。

4.1 加法器

加法器是最常用的组合逻辑电路之一,是运算器的基本组成部分。

4.1.1 半加器和全加器

由例3.2和3.3可知:两个1位二进制数相加,称为半加,实现半加功能的电路称为半加器,1位半加器有两个输入端和两个输出端;两个1位二进制数相加,再加上来自低位的进位,称为全加,实现全加的电路称为全加器。1位全加器有三个输入端和两个输出端。

1位半加器和1位全加器的逻辑符号分别如图4.1和图4.2所示。

图4.1　1位半加器逻辑符号　　　　图4.2　1位全加器逻辑符号

由图4.2可知,当来自低位的进位C_i接低电平时,全加器变成了半加器,所以半加器是全加器的特例。

4.1.2 串行进位加法器

多位二进制数进行加法运算时,由低位向高位逐位完成相加运算的加法器称为串行进位加法器。例如,两个4位二进制数1001和0101相加,运算时首先进行最低位的1+1运算,然后将进位进到高一位,再进行次低位的0+0+1运算,依次运算到最高位。算式如下:

$$\begin{array}{r} 1\ 0\ 0\ 1 \\ +\ \ 0_0\ 1_0\ 0_1\ 1 \\ \hline 1\ 1\ 1\ 0 \end{array}$$

　　用 4 个 1 位全加器可以完成上述两个 4 位二进制数 1001 和 0101 的相加运算,电路如图 4.3 所示。注意最低位全加器的 C_0 应接低电平,即 $C_0 = 0$。

　　由图 4.3 可知,串行进位加法器具有电路简单、连接方便等优点,但由于串行进位加法器是由最低位向最高位逐位完成加法运算,仅当低位运算完成后,才能进行高位的加法运算,所以串行进位加法器的运算速度较慢。在实际应用中,为了提高运算速度,通常采用超前进位加法器。

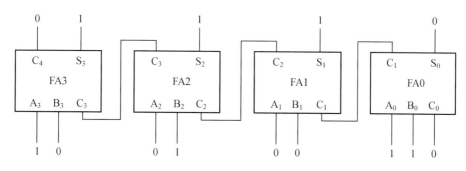

图 4.3　4 位串行进位加法器

4.1.3　超前进位加法器

　　加法运算时,各位的进位数值由输入的二进制数值直接运算产生的加法器称为超前进位加法器。下面以 4 位加法器为例进行说明。

　　由全加器的真值表可得 S_i 和 C_i 的逻辑表达式:

$$\begin{cases} S_i = A_i \oplus B_i \oplus C_i \\ C_i = A_i B_i + (A_i \oplus B_i) C_{i-1} \end{cases} \tag{4.1}$$

　　定义两个中间变量 G_i 和 P_i:

$$\begin{cases} G_i = A_i B_i \\ P_i = A_i \oplus B_i \end{cases} \tag{4.2}$$

　　当 $A_i = B_i = 1$ 时,$G_i = 1$,由 C_i 的表达式可知 $C_i = 1$,即产生进位,所以 G_i 称为产生变量。若 $P_i = 1$,则 $A_i B_i = 0$,$C_i = C_{i-1}$,即 $P_i = 1$ 时,低位的进位能传送到高位的进位输出端,因此 P_i 称为传输变量,这两个变量都与进位数值无关,将 G_i 和 P_i 代入 S_i 和 C_i 表达式中,可得:

$$\begin{cases} S_i = P_i \oplus C_i \\ C_i = G_i + P_i C_{i-1} \end{cases} \tag{4.3}$$

　　从而得到各位进位的逻辑表达式:

$$\begin{cases} C_0 = G_0 \\ C_1 = G_1 + P_1 C_0 = G_1 + P_1 G_0 \\ C_2 = G_2 + P_2 C_1 = G_2 + P_2 G_1 + P_2 P_1 G_0 \\ C_3 = G_3 + P_3 C_2 = G_3 + P_3 G_2 + P_3 P_2 G_1 + P_3 P_2 P_1 G_0 \end{cases} \tag{4.4}$$

　　由式(4.4)可知,进位 C_i 是一个由 P_i 和 G_i 组成的“与或”式,只需要一到二级门电路的延时,就可以得到进位输出结果。电路的运算速度仅仅取决于一到二级逻辑门电路的延时,运算速度很快,但是这种运算的高速度是以增加大量逻辑门电路换来的。

74283 是 4 位二进制超前进位加法器，74283 采用 DIP16 封装，其引脚图和逻辑符号如图 4.4 所示。其中，$A_3 \sim A_0$ 和 $B_3 \sim B_0$ 分别为两个 4 位加数输入端，$S_3 \sim S_0$ 为和值输出端，C_0 为来自低位的进位输入端，C_4 为进位输出端。

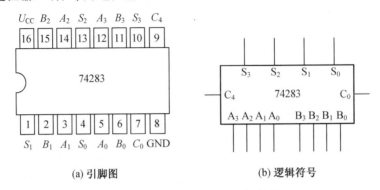

(a) 引脚图　　　　　　　　　　(b) 逻辑符号

图 4.4　74283 引脚图和逻辑符号

加法器既可以实现二进制加法运算，也可以通过简单的设计实现其他逻辑功能。下面通过例题介绍加法器的使用方法。

【例 4.1】　用 74283 实现两个 4 位二进制数 $A(1011)$ 和 $B(1101)$ 的加法运算。

　　解　由于 74283 是 4 位二进制超前进位加法器，一片 74283 就可以完成两个 4 位二进制数的加法运算。将两个加数 $A(1011)$ 和 $B(1101)$ 分别与 $A_3A_2A_1A_0$ 和 $B_3B_2B_1B_0$ 相连，C_0 接低电平 0。和值由 $S_3S_2S_1S_0$ 输出，进位由 C_4 输出。电路如图 4.5 所示。

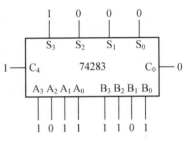

图 4.5　例 4.1 电路图

【例 4.2】　用 74283 实现两个 7 位二进制数的加法运算。

　　解　设两个加数分别为 $A_6A_5A_4A_3A_2A_1A_0$ 和 $B_6B_5B_4B_3B_2B_1B_0$，实现两个 7 位二进制数的加法运算需要两片 74283。

74283(1) 完成低 4 位的加法运算，其 C_0 必须接低电平 0；74283(2) 完成高 3 位的加法运算，多余的加数输入端应该接 0，74283(2) 的 C_0 接 74283(1) 进位输出端 C_4。电路如图 4.6 所示。

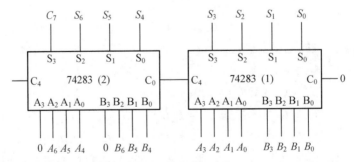

图 4.6　例 4.2 电路图

【例 4.3】　用 74283 实现余 3 码到 5421BCD 码的转换。

解　设输入的余 3 码为 $D_3D_2D_1D_0$,输出的 5421BCD 码为 $Y_3Y_2Y_1Y_0$,真值表见表 4.1。

表 4.1　例 4.3 真值表

N_{10}	输入(余 3 码)				输出(5421 码)			
	D_3	D_2	D_1	D_0	Y_3	Y_2	Y_1	Y_0
0	0	0	1	1	0	0	0	0
1	0	1	0	0	0	0	0	1
2	0	1	0	1	0	0	1	0
3	0	1	1	0	0	0	1	1
4	0	1	1	1	0	1	0	0
5	1	0	0	0	1	0	0	0
6	1	0	0	1	1	0	0	1
7	1	0	1	0	1	0	1	0
8	1	0	1	1	1	0	1	1
9	1	1	0	0	1	1	0	0

由表 4.1 可知,当 $N_{10} \leqslant 4$ 时,$Y_3Y_2Y_1Y_0 = D_3D_2D_1D_0 - 0011 = D_3D_2D_1D_0 + 1101$;当 $N_{10} \geqslant 5$ 时,$Y_3Y_2Y_1Y_0 = D_3D_2D_1D_0 + 0000$,即

$$Y_3Y_2Y_1Y_0 = \begin{cases} D_3D_2D_1D_0 + 1101, & D_3 = 0 \\ D_3D_2D_1D_0 + 0000, & D_3 = 1 \end{cases}$$
$$= D_3D_2D_1D_0 + \overline{D_3}\,\overline{D_3}0\,\overline{D_3}$$

实现电路如图 4.7 所示。注意 74283 的 C_0 必须接低电平 0。

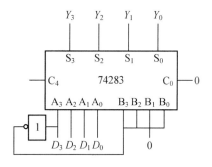

图 4.7　例 4.3 电路图

【例 4.4】　用 74283 设计一个 2 位二进制数 $D(d_1d_0)$ 的 3 倍乘法运算电路,乘积用 $F(F_3F_2F_1F_0)$ 表示。

解　2 位二进制数为 $D(d_1d_0)$,乘 3 运算可以表示为

$$F = D \times 3 = D + D \times 2$$

由于二进制数的乘 2,可以通过将该数左移一位得到,所以上式可以表示为

$$F_3F_2F_1F_0 = 00d_1d_0 + 0d_1d_00$$

将 $00d_1d_0$ 接到 74283 的加数输入端 $A_3A_2A_1A_0$,将 $0d_1d_00$ 接到 74283 的另一加数输入端 $B_3B_2B_1B_0$,C_0 接低电平 0。$F_3F_2F_1F_0$ 接到 74283 的和值输出端 $S_3S_2S_1S_0$。实现电路如图 4.8 所示。

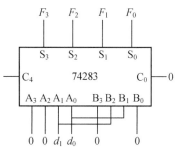

图 4.8　例 4.4 电路图

4.2　数值比较器

数值比较器(Comparator)是对两个位数相同的无符号二进制数 A 和 B 进行数值比较并判定大小关系的算术运算电路。比较结果以 $A > B$，$A < B$ 和 $A = B$ 3 种情况输出。

4.2.1　1 位数值比较器

设 A,B 为 1 位二进制数输入端，1 位数值比较器的功能表见表 4.2。

表 4.2　1 位数值比较器功能表

输入		输出		
A	B	$A > B$	$A = B$	$A < B$
0	0	0	1	0
0	1	0	0	1
1	0	1	0	0
1	1	0	1	0

1 位数值比较器功能描述如下：当两个 1 位二进制数 A 和 B 进行比较时，3 个输出端 $A > B$，$A < B$ 和 $A = B$ 中有且仅有 1 个输出端为高电平，其余两个输出端为低电平，输出端高电平有效。

(1) 当 $A = 0,B = 0$ 时，输出端 $A > B = 0,A = B = 1,A < B = 0$，比较结果为 A 等于 B；

(2) 当 $A = 0,B = 1$ 时，输出端 $A > B = 0,A = B = 0,A < B = 1$，比较结果为 A 小于 B；

(3) 当 $A = 1,B = 0$ 时，输出端 $A > B = 1,A = B = 0,A < B = 0$，比较结果为 A 大于 B；

(4) 当 $A = 1,B = 1$ 时，输出端 $A > B = 0,A = B = 1,A < B = 0$，比较结果为 A 等于 B。

4.2.2　4 位数值比较器 7485

7485 为 4 位数值比较器，采用 DIP16 封装。7485 的引脚图及逻辑符号如图 4.9 所示，功能表见表 4.3。其中 $A_3A_2A_1A_0$ 和 $B_3B_2B_1B_0$ 分别为 4 位二进制数 A 和 B 的输入端；$A > B$，$A = B$ 和 $A < B$ 为比较结果输出端。$a > b$，$a = b$ 和 $a < b$ 为级联输入端，是为了实现 4 位以上数值比较时，输入低位比较结果而设置的。

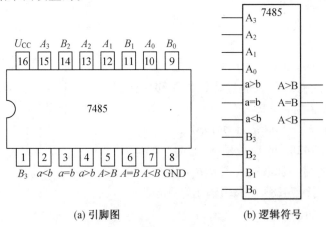

(a) 引脚图　　　　　　　　(b) 逻辑符号

图 4.9　7485 引脚图与逻辑符号

表 4.3　7485 功能表

比较输入				级联输入			输出		
$A_3\,B_3$	$A_2\,B_2$	$A_1\,B_1$	$A_0\,B_0$	$a > b$	$a = b$	$a < b$	$A > B$	$A = B$	$A < B$
$A_3 > B_3$	×	×	×	×	×	×	1	0	0
$A_3 < B_3$	×	×	×	×	×	×	0	0	1
$A_3 = B_3$	$A_2 > B_2$	×	×	×	×	×	1	0	0
$A_3 = B_3$	$A_2 < B_2$	×	×	×	×	×	0	0	1
$A_3 = B_3$	$A_2 = B_2$	$A_1 > B_1$	×	×	×	×	1	0	0
$A_3 = B_3$	$A_2 = B_2$	$A_1 < B_1$	×	×	×	×	0	0	1
$A_3 = B_3$	$A_2 = B_2$	$A_1 = B_1$	$A_0 > B_0$	×	×	×	1	0	0
$A_3 = B_3$	$A_2 = B_2$	$A_1 = B_1$	$A_0 < B_0$	×	×	×	0	0	1
$A_3 = B_3$	$A_2 = B_2$	$A_1 = B_1$	$A_0 = B_0$	1	0	0	1	0	0
$A_3 = B_3$	$A_2 = B_2$	$A_1 = B_1$	$A_0 = B_0$	0	1	0	0	1	0
$A_3 = B_3$	$A_2 = B_2$	$A_1 = B_1$	$A_0 = B_0$	0	0	1	0	0	1

由表 4.3 可以看出，只要 A 和 B 的最高位不相等，就可以确定两个数的大小；若最高位相等，则需要比较次高位的情况，依此类推；若两个数的各位均相等，输出结果取决于级联输入端的状态。

当 $A_3 = B_3$，$A_2 = B_2$，$A_1 = B_1$，$A_0 = B_0$ 时，比较结果取决于级联输入端 $a > b$，$a = b$，$a < b$ 的值。如果 $a > b = 1$，$a = b = 0$，$a < b = 0$，比较结果为 $A > B = 1$，$A = B = 0$，$A < B = 0$，即 A 大于 B；如果 $a > b = 0$，$a = b = 1$，$a < b = 0$，比较结果为 $A > B = 0$，$A = B = 1$，$A < B = 0$，即 A 等于 B；如果 $a > b = 0$，$a = b = 0$，$a < b = 1$，比较结果为 $A > B = 0$，$A = B = 0$，$A < B = 1$ 即 A 小于 B。

由上述分析可得出结论：

（1）当仅用一片 7485 进行数值比较时，级联输入端 $a > b$，$a = b$ 和 $a < b$ 必须接 010。

（2）当用多片 7485 级联进行数值比较时，最低片 7485 的级联输入端 $a > b$，$a = b$，$a < b$ 必须接 010，其他片的级联输入端 $a > b$，$a = b$，$a < b$ 接相邻低片的对应输出端。

【例 4.5】　用 7485 构成 4 位二进制数的判别电路，当输入二进制数 $A_3A_2A_1A_0 \geqslant (0110)_2$ 时，判别电路输出端 F 为 1，否则 F 为 0。

解　由题意可知，4 位二进制数 $A_3A_2A_1A_0$ 与 $(0110)_2$ 进行比较，将 $A_3A_2A_1A_0$ 与比较器的 A 输入端连接，4 位二进制数 0110 与 B 输入端连接，$a > b$，$a = b$，$a < b$ 接 010。当 $A_3A_2A_1A_0 > (0110)_2$ 时，输出端 $A > B$ 结果为 1，$F = 1$；当 $A_3A_2A_1A_0 = (0110)_2$ 时，输出端 $A = B$ 结果为 1，$F = 1$。所以，7485 输出端 $A > B$ 和 $A = B$ 通过 2 输入"或"门后给出电路输出结果，电路如图 4.10 所示。

如果将输入 4 位二进制数 $A_3A_2A_1A_0$ 与 $(0101)_2$ 进行比较，即将 $A_3A_2A_1A_0$ 与比较器的 A 输入端连接，4 位二进制数 0101 与 B 输入端连接，$a > b$，$a = b$，$a < b$ 接 010。当输入二进制数 $A_3A_2A_1A_0 > (0101)_2$，即 $A_3A_2A_1A_0 \geqslant (0110)_2$ 时，比较器 $A > B$ 端输出为 1。此时，将 $A > B$ 作为判别电路的输出 F。电路连接如图 4.11 所示。

对比图 4.10 和图 4.11 所示电路,显然图 4.11 电路比较简单。

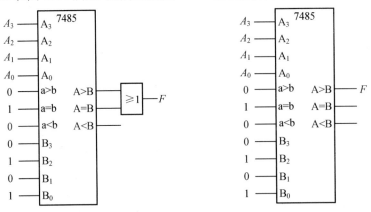

图 4.10 例 4.5 电路图(1)　　　　图 4.11 例 4.5 电路图(2)

【例 4.6】 用 7485 构成 8 位二进制数值比较器。

解 7485 是 4 位数值比较器,构成 8 位数值比较器需要两片 7485 级联。设待比较的两个数分别为 $A_7A_6A_5A_4A_3A_2A_1A_0$ 和 $B_7B_6B_5B_4B_3B_2B_1B_0$,实现电路如图 4.12 所示。

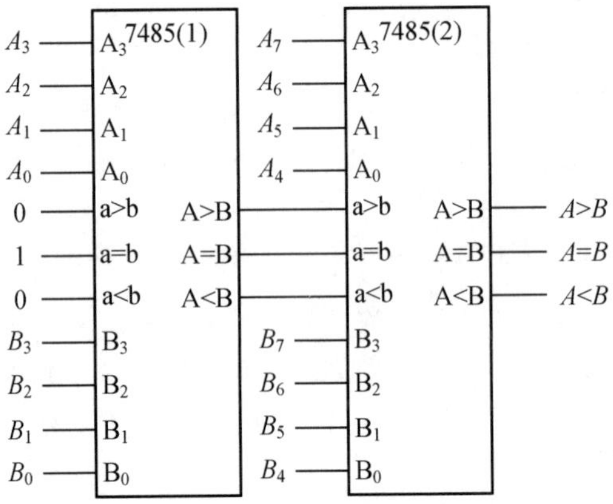

图 4.12 例 4.6 电路图

7485(1) 的两个比较输入端 A 和 B 分别与待比较数的低 4 位 $A_3A_2A_1A_0$ 和 $B_3B_2B_1B_0$ 相连,级联输入端 $a > b, a = b, a < b$ 必须接 010;7485(2) 的两个比较输入端 A 和 B 分别与待比较数的高 4 位 $A_7A_6A_5A_4$ 和 $B_7B_6B_5B_4$ 相连,级联输入端 $a > b, a = b, a < b$ 分别与 7485(1) 的输出端 $A > B, A = B, A < B$ 相连。7485(2) 的输出端给出 8 位二进制数值比较器的输出结果。

当 A 和 B 的位数小于 8 时,可在高位分别补 0,凑足 8 位,按图 4.12 连接即可实现 A 和 B 的比较。

4.3 编 码 器

在数字系统中,用二进制代码表示特定信息的过程称为编码,实现编码功能的电路称为编码器(Encoder)。编码器一般有若干个输入,在某一时刻只有一个输入信号被转换为编码输出。编码器通常分为普通编码器和优先编码器。

4.3.1　普通编码器

普通编码器要求在任何时刻只允许一个输入信号有效,否则输出结果不正确。

1. 二进制普通编码器

用 n 位二进制代码对 2^n 个信号进行编码的电路,称为 2^n 线 – n 线二进制编码器。8 线 – 3 线二进制普通编码器功能表见表 4.4。

表 4.4　8 线 – 3 线二进制普通编码器功能表

输入								输出		
I_7	I_6	I_5	I_4	I_3	I_2	I_1	I_0	Y_2	Y_1	Y_0
0	0	0	0	0	0	0	1	0	0	0
0	0	0	0	0	0	1	0	0	0	1
0	0	0	0	0	1	0	0	0	1	0
0	0	0	0	1	0	0	0	0	1	1
0	0	0	1	0	0	0	0	1	0	0
0	0	1	0	0	0	0	0	1	0	1
0	1	0	0	0	0	0	0	1	1	0
1	0	0	0	0	0	0	0	1	1	1

8 线 – 3 线二进制普通编码器功能描述如下:

(1)输入信号 $I_7 \sim I_0$ 高电平有效,任一时刻只允许一个输入信号有效,即不允许两个或两个以上输入信号同时有效。

(2)输出信号 $Y_2 Y_1 Y_0$ 为二进制原码输出。设 $I_7 \sim I_0$ 中 $I_i = 1$,则 $Y_2 Y_1 Y_0$ 输出结果为 i 对应的 3 位二进制数值。例如,当 $I_7 \sim I_0 = 00001000(I_3 = 1)$ 时,电路对 I_3 进行编码,$Y_2 Y_1 Y_0$ 为"3"的 3 位二进制编码"011",即 $Y_2 Y_1 Y_0 = 011$。

2. 二 – 十进制普通编码器

用二进制代码对十进制的十个数码 0 ~ 9 进行编码的电路,称为二 – 十进制编码器。输入端为 0 ~ 9 十个数码,输出端为有效输入信号对应的 4 位二进制代码。由于 4 位二进制代码有十六种状态,可以选用其中的十种状态表示 0 ~ 9 十个数码,最常用的是 8421BCD 码编码方式。8421BCD 码普通编码器功能表见表 4.5。

表 4.5　$8421BCD$ 码普通编码器功能表

十进制输入										8421BCD 码输出			
I_9	I_8	I_7	I_6	I_5	I_4	I_3	I_2	I_1	I_0	Y_8	Y_4	Y_2	Y_1
0	0	0	0	0	0	0	0	0	1	0	0	0	0
0	0	0	0	0	0	0	0	1	0	0	0	0	1
0	0	0	0	0	0	0	1	0	0	0	0	1	0
0	0	0	0	0	0	1	0	0	0	0	0	1	1
0	0	0	0	0	1	0	0	0	0	0	1	0	0
0	0	0	0	1	0	0	0	0	0	0	1	0	1
0	0	0	1	0	0	0	0	0	0	0	1	1	0
0	0	1	0	0	0	0	0	0	0	0	1	1	1
0	1	0	0	0	0	0	0	0	0	1	0	0	0
1	0	0	0	0	0	0	0	0	0	1	0	0	1

从功能表可以看出,十进制输入信号 $I_9 \sim I_0$ 高电平有效,输出信号 Y_8、Y_4、Y_2 和 Y_1 为 8421BCD 码。例如,当 $I_9 \sim I_0 = 0000010000(I_4 = 1)$ 时,电路对 I_4 进行编码,其输出为"4"的十进制数进行 8421BCD 编码"0100",即 $Y_8 Y_4 Y_2 Y_1 = 0100$。

普通编码器电路简单,但由于不允许多个输入信号同时有效,故在实际应用中不常使用。

4.3.2 优先编码器

优先编码器克服了普通编码器的不足,对每位输入都预先设置了优先级,因此优先编码器允许多个输入信号同时有效,但仅对优先级最高的有效输入信号进行编码。

74147 和 74148 是两种典型的优先编码器。

1.8 线 – 3 线二进制优先编码器 74148

74148 为 8 线 – 3 线优先编码器,采用 DIP16 封装。引脚图及逻辑符号如图 4.13 所示,功能表见表 4.6。其中 $\overline{I_7} \sim \overline{I_0}$ 为编码输入端,低电平有效;$\overline{ST}$ 为选通控制端,低电平有效;$\overline{Y_2}\,\overline{Y_1}\,\overline{Y_0}$ 为编码输出端(反码输出);Y_S 为输出控制端,$\overline{Y_{EX}}$ 为扩展输出端。

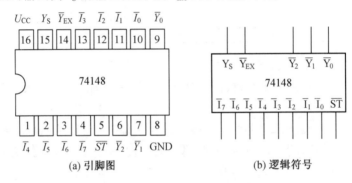

(a) 引脚图 (b) 逻辑符号

图 4.13　74148 引脚图和逻辑符号

表 4.6　74148 功能表

输入								输出				
$\overline{ST}$	$\overline{I_7}$	$\overline{I_6}$	$\overline{I_5}$	$\overline{I_4}$	$\overline{I_3}$	$\overline{I_2}$	$\overline{I_1}$	$\overline{I_0}$	$\overline{Y_2}$	$\overline{Y_1}$	$\overline{Y_0}$	$\overline{Y_{EX}}$	Y_S
1	×	×	×	×	×	×	×	×	1	1	1	1	1
0	1	1	1	1	1	1	1	1	1	1	1	1	0
0	0	×	×	×	×	×	×	×	0	0	0	0	1
0	1	0	×	×	×	×	×	×	0	0	1	0	1
0	1	1	0	×	×	×	×	×	0	1	0	0	1
0	1	1	1	0	×	×	×	×	0	1	1	0	1
0	1	1	1	1	0	×	×	×	1	0	0	0	1
0	1	1	1	1	1	0	×	×	1	0	1	0	1
0	1	1	1	1	1	1	0	×	1	1	0	0	1
0	1	1	1	1	1	1	1	0	1	1	1	0	1

74148 功能描述如下:

(1) 输入信号 $\overline{I_7} \sim \overline{I_0}$ 低电平有效,且 $\overline{I_7}$ 的优先级最高,$\overline{I_6}$ 次之,$\overline{I_0}$ 最低。

(2) 当 $\overline{ST} = 1$ 时,74148 没有被选中,输出与输入信号 $\overline{I_7} \sim \overline{I_0}$ 无关。编码输出 $\overline{Y_2}\,\overline{Y_1}\,\overline{Y_0} = 111$,

$\overline{Y}_{EX}Y_S = 11$。

（3）当$\overline{ST} = 0$，输入信号$\overline{I}_7 \sim \overline{I}_0$全为高电平时，编码输出$\overline{Y}_2\overline{Y}_1\overline{Y}_0 = 111$，$\overline{Y}_{EX}Y_S = 10$。

（4）当$\overline{ST} = 0$，输入信号$\overline{I}_7 \sim \overline{I}_0$不全为高电平时，编码器对优先级最高的有效输入信号进行编码，$\overline{Y}_{EX}Y_S = 01$。

例如，当$\overline{I}_7 \sim \overline{I}_0 = 0110\ 0000$时，按照优先级别，74148对$\overline{I}_7$进行编码，其输出$\overline{Y}_2\overline{Y}_1\overline{Y}_0 = 000$（$\overline{I}_7$下标"7"的二进制原码为111，对111逐位取反，求得编码器输出结果为000）；当$\overline{I}_7 \sim \overline{I}_0 = 1110\ 0000$时，按照优先级别，74148对$\overline{I}_4$进行编码，其输出$\overline{Y}_2\overline{Y}_1\overline{Y}_0 = 011$（$\overline{I}_4$下标"4"的二进制原码为100，对100逐位取反，求得编码器输出结果为011）。

从扩展输出端$\overline{Y}_{EX}$和输出控制端Y_S的输出值可以看出74148的工作状态。当$\overline{Y}_{EX}Y_S = 11$时，74148没有被选中，不工作；当$\overline{Y}_{EX}Y_S = 10$时，74148被选中，但此时输入信号均无效；当$\overline{Y}_{EX}Y_S = 01$时，74148被选中，有有效输入信号输入，处于编码状态。

2.8421BCD优先编码器74147

74147为8421BCD优先编码器，采用DIP16封装。引脚图和逻辑符号如图4.14所示，功能表见表4.7。其中$\overline{I}_9 \sim \overline{I}_1$为编码输入端，低电平有效；$\overline{Y}_3 \sim \overline{Y}_0$为编码输出端（反码输出）；NC为空引脚。

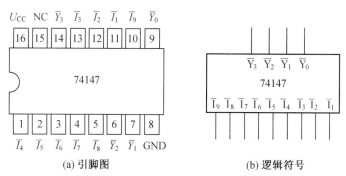

图 4.14　74147 引脚图和逻辑符号

表 4.7　74147 功能表

输入									输出			
$\overline{I}_9$	$\overline{I}_8$	$\overline{I}_7$	$\overline{I}_6$	$\overline{I}_5$	$\overline{I}_4$	$\overline{I}_3$	$\overline{I}_2$	$\overline{I}_1$	$\overline{Y}_3$	$\overline{Y}_2$	$\overline{Y}_1$	$\overline{Y}_0$
1	1	1	1	1	1	1	1	1	1	1	1	1
0	×	×	×	×	×	×	×	×	0	1	1	0
1	0	×	×	×	×	×	×	×	0	1	1	1
1	1	0	×	×	×	×	×	×	1	0	0	0
1	1	1	0	×	×	×	×	×	1	0	0	1
1	1	1	1	0	×	×	×	×	1	0	1	0
1	1	1	1	1	0	×	×	×	1	0	1	1
1	1	1	1	1	1	0	×	×	1	1	0	0
1	1	1	1	1	1	1	0	×	1	1	0	1
1	1	1	1	1	1	1	1	0	1	1	1	0

从表4.7可以看出,编码输入信号$\bar{I}_9$的优先级最高,$\bar{I}_1$最低。74147的功能类似于74148,这里不再赘述。

注意:当输入端$\bar{I}_9 \sim \bar{I}_1$都为高电平时,编码输出端$\bar{Y}_3 \sim \bar{Y}_0 = 1111$,而1111逐位取反后恰好等于0000,所以当$\bar{I}_9 \sim \bar{I}_1$都为高电平时,$\bar{Y}_3 \sim \bar{Y}_0$输出的是"0"的编码。因此,74147的引脚中没有输入端$\bar{I}_0$。

【例4.7】 单选题:优先编码器的输入端为$I_7 \sim I_0$,高电平有效,优先级别按$I_7 \sim I_0$从高到低排列。当输入$I_7 \sim I_0 = 0010\ 1101$时,则编码器的反码输出结果为( )。

A. $\bar{Y}_2\bar{Y}_1\bar{Y}_0 = 111$ 　　B. $\bar{Y}_2\bar{Y}_1\bar{Y}_0 = 000$ 　　C. $\bar{Y}_2\bar{Y}_1\bar{Y}_0 = 010$ 　　D. $\bar{Y}_2\bar{Y}_1\bar{Y}_0 = 101$

解 已知输入端$I_7 \sim I_0 = 00101101$,且高电平有效,故I_5为优先级别最高的有效输入端,编码器对I_5进行编码。又因为"5"的原码为101,逐位取反后为010,所以编码器的反码输出结果为$\bar{Y}_2\bar{Y}_1\bar{Y}_0 = 010$,答案为C。

4.4 译 码 器

译码是编码的逆过程,实现译码功能的逻辑器件称为译码器(Decoder)。译码器分为变量译码器和显示译码器。

4.4.1 变量译码器

变量译码器有n个输入变量,2^n个输出变量,称为n线 – 2^n线二进制译码器。常用的二进制变量译码器有双2线 – 4线译码器74139,3线 – 8线译码器74138和4线 – 16线译码器74154等。

1. 双2线 – 4线译码器74139

74139为双2线 – 4线译码器,采用DIP16封装。74139的引脚图和逻辑符号如图4.15所示。引脚名称前面的数字代表组号,相同数字代表同一组译码器引脚。其中$1A_1$和$1A_0$为第一组2线 – 4线译码器的变量输入端,$1\bar{Y}_3, 1\bar{Y}_2, 1\bar{Y}_1, 1\bar{Y}_0$为第一组2线 – 4线译码器的译码输出端,$1\bar{G}$为第一组2线 – 4线译码器的使能端;$2A_1$和$2A_0$为第二组2线 – 4线译码器的变量输入端,$2\bar{Y}_3, 2\bar{Y}_2, 2\bar{Y}_1, 2\bar{Y}_0$为第二组2线 – 4线译码器的译码输出端,$2\bar{G}$为第二组2线 – 4线译码器的使能端。

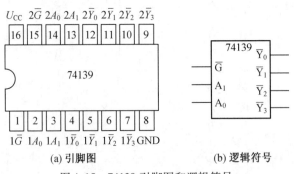

(a) 引脚图　　　　　　　　(b) 逻辑符号

图4.15　74139引脚图和逻辑符号

74139 功能表见表4.8。

表 4.8　74139 功能表

输入			输出			
$\overline{G}$	A_1	A_0	$\overline{Y}_3$	$\overline{Y}_2$	$\overline{Y}_1$	$\overline{Y}_0$
1	×	×	1	1	1	1
0	0	0	1	1	1	0
0	0	1	1	1	0	1
0	1	0	1	0	1	1
0	1	1	0	1	1	1

74139 功能描述如下：

（1）当 $\overline{G} = 1$ 时，译码器不工作，译码输出端 $\overline{Y}_3\overline{Y}_2\overline{Y}_1\overline{Y}_0$ 均输出高电平。

（2）当 $\overline{G} = 0$ 时，译码器工作，译码输出端 $\overline{Y}_3\overline{Y}_2\overline{Y}_1\overline{Y}_0$ 有且仅有一个为低电平。

① 当 $A_1A_0 = 00$ 时，$\overline{Y}_3\overline{Y}_2\overline{Y}_1\overline{Y}_0 = 1110$，仅有 $\overline{Y}_0 = 0$，可表示为 $\overline{Y}_0 = A_1 + A_0$；

② 当 $A_1A_0 = 01$ 时，$\overline{Y}_3\overline{Y}_2\overline{Y}_1\overline{Y}_0 = 1101$，仅有 $\overline{Y}_1 = 0$，可表示为 $\overline{Y}_1 = A_1 + \overline{A}_0$；

③ 当 $A_1A_0 = 10$ 时，$\overline{Y}_3\overline{Y}_2\overline{Y}_1\overline{Y}_0 = 1011$，仅有 $\overline{Y}_2 = 0$，可表示为 $\overline{Y}_2 = \overline{A}_1 + A_0$；

④ 当 $A_1A_0 = 11$ 时，$\overline{Y}_3\overline{Y}_2\overline{Y}_1\overline{Y}_0 = 0111$，仅有 $\overline{Y}_3 = 0$，可表示为 $\overline{Y}_3 = \overline{A}_1 + \overline{A}_0$。

由分析可知，74139 译码输出端 $\overline{Y}_i$ 可以表示为关于输入变量 A_1，A_0 的一个最大项 M_i（或最小项的非 $\overline{m}_i$），即 $\overline{Y}_i = M_i = \overline{m}_i$。

例如，当输入变量 $A_1A_0 = 11$ 时，$\overline{Y}_3 = \overline{A}_1 + \overline{A}_0 = M_3 = \overline{m}_3 = 0$，其余输出端均输出高电平。

2. 3 线 – 8 线译码器 74138

74138 为3线 – 8线译码器，采用 DIP16 封装。74138 的引脚图和逻辑符号如图4.16所示，其中 A_2，A_1，A_0 为变量输入端，$\overline{Y}_7 \sim \overline{Y}_0$ 为译码输出端，S_1，$\overline{S}_2$ 和 $\overline{S}_3$ 为使能输入端。74138 功能表见表4.9。

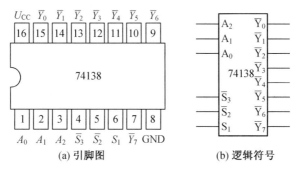

图 4.16　74138 引脚图和逻辑符号

表 4.9　74138 功能表

输入					输出							
S_1	$\bar{S}_2 + \bar{S}_3$	A_2	A_1	A_0	$\bar{Y}_7$	$\bar{Y}_6$	$\bar{Y}_5$	$\bar{Y}_4$	$\bar{Y}_3$	$\bar{Y}_2$	$\bar{Y}_1$	$\bar{Y}_0$
×	1	×	×	×	1	1	1	1	1	1	1	1
0	×	×	×	×	1	1	1	1	1	1	1	1
1	0	0	0	0	1	1	1	1	1	1	1	0
1	0	0	0	1	1	1	1	1	1	1	0	1
1	0	0	1	0	1	1	1	1	1	0	1	1
1	0	0	1	1	1	1	1	1	0	1	1	1
1	0	1	0	0	1	1	1	0	1	1	1	1
1	0	1	0	1	1	1	0	1	1	1	1	1
1	0	1	1	0	1	0	1	1	1	1	1	1
1	0	1	1	1	0	1	1	1	1	1	1	1

74138 功能描述如下：

（1）当使能端 $S_1\bar{S}_2\bar{S}_3 \neq 100$ 时，译码器不工作，译码输出端 $\bar{Y}_7 \sim \bar{Y}_0$ 均输出高电平。

（2）当 $S_1\bar{S}_2\bar{S}_3 = 100$ 时，译码器处于译码状态。根据 A_2,A_1,A_0 输入组合的不同，$\bar{Y}_7 \sim \bar{Y}_0$ 有且仅有一个为低电平。由表 4.9 写出输出逻辑式：

$$
\left\{
\begin{aligned}
\bar{Y}_0 &= A_2 + A_1 + A_0 = M_0 \\
\bar{Y}_1 &= A_2 + A_1 + \bar{A}_0 = M_1 \\
\bar{Y}_2 &= A_2 + \bar{A}_1 + A_0 = M_2 \\
\bar{Y}_3 &= A_2 + \bar{A}_1 + \bar{A}_0 = M_3 \\
\bar{Y}_4 &= \bar{A}_2 + A_1 + A_0 = M_4 \\
\bar{Y}_5 &= \bar{A}_2 + A_1 + \bar{A}_0 = M_5 \\
\bar{Y}_6 &= \bar{A}_2 + \bar{A}_1 + A_0 = M_6 \\
\bar{Y}_7 &= \bar{A}_2 + \bar{A}_1 + \bar{A}_0 = M_7
\end{aligned}
\right.
\tag{4.5}
$$

由分析可知，74138 输出端 $\bar{Y}_i$ 也可以表示为关于输入变量 A_2,A_1,A_0 的一个最大项 M_i（或最小项的非 $\overline{m_i}$），即 $\bar{Y}_i = M_i = \overline{m_i}$。

3. 4 线 – 16 线译码器 74154

74154 为 4 线 – 16 线译码器，采用 DIP 24 封装。74154 的引脚图和逻辑符号如图 4.17 所示。74154 的逻辑功能与 74138 类似，这里省略。

在计算机系统中，变量译码器常用作地址译码，相关内容在后续课程中介绍。下面通过例题介绍用变量译码器实现组合逻辑函数的方法。

74139、74138 和 74154 均为译码输出低电平有效的变量译码器，正常译码时，任一输出端 $\bar{Y}_i = M_i = \overline{m_i}$，应用这种特性可实现组合逻辑电路。

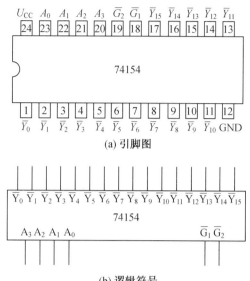

(a) 引脚图

(b) 逻辑符号

图 4.17　74154 引脚图和逻辑符号

【**例 4.8**】　用 74138 译码器实现逻辑函数 $F(A,B,C) = AB + BC$。

解　（1）将逻辑函数式转化为标准"与或"式和标准"或与"式。

$$F(A,B,C) = AB(C + \overline{C}) + (A + \overline{A})BC = ABC + AB\overline{C} + ABC + \overline{A}BC$$

$$= ABC + AB\overline{C} + \overline{A}BC = m_3 + m_6 + m_7$$

$$= M_0 M_1 M_2 M_4 M_5$$

（2）电路实现。

由于 74138 正常工作时，任一输出端 $\overline{Y_i} = M_i = \overline{m_i}$。对上式进行变换，可得

$$F(A,B,C) = \overline{\overline{m_3 + m_6 + m_7}} = \overline{\overline{m_3}\,\overline{m_6}\,\overline{m_7}} = \overline{\overline{Y_3}\,\overline{Y_6}\,\overline{Y_7}} = M_0 M_1 M_2 M_4 M_5 = \overline{Y_0}\,\overline{Y_1}\,\overline{Y_2}\,\overline{Y_4}\,\overline{Y_5}$$

由上式可知，用 74138 实现组合逻辑函数时，有两种设计方法：

① 74138 外加"与非"门，实现电路如图 4.18 所示。

② 74138 外加"与"门，实现电路如图 4.19 所示。

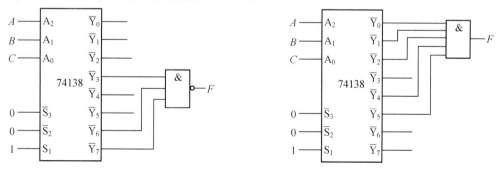

图 4.18　外加"与非"门电路图　　　　图 4.19　外加"与"门电路图

设计时具体选用哪种形式，原则上选取外加逻辑门输入端少的设计方法。本例选择第一种设计方法比较简单。

【**例 4.9**】　用 74138 译码器和"与非"门设计 1 位全减器。

解　设 A_i 为被减数，B_i 为减数，C_{i-1} 为低位向本位的借位，S_i 为差值，C_i 为本位向高位的借位。

（1）列出 1 位全减器真值表，见表 4.10。

表 4.10　1 位全减器真值表

输入			输出	
A_i	B_i	C_{i-1}	S_i	C_i
0	0	0	0	0
0	0	1	1	1
0	1	0	1	1
0	1	1	0	1
1	0	0	1	0
1	0	1	0	0
1	1	0	0	0
1	1	1	1	1

（2）因要求外加"与非"门实现，故由真值表列出标准"与或"式，并进行变换。

$$S_i = \sum m(1,2,4,7) = \overline{\overline{Y}_1 \, \overline{Y}_2 \, \overline{Y}_4 \, \overline{Y}_7}$$

$$C_i = \sum m(1,2,3,7) = \overline{\overline{Y}_1 \, \overline{Y}_2 \, \overline{Y}_3 \, \overline{Y}_7}$$

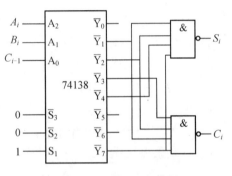

图 4.20　例 4.9 电路图

（3）电路实现，如图 4.20 所示。

【例 4.10】　某工厂有 A,B,C 3 个车间和一个自备电站，站内有两台发电机 G_1 和 G_2。G_1 的容量是 G_2 的两倍。如果 1 个车间开工，只需 G_2 运行就可以满足要求；如果 2 个车间开工，只需 G_1 运行就可以满足要求；如果 3 个车间同时开工，则 G_1 和 G_2 均需运行。试用 74138 译码器外加"与"门实现此逻辑功能。

解　用 A,B,C 分别表示 3 个车间的开工状态：开工为 1，不开工为 0；G_1 和 G_2 分别表示两台发电机的运行状态：运行为 1，不运行为 0。

（1）根据题意列出功能表，见表 4.11。

表 4.11　例 4.10 电路真值表

输入			输出	
A	B	C	G_1	G_2
0	0	0	0	0
0	0	1	0	1
0	1	0	0	1
0	1	1	1	0
1	0	0	0	1
1	0	1	1	0
1	1	0	1	0
1	1	1	1	1

（2）因要求外加"与"门实现,故由真值表列出标准"或与"式。

$$G_1 = M_0 M_1 M_2 M_4$$
$$G_2 = M_0 M_3 M_5 M_6$$

（3）电路实现,如图 4.21 所示。

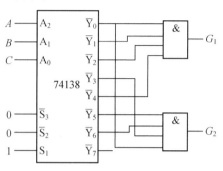

图 4.21　例 4.10 电路图

4.4.2　显示译码器

介绍显示译码器前,先介绍七段数码管。在数字系统中,常用七段数码管显示测量数据或运算结果。

1.七段数码管

七段数码管有共阴极和共阳极两种类型,其引脚图和内部连接方式如图 4.22 所示。由图 4.22 可知,一个七段数码管中共有 8 个发光二极管,其中 7 个发光二极管组成一个"8"字的图形,1 个发光二极管用于显示小数点。

数码管有 10 个管脚,图 4.22 所示的数码管 3 管脚和 8 管脚为公共端(com),其余 8 个管脚为 a,b,c,d,e,f,g 和小数点 dp。数码管型号不同公共端的位置也不相同使用时要注意正分。

当使用共阴极数码管时,公共端(com)接低电平,a,b,c,d,e,f,g 和小数点 dp 接高电平时,相应发光二极管点亮;当使用共阳极数码管时,公共端(com)接高电平,a,b,c,d,e,f,g 和小数点 dp 接低电平时,相应发光二极管点亮。通常情况下,每个发光二极管要串联限流电阻使用。

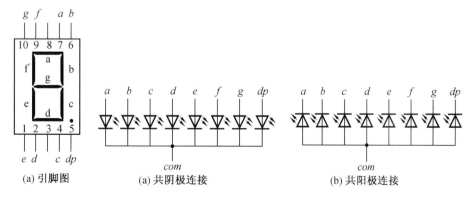

(a) 引脚图　　　　(a) 共阴极连接　　　　(b) 共阳极连接

图 4.22　七段显示数码管引脚图和连接方式

2. 显示译码器

显示译码器是将待显示的数字或符号转换成某种代码,用来控制数码管中发光二极管亮灭的电路。

(1) 七段显示译码器 7448。

7448 是输出高电平有效的译码器,用来连接共阴极数码管。7448 采用 DIP16 封装,引脚图和逻辑符号如图 4.23 所示。其中,$A_3A_2A_1A_0$ 为译码器的输入端;$a \sim g$ 为译码器的输出端;$\overline{LT}$ 为试灯输入端;$\overline{RBI}$ 为动态灭零输入端;$\overline{BI}/\overline{RBO}$ 为灭灯输入 / 动态灭零输出端。功能表见表 4.12。

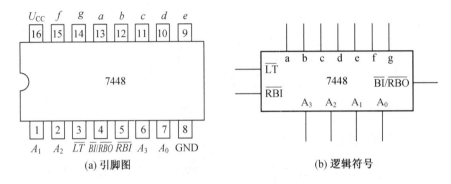

(a) 引脚图　　　　　　　　(b) 逻辑符号

图 4.23　7448 引脚图和逻辑符号

表 4.12　7448 功能表

N_{10}	输入						入 / 出	输出							显示字形
	$\overline{LT}$	$\overline{RBI}$	A_3	A_2	A_1	A_0	$\overline{BI}/\overline{RBO}$	a	b	c	d	e	f	g	
0	1	1	0	0	0	0	1	1	1	1	1	1	1	0	0
1	1	×	0	0	0	1	1	0	1	1	0	0	0	0	1
2	1	×	0	0	1	0	1	1	1	0	1	1	0	1	2
3	1	×	0	0	1	1	1	1	1	1	1	0	0	1	3
4	1	×	0	1	0	0	1	0	1	1	0	0	1	1	4
5	1	×	0	1	0	1	1	1	0	1	1	0	1	1	5
6	1	×	0	1	1	0	1	0	0	1	1	1	1	1	6
7	1	×	0	1	1	1	1	1	1	1	0	0	0	0	7
8	1	×	1	0	0	0	1	1	1	1	1	1	1	1	8
9	1	×	1	0	0	1	1	1	1	1	0	0	1	1	9
10	1	×	1	0	1	0	1	0	0	0	1	1	0	1	c
11	1	×	1	0	1	1	1	0	0	1	1	0	0	1	⊐
12	1	×	1	1	0	0	1	0	1	0	0	0	1	1	u
13	1	×	1	1	0	1	1	1	0	0	1	0	1	1	⊑
14	1	×	1	1	1	0	1	0	0	0	1	1	1	1	t
15	1	×	1	1	1	1	1	0	0	0	0	0	0	0	(灭)
灭灯	×	×	×	×	×	×	0	0	0	0	0	0	0	0	(灭)
试灯	0	×	×	×	×	×	1	1	1	1	1	1	1	1	8
灭零	1	0	0	0	0	0	0	0	0	0	0	0	0	0	(灭)

7448 功能描述如下:

① 灭灯状态。当 $\overline{BI}=0$ 时,7448 工作在灭灯状态,无论 $A_3A_2A_1A_0$ 输入何值,$a \sim g$ 均输出低电平,与 7448 相连数码管的所有发光二极管全熄灭。

② 试灯状态。当 $\overline{BI}=1$,$\overline{LT}=0$ 时,7448 工作在试灯状态,无论 $A_3A_2A_1A_0$ 输入何值,$a \sim g$ 均输出高电平,与 7448 相连的数码管显示数码"8"。通过对 $\overline{LT}$ 的控制,可检查数码管中的发光二极管是否有损坏。

③ 灭零状态。当 $\overline{LT}=1$,$\overline{BI}/\overline{RBO}$ 不外加输入信号,且 $\overline{RBI}=0$ 时,7448 工作在灭零状态。当 $A_3A_2A_1A_0=0000$,$a \sim g$ 均输出低电平,与 7448 相连数码管的发光二极管全熄灭,此时 $\overline{RBO}=0$($\overline{BI}/\overline{RBO}$ 为输出端,用来指示 7448 处于灭零状态);当 $A_3A_2A_1A_0 \neq 0000$,译码器正常译码。

④ 译码状态。当 $\overline{BI}=\overline{LT}=\overline{RBI}=1$ 时,7448 工作在译码状态。

7448 与共阴极数码管的连线图如图 4.24 所示,其中限流电阻 $R=300\ \Omega \sim 1\ \mathrm{k}\Omega$。

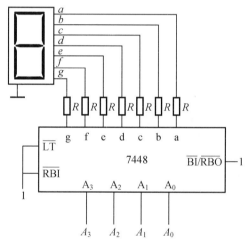

图 4.24　7448 与共阴数码管连线图

图 4.25 给出了 6 位数字显示系统的灭零控制电路。图中 7448 的 $\overline{RBI}$ 和 $\overline{RBO}$ 配合使用,实现了整数前和小数后的灭零控制,其中小数点前、后数码管不需要灭零,即允许显示 0.0。例如,当 6 位待显示数为 0103.08 时,显示系统显示数字为 103.08,最高位的 0 不显示;当 6 位待显示数为 0001.60 时,显示系统显示数字为 1.6,最左边的三位数码管和最右边的一位数码管灭零。

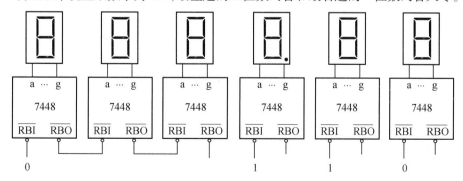

图 4.25　6 位数字显示系统灭零控制电路

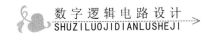

（2）七段显示译码器 7447。

7447 也是一种常用的七段显示译码器，与 7448 不同的是，7447 是输出低电平有效的译码器，用来连接共阳极数码管。7447 与共阳极数码管的连线图如图 4.26 所示，其中限流电阻 $R = 300\ \Omega \sim 1\ \text{k}\Omega$。

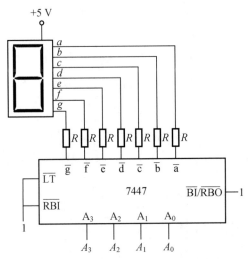

图 4.26　7447 与共阳数码管连线图

（3）BCD 码 – 七段显示译码器 CD4511。

CD4511 是一个用于驱动共阴极数码管的 BCD 码 – 七段显示译码器，具有锁存、译码及驱动等功能。

CD4511 采用 DIP16 封装，其引脚图和逻辑符号如图 4.27 所示。其中，$A_3 \sim A_0$ 为 BCD 码输入端，$Y_a \sim Y_g$ 为七段译码输出端，$\overline{LT}$ 为试灯输入端，$\overline{BI}$ 为输出消隐控制端，LE 为数据锁存控制端。功能表见表 4.13。

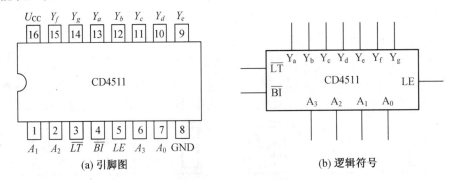

(a) 引脚图　　　　　　　　　　　　(b) 逻辑符号

图 4.27　CD4511 引脚图和逻辑符号

CD4511 功能描述如下：

① 试灯状态。当 $\overline{LT} = 0$ 时，$Y_a \sim Y_g$ 均输出高电平，与 CD4511 相连的数码管显示数码"8"。

② 消隐状态。当 $\overline{LT} = 1$、$\overline{BI} = 0$ 时，$Y_a \sim Y_g$ 均输出低电平，与 CD4511 相连数码管的所有发光二极管全熄灭。

③ 译码状态。当 $\overline{LT}=1$、$\overline{BI}=1$、$LE=0$ 时,如果 $A_3 \sim A_0 = 0000 \sim 1001$ 时,CD4511 处于译码状态;如果 $A_3 \sim A_0 = 1010 \sim 1111$ 时,CD4511 处于消隐状态。

④ 锁存状态。当 $\overline{LT}=1$、$\overline{BI}=1$、$LE=1$ 时,CD4511 处于锁存状态,无论 $A_3 \sim A_0$ 怎样变化,$Y_a \sim Y_g$ 保持不变。

表 4.13　CD4511 功能表

输入							输出							显示字形
$\overline{LT}$	$\overline{BI}$	LE	A_3	A_2	A_1	A_0	Y_a	Y_b	Y_c	Y_d	Y_e	Y_f	Y_g	
0	×	×	×	×	×	×	1	1	1	1	1	1	1	8
1	0	×	×	×	×	×	0	0	0	0	0	0	0	消隐
1	1	0	0	0	0	0	1	1	1	1	1	1	0	0
1	1	0	0	0	0	1	0	1	1	0	0	0	0	1
1	1	0	0	0	1	0	1	1	0	1	1	0	1	2
1	1	0	0	0	1	1	1	1	1	1	0	0	1	3
1	1	0	0	1	0	0	0	1	1	0	0	1	1	4
1	1	0	0	1	0	1	1	0	1	1	0	1	1	5
1	1	0	0	1	1	0	0	0	1	1	1	1	1	6
1	1	0	0	1	1	1	1	1	1	0	0	0	0	7
1	1	0	1	0	0	0	1	1	1	1	1	1	1	8
1	1	0	1	0	0	1	1	1	1	0	0	1	1	9
1	1	0	1	0	1	0	0	0	0	0	0	0	0	消隐
1	1	0	1	0	1	1	0	0	0	0	0	0	0	消隐
1	1	0	1	1	0	0	0	0	0	0	0	0	0	消隐
1	1	0	1	1	0	1	0	0	0	0	0	0	0	消隐
1	1	0	1	1	1	0	0	0	0	0	0	0	0	消隐
1	1	0	1	1	1	1	0	0	0	0	0	0	0	消隐
1	1	1	×	×	×	×	保持不变							保持

CD4511 与共阴七段数码管的连线图如图 4.28 所示。

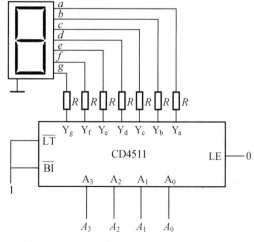

图 4.28　CD4511 与共阴七段数码管连线图

4.5 数据选择器

数据选择器(Multiplexer)是一种多路输入一路输出的组合逻辑电路。其逻辑功能是在选择控制信号的控制下,从多路输入中选择一路输出,作用相当于多路开关。常用的数据选择器有二选一、四选一、八选一和十六选一等多种类型。

二选一数据选择器的逻辑符号如图4.29所示,功能表见表4.14。其中D_1和D_0是两路数据输入端,A_0是选择控制信号输入端,Y是数据选择器的输出端。当$A_0 = 0$时,$Y = D_0$;当$A_0 = 1$时,$Y = D_1$。由此可以写出二选一数据选择器的输出逻辑表达式:

$$Y = \overline{A_0}D_0 + A_0 D_1 \tag{4.6}$$

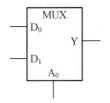

图 4.29 二选一数据选择器逻辑符号

表 4.14 二选一数据选择器功能表

A_0	Y
0	D_0
1	D_1

四选一数据选择器的逻辑符号如图4.30所示,功能表见表4.15。其中D_3, D_2, D_1, D_0是四路数据输入端,A_1和A_0是选择控制信号输入端,Y是数据选择器的输出端。

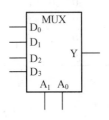

图 4.30 四选一数据选择器逻辑符号

表 4.15 四选一数据选择器功能表

A_1	A_0	Y
0	0	D_0
0	1	D_1
1	0	D_2
1	1	D_3

由表4.15可知,对应A_1和A_0的任意一种组合可选择一路数据D_i输出。下标i的确定方法:将选择控制信号$A_1 A_0$的二进制组合转换为十进制数,下标i等于该十进制数。例如:当$A_1 A_0 = 10$时,$i = 2$。由此可以写出输出逻辑表达式:

$$Y = \overline{A_1}\,\overline{A_0}D_0 + \overline{A_1}A_0 D_1 + A_1\overline{A_0}D_2 + A_1 A_0 D_3 = \sum_{i=0}^{3} m_i \cdot D_i \tag{4.7}$$

式(4.7)中的m_i是关于选择控制信号A_1和A_0的最小项。2^n路数据选择器的输出逻辑表达式为

$$Y = \sum_{i=0}^{2^n-1} m_i \cdot D_i \tag{4.8}$$

式(4.8)中的m_i是关于n位选择控制信号$A_{n-1} \sim A_0$的最小项。

通过上述分析可知,数据选择器输出端 Y 是关于选择控制信号的全部最小项和对应的各路输入数据的"与或"表达式之和。利用这一特性可以用数据选择器实现组合逻辑函数。

常用的模块级数据选择器有双四选一数据选择器 74153 和八选一数据选择器 74151 等。

4.5.1 双四选一数据选择器 74153

74153 是双四选一数据选择器,采用 DIP16 封装,其引脚图和逻辑符号如图4.31所示。其中, $1D_3 \sim 1D_0$, $2D_3 \sim 2D_0$ 分别为第1组和第2组的数据输入端;$1Y$, $2Y$ 分别为第1组和第2组的数据输出端;A_1, A_0 为第1组和第2组共用选择控制信号输入端;$1\overline{ST}$, $2\overline{ST}$ 分别为第1组和第2组的使能输入端,低电平有效。功能表见表4.16。

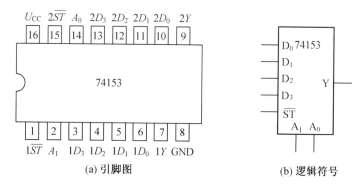

图4.31 74153 引脚图和逻辑符号

表4.16 74153 功能表

输入			输出
$\overline{ST}$	A_1	A_0	Y
1	×	×	0
0	0	0	D_0
0	0	1	D_1
0	1	0	D_2
0	1	1	D_3

74153 功能描述如下:

(1)当 $\overline{ST} = 1$ 时,无论 A_1 和 A_0 输入为何值,74153 的输出端 $Y = 0$。

(2)当 $\overline{ST} = 0$ 时,对应 A_1 和 A_0 的任意一种组合可选择一路数据 D_i 输出,即

$$Y = \overline{\overline{ST}}(\bar{A}_1\bar{A}_0 D_0 + \bar{A}_1 A_0 D_1 + A_1 \bar{A}_0 D_2 + A_1 A_0 D_3) = \overline{\overline{ST}} \sum_{i=0}^{3} m_i \cdot D_i \tag{4.9}$$

4.5.2 八选一数据选择器 74151

74151 是八选一数据选择器,采用 DIP16 封装。其引脚图和逻辑符号如图4.32所示。其中, $D_7 \sim D_0$ 为八路数据输入端;$A_2 A_1 A_0$ 为选择控制信号输入端;$\overline{ST}$ 为使能输入端,低电平有效;Y 和 $\overline{Y}$ 为互补输出端。其功能表见表4.17。

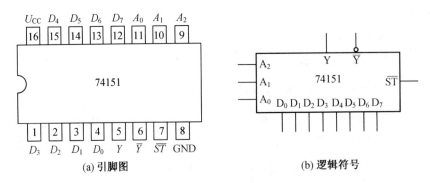

(a) 引脚图   (b) 逻辑符号

图 4.32 74151 引脚图和逻辑符号

表 4.17 74153 功能表

输入				输出	
$\overline{ST}$	A_2	A_1	A_0	Y	$\overline{Y}$
1	×	×	×	0	1
0	0	0	0	D_0	$\overline{D_0}$
0	0	0	1	D_1	$\overline{D_1}$
0	0	1	0	D_2	$\overline{D_2}$
0	0	1	1	D_3	$\overline{D_3}$
0	1	0	0	D_4	$\overline{D_4}$
0	1	0	1	D_5	$\overline{D_5}$
0	1	1	0	D_6	$\overline{D_6}$
0	1	1	1	D_7	$\overline{D_7}$

74151 功能描述如下:

(1) 当 $\overline{ST} = 1$ 时,无论 A_2, A_1, A_0 输入为何值,74151 的输出端 $Y = 0, \overline{Y} = 1$。

(2) 当 $\overline{ST} = 0$ 时,对应 $A_2 、 A_1 、 A_0$ 的任意一种组合可选择一路数据 D_i 输出,即

$$Y = \overline{A_2}\,\overline{A_1}\,\overline{A_0}D_0 + \overline{A_2}\,\overline{A_1}A_0D_1 + \overline{A_2}A_1\overline{A_0}D_2 + \overline{A_2}A_1A_0D_3 + A_2\overline{A_1}\,\overline{A_0}D_4 + A_2\overline{A_1}A_0D_5 +$$

$$A_2A_1\overline{A_0}D_6 + A_2A_1A_0D_7 = \sum_{i=0}^{7} m_i \cdot D_i \tag{4.10}$$

数据选择器可以实现组合逻辑函数,通常有代数法和卡诺图法两种方法。本节主要介绍代数法的实现过程。

【例 4.11】 分别用 74151 和 74153 实现组合逻辑函数 $F(A,B,C,D) = AB + AC + B\overline{D}$,可适当添加逻辑门。

解 (1) 用 74151 实现。

74151 是八选一数据选择器,有 3 位选择控制端 A_2, A_1, A_0。本设计选择变量 B, C, D 分别与 A_2, A_1, A_0 相连(注:可以选择任意 3 变量与 A_2, A_1, A_0 相连,所以设计方法不唯一)。

参照式(4.10)对逻辑表达式 F 进行变换。

$$F(A,B,C,D) = AB + AC + B\overline{D}$$

$$= AB(C + \overline{C}) + AC(B + \overline{B}) + B\overline{D}(C + \overline{C})$$

$$= ABC + AB\overline{C} + A\overline{B}C + BC\overline{D} + B\overline{C}\overline{D}$$

$$= ABC(D + \overline{D}) + AB\overline{C}(D + \overline{D}) + A\overline{B}C(D + \overline{D}) + BC\overline{D} + B\overline{C}\overline{D}$$

$$= ABCD + ABC\overline{D} + AB\overline{C}D + AB\overline{C}\overline{D} + A\overline{B}CD + A\overline{B}C\overline{D} + BC\overline{D} + B\overline{C}\overline{D}$$

$$= ABCD + AB\overline{C}D + A\overline{B}CD + AB\overline{C}\overline{D} + BC\overline{D} + B\overline{C}\overline{D}$$

$$= BCD \cdot A + B\overline{C}D \cdot A + \overline{B}CD \cdot A + \overline{B}\overline{C}D \cdot A + BC\overline{D} \cdot 1 + B\overline{C}\overline{D} \cdot 1$$

$$= m_7 \cdot A + m_6 \cdot 1 + m_5 \cdot A + m_4 \cdot 1 + m_3 \cdot A + m_2 \cdot A + m_1 \cdot 0 + m_0 \cdot 0$$

注:其中 m_i 是关于变量 BCD 的最小项。

由上式可求得:

$$D_2 = D_3 = D_5 = D_7 = A, D_4 = D_6 = 1, D_0 = D_1 = 0$$

画出电路图,如图 4.33 所示。

(2) 用 74153 实现。

74153 是四选一数据选择器,有 2 位选择控制端 A_1 和 A_0。本设计选择变量 A,B 分别与 A_1, A_0 相连(注:设计方法也不唯一)。

参照式(4.9)对逻辑表达式 F 进行变换:

$$F(A,B,C,D) = AB + AC + B\overline{D}$$

$$= AB + AC(B + \overline{B}) + B\overline{D}(A + \overline{A})$$

$$= AB + ABC + A\overline{B}C + AB\overline{D} + \overline{A}B\overline{D}$$

$$= AB(1 + C + \overline{D}) + A\overline{B}C + \overline{A}B\overline{D}$$

$$= AB \cdot 1 + A\overline{B} \cdot C + \overline{A}B \cdot \overline{D}$$

$$= m_3 \cdot 1 + m_2 \cdot C + m_1 \cdot \overline{D} + m_0 \cdot 0$$

注:其中 m_i 是关于变量 A,B 的最小项。

由上式可求得:$D_0 = 0, D_1 = \overline{D}, D_2 = C, D_3 = 1$。画出电路图,如图 4.34 所示。

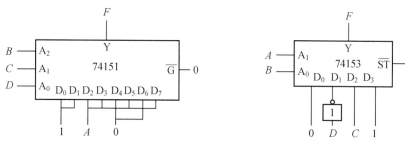

图 4.33　例 4.11 电路图(1)　　　图 4.34　例 4.11 电路图(2)

【例 4.12】　设计一个 4 人表决电路。表决人分别用 A,B,C,D 表示,其中 A 为权威人士,同意得 2 分;B,C,D 同意各得 1 分,不同意得 0 分。当总分达到 3 分或 3 分以上时,表决结果通过,否则不通过。用数据选择器 74151 实现。

　　解　设 A,B,C,D 为 1 时表示同意,为 0 时表示不同意。设输出为 F,输出为 1 时通过,输出为 0 时未通过。

（1）根据题意列出真值表，见表 4.18。

表 4.18　例 4.12 真值表

输入				总分	输出
A	B	C	D		F
0	0	0	0	0	0
0	0	0	1	1	0
0	0	1	0	1	0
0	0	1	1	2	0
0	1	0	0	1	0
0	1	0	1	2	0
0	1	1	0	2	0
0	1	1	1	3	1
1	0	0	0	2	0
1	0	0	1	3	1
1	0	1	0	3	1
1	0	1	1	4	1
1	1	0	0	3	1
1	1	0	1	4	1
1	1	1	0	4	1
1	1	1	1	5	1

（2）根据真值表列出输出逻辑表达式。

输出函数逻辑表达式为

$$F(A,B,C,D) = m_7 + m_9 + m_{10} + m_{11} + m_{12} + m_{13} + m_{14} + m_{15}$$

$$= \overline{A}BCD + A\overline{B}\,\overline{C}D + A\overline{B}C\overline{D} + A\overline{B}CD + AB\overline{C}\,\overline{D} + AB\overline{C}D + ABC\overline{D} + ABCD$$

（3）参照式（4.10）对 F 进行变换，确定 74151 数据输入端的值。

74151 是八选一数据选择器，有 3 位选择控制端 A_2, A_1, A_0。设选 B, C, D 作为选择控制端，分别与 A_2, A_1, A_0 相连。对 F 进行变换：

$$F(A,B,C,D) = \overline{A}BCD + A\overline{B}\,\overline{C}D + A\overline{B}C\overline{D} + A\overline{B}CD + AB\overline{C}\,\overline{D} + AB\overline{C}D + ABC\overline{D} + ABCD$$

$$= BCD \cdot \overline{A} + \overline{B}\,\overline{C}D \cdot A + \overline{B}C\overline{D} \cdot A + \overline{B}CD \cdot A + B\overline{C}\,\overline{D} \cdot A +$$

$$\overline{B}\,\overline{C}D \cdot A + BC\overline{D} \cdot A + BCD \cdot A$$

所以

$$F(A,B,C,D) = m_7 \cdot 1 + m_1 \cdot A + m_2 \cdot A + m_3 \cdot A +$$
$$m_4 \cdot A + m_5 \cdot A +$$
$$m_6 \cdot A + m_0 \cdot 0$$

注：m_i 是关于变量 BCD 的最小项。由上式可求得：

$D_1 = D_2 = D_3 = D_4 = D_5 = D_6 = A, D_7 = 1, D_0 = 0$。

画出电路图，如图 4.35 所示。

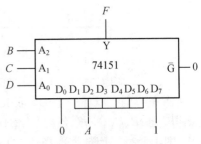

图 4.35　例 4.12 电路图

【例4.13】　设计一个监视交通灯工作状态的逻辑电路。每一组信号灯由红、黄、绿3盏灯组成。正常工作情况下,任何时刻必有一盏灯点亮,而且只允许有一盏灯点亮。当出现其他点亮状态时,电路发生故障,此时要求发出故障信号,以提醒工作人员前去维修。用数据选择器74153实现。

解　根据题意进行逻辑抽象:红、黄、绿3盏灯的状态为输入变量,分别用R,Y,G表示,并规定灯亮时为1,不亮时为0。故障信号为输出变量,用F表示,并规定正常工作时F为0,发生故障时F为1。

（1）根据题意列出真值表,见表4.19。

表4.19　例4.13真值表

输入			输出
R	Y	G	F
0	0	0	1
0	0	1	0
0	1	0	0
0	1	1	1
1	0	0	0
1	0	1	1
1	1	0	1
1	1	1	1

（2）由真值表列出逻辑表达式:

$$F = \bar{R}\,\bar{Y}\,\bar{G} + \bar{R}YG + R\bar{Y}G + RY\bar{G} + RYG$$

（3）对F进行变换,确定74153数据输入端的值。

74153是四选一数据选择器,有2位选择控制端A_1,A_0。本设计选择变量R,Y分别与A_1,A_0相连(注:设计方法不唯一)。参照式(4.9)对逻辑函数F进行如下转换:

$$F = \bar{R}\bar{Y}\bar{G} + \bar{R}YG + R\bar{Y}G + RY\bar{G} + RYG = \bar{R}\bar{Y}\cdot\bar{G} +$$
$$\bar{R}Y \cdot G + R\bar{Y} \cdot G + RY \cdot (\bar{G} + G)$$

所以

$$F = m_0 \cdot \bar{G} + m_1 \cdot G + m_2 \cdot G + m_3 \cdot (\bar{G} + G)$$

注:m_i是关于变量R,Y的最小项。

由上式可得:$D_0 = \bar{G}, D_1 = D_2 = G, D_3 = 1$。画出电路图,如图4.36所示。

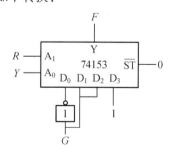

图4.36　例4.13电路图

用数据选择器实现组合逻辑函数时,如果地址输入端的位数少于组合逻辑函数输入变量的个数,地址选择方法不唯一,所以解题方法也不唯一。地址的选择以信息量最大为原则,即将组合逻辑函数中出现频次最高的变量选为地址输入端。

4.6 模块级组合逻辑电路的分析与设计

4.6.1 模块级组合逻辑电路的分析

1.分析方法

模块级组合逻辑电路的分析方法与小规模组合电路的分析方法有所不同,一般可按照下列方法进行分析。

(1)若可以直接写出输出逻辑表达式或列出真值表的电路,则按照小规模组合电路分析步骤进行分析。

(2)若不能直接写出输出逻辑表达式,也不能列出真值表的电路,则需要先进行模块划分,按模块进行分析,最后确定出电路的逻辑功能。

2.分析举例

【例 4.14】 由译码器74138和八选一数据选择器74151组成图4.37所示的逻辑电路,其中 $B_2 B_1 B_0$ 和 $C_2 C_1 C_0$ 为两个3位二进制数。试分析电路的逻辑功能。

解 该电路由3线－8线译码器74138和八选一数据选择器74151构成。当74138的输入 $B_2 B_1 B_0$ 依次为 $000 \sim 111$ 时,74138的输出 $\overline{Y}_0 \sim \overline{Y}_7$ 依次输出低电平,同时其他输出端为高电平。当74151的输入 $C_2 C_1 C_0$ 依次为 $000 \sim 111$ 时,数据选择器将依次选择 $D_0 \sim D_7$ 输出。由此可见,当 $B_2 B_1 B_0 = C_2 C_1 C_0$ 时, $F = 0$;当 $B_2 B_1 B_0 \neq C_2 C_1 C_0$ 时, $F = 1$ 。这是一个判断两个3位二进制数是否一致的电路。

【例 4.15】 由加法器74283和比较器7485组成图4.38所示的逻辑电路,试分析图中哪个二极管发光。

解 加法器74283的输入端 $A_3 A_2 A_1 A_0 = 0110$, $B_3 B_2 B_1 B_0 = 0011$, $C_0 = 0$,所以74283输出端 $S_3 S_2 S_1 S_0 = 1001$ 。由于74283的输出端 $S_3 S_2 S_1 S_0$ 与7485的输入端 $B_3 B_2 B_1 B_0$ 相连,所以比较器7485的输入端 $B_3 B_2 B_1 B_0 = 1001$,7485另一组输入端 $A_3 A_2 A_1 A_0 = 1010$,由此得到比较器的输出 $(A > B) = 1$, $(A = B) = 0$, $(A < B) = 0$,所以发光二极管 LED_1 发光。

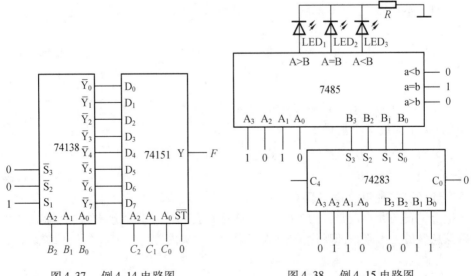

图 4.37　例 4.14 电路图　　　　图 4.38　例 4.15 电路图

【**例 4.16**】　分析图 4.39 所示组合逻辑电路的功能。已知输入 $X_3X_2X_1X_0$ 为 5421BCD 码。

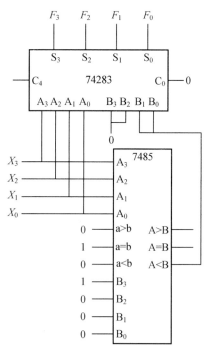

图 4.39　例 4.16 电路图

解　该电路由一片 4 位二进制数加法器 74283 和一片 4 位二进制数比较器 7485 组成,要写出逻辑函数表达式比较困难。可以根据加法器和比较器的功能,列出电路的真值表,见表 4.20。

表 4.20　例 4.16 真值表

N_{10}	输入				中间输出	输出			
	X_3	X_2	X_1	X_0	$A < B$	F_3	F_2	F_1	F_0
0	0	0	0	0	1	0	0	1	1
1	0	0	0	1	1	0	1	0	0
2	0	0	1	0	1	0	1	0	1
3	0	0	1	1	1	0	1	1	0
4	0	1	0	0	1	0	1	1	1
5	1	0	0	0	0	1	0	0	0
6	1	0	0	1	0	1	0	0	1
7	1	0	1	0	0	1	0	1	0
8	1	0	1	1	0	1	0	1	1
9	1	1	0	0	0	1	1	0	0

由真值表可见,输入 $X_3X_2X_1X_0$ 为 5421BCD 码,输出 $F_3F_2F_1F_0$ 为余 3 码,因此,该电路是一个 5421BCD 码到余 3 码的转换电路。

4.6.2　模块级组合逻辑电路的设计

下面通过例题介绍模块级组合逻辑电路的设计方法。

【例 4.17】　用 4 – 16 线译码器 74154 设计一个水坝水位报警显示电路。水位高度用 4 位二进制数表示,当水位上升到 7 m 时绿灯亮,水位上升到 10 m 时绿灯黄灯都亮,水位上升到 12 m 时红灯亮,同时其他灯灭。已知水位最高能达到 13 m,可适当添加逻辑门设计。

解　设 A,B,C,D 表示输入逻辑变量,$F_红$,$F_黄$,$F_绿$ 表示输出逻辑变量。

（1）根据题意列出真值表。

用 A,B,C,D 表示水位高度;分别用 $F_红$,$F_黄$,$F_绿$ 表示 3 个信号灯,输出为 1 时灯亮,输出为 0 时灯熄灭。根据逻辑要求列出真值表,见表 4.21。

表 4.21　例 4.17 真值表

输入				输出		
A	B	C	D	$F_红$	$F_黄$	$F_绿$
0	0	0	0	0	0	0
0	0	0	1	0	0	0
0	0	1	0	0	0	0
0	0	1	1	0	0	0
0	1	0	0	0	0	0
0	1	0	1	0	0	0
0	1	1	0	0	0	0
0	1	1	1	0	0	1
1	0	0	0	0	0	1
1	0	0	1	0	0	1
1	0	1	0	0	1	1
1	0	1	1	0	1	1
1	1	0	0	1	0	0
1	1	0	1	1	0	0
1	1	1	0	×	×	×
1	1	1	1	×	×	×

（2）由真值表列出逻辑表达式,并进行适当变换。

$$F_红(A,B,C,D) = m_{12} + m_{13} = \overline{\overline{m_{12} + m_{13}}} = \overline{\overline{m_{12}}\,\overline{m_{13}}}$$

$$F_黄(A,B,C,D) = m_{10} + m_{11} = \overline{\overline{m_{10} + m_{11}}} = \overline{\overline{m_{10}}\,\overline{m_{11}}}$$

$$F_绿(A,B,C,D) = m_7 + m_8 + m_9 + m_{10} + m_{11} = \overline{\overline{m_7 + m_8 + m_9 + m_{10} + m_{11}}} = \overline{\overline{m_7}\,\overline{m_8}\,\overline{m_9}\,\overline{m_{10}}\,\overline{m_{11}}}$$

（3）电路实现。

因为 74154 为 4 线 – 16 线译码器,有 4 个变量输入端 A_3,A_2,A_1,A_0,将 A,B,C,D 分别与 A_3,A_2,A_1,A_0 相连。

然后根据逻辑表达式,添加"与非"门完成电路设计。电路如图 4.40 所示。

（2）由真值表列出逻辑式。

$$Z(S,A,B,C) = \overline{S}\,\overline{A}\,\overline{B}\,\overline{C} + \overline{S}ABC + S\overline{A}BC + SA\overline{B}\overline{C} + SAB\overline{C} + SABC$$

（3）用 74151 实现。

74151 有 3 位地址输入端，本题选 A,B,C 作为地址输入端，分别与 A_2,A_1,A_0 相连，对逻辑函数 Z 进行如下变换：

$$Z(S,A,B,C) = \overline{A}\,\overline{B}\,\overline{C}D_0 + \overline{A}\,\overline{B}CD_1 + \overline{A}\,B\overline{C}D_2 + \overline{A}BCD_3 + A\overline{B}\overline{C}D_4 + A\overline{B}CD_5 + AB\overline{C}D_6 + ABCD_7$$

$$= \overline{A}\,\overline{B}\,\overline{C}\cdot\overline{S} + \overline{A}\,\overline{B}C\cdot 0 + \overline{A}B\overline{C}\cdot 0 + \overline{A}BC\cdot S + A\overline{B}\overline{C}\cdot 0 + A\overline{B}C\cdot S + AB\overline{C}\cdot S + ABC\cdot(S+\overline{S})$$

所以

$$Z(S,A,B,C) = m_0\cdot\overline{S} + m_1\cdot 0 + m_2\cdot 0 + m_3\cdot S + m_4\cdot 0 + m_5\cdot S + m_6\cdot S + m_7\cdot(S+\overline{S})$$

可得 $D_0 = \overline{S}, D_1 = D_2 = D_4 = 0, D_3 = D_5 = D_6 = S, D_7 = 1$。画出电路图，如图 4.41 所示。

（4）用 74153 实现。

74153 有 2 位地址输入端，本题选 S 和 A 作为地址输入端，分别与 A_1 和 A_0 相连。对逻辑函数 Z 进行如下转换：

$$Z(S,A,B,C) = \overline{S}\,\overline{A}\,\overline{B}\,\overline{C} + \overline{S}ABC + S\overline{A}BC + SA\overline{B}\overline{C} + SAB\overline{C} + SABC$$

$$= \overline{S}\,\overline{A}D_0 + \overline{S}AD_1 + S\overline{A}D_2 + SAD_3$$

$$= \overline{S}\,\overline{A}\cdot(\overline{B}\,\overline{C}) + \overline{S}A\cdot(BC) + S\overline{A}\cdot(BC) + SA(\overline{B}\,\overline{C} + B\overline{C} + BC)$$

$$= \overline{S}\,\overline{A}\cdot(\overline{B}\,\overline{C}) + \overline{S}A\cdot(BC) + S\overline{A}\cdot(BC) + SA(B+C)$$

所以

$$Z(S,A,B,C) = m_0\cdot(\overline{B}\,\overline{C}) + m_1\cdot(BC) + m_2\cdot(BC) + m_3(B+C)$$

由上式可得：$D_0 = \overline{B}\,\overline{C}, D_1 = BC, D_2 = BC, D_3 = B+C$。画出电路图，如图 4.42 所示。

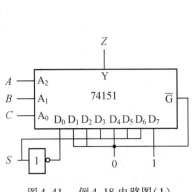

图 4.41　例 4.18 电路图（1）

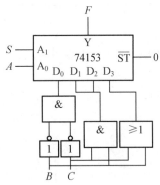

图 4.42　例 4.18 电路图（2）

4.7　模块级组合逻辑电路实验

4.7.1　实验目的和意义

（1）熟悉加法器的逻辑功能，掌握用加法器 74283 实现码制转换的方法。

（2）熟悉变量译码器的逻辑功能,掌握用变量译码器 74138 设计组合逻辑电路的方法。

（3）熟悉数据选择器的逻辑功能,掌握用数据选择器 74153 和 74151 设计组合逻辑电路的方法。

4.7.2　实验预习要求

（1）复习 74283、74138、74151 和 74153 的逻辑功能及使用方法。

（2）完成实验内容的预习与设计。

（3）按照要求完成实验报告相关部分的撰写。

4.7.3　实验仪器与器件

（1）数字电路实验箱:1 台。

（2）数字万用表:1 块。

（3）74283:1 片。

（4）74138:1 片。

（5）74151:2 片。

（6）74153:1 片。

（7）7408、7400、7432、7404、7486:各 1 片。

4.7.4　实验内容

1. 测试芯片的逻辑功能。

（1）74283 逻辑功能测试。

① 将 74283 插到实验箱 DIP16 管座上,注意芯片方向。

② 将 74283 的 16 引脚（U_{CC}）接到实验箱的 + 5 V,8 引脚（GND）接到实验箱的地。

③ 将 74283 的 $A_3 \sim A_0$、$B_3 \sim B_0$ 和 C_0 分别与拨动开关相连。

④ 将 74283 的 C_4 和 $S_3 \sim S_0$ 按从左到右的顺序分别与发光二极管相连。

⑤ 检查电路,确认接线无误后,接通实验箱电源,参照 74283 功能进行功能测试。

（2）74138 逻辑功能测试。

① 将 74138 插到实验箱 DIP16 管座上,注意芯片方向。

② 将 74138 的 16 引脚（U_{CC}）接到实验箱的 + 5 V,8 引脚（GND）接到实验箱的地。

③ 将 74138 的 S_1,$\overline{S_2}$,$\overline{S_3}$,A_2,A_1 和 A_0 分别与拨动开关相连。

④ 将 74138 的 $\overline{Y_7} \sim \overline{Y_0}$ 分别与发光二极管相连。

⑤ 检查电路,确认接线无误后,接通实验箱电源,参考表 4.9 完成逻辑功能测试。

（3）74153 逻辑功能测试。

① 将 74153 插到实验箱 DIP16 管座上,注意芯片方向。

② 将 74153 的 16 引脚（U_{CC}）接到实验箱的 + 5 V,8 引脚（GND）接到实验箱的地。

③ 将 74153 的 $1\overline{ST}$、$1D_3 \sim 1D_0$、$2\overline{ST}$、$2D_3 \sim 2D_0$、A_1 和 A_0 分别与拨动开关相连。

④ 将 74153 的 $1Y$ 和 $2Y$ 分别与发光二极管相连。

⑤ 检查电路,确认接线无误后,接通实验箱电源,参考表 4.16 完成逻辑功能测试。

（4）参考74153的测试步骤,完成74151的逻辑功能测试。

（5）参照3.4节完成所用小规模组合逻辑门的功能测试。

2. 用74283实现码制转换实验。

（1）设计要求:用74283实现5421BCD到余3码的转换。

设输入的5421BCD码为 $D_3D_2D_1D_0$,输出的余3码为 $Y_3Y_2Y_1Y_0$。码制转换表见表4.23。

表 4.23　码制转换表

N_{10}	输入（5421码）				输出（余3码）			
	D_3	D_2	D_1	D_0	Y_3	Y_2	Y_1	Y_0
0	0	0	0	0	0	0	1	1
1	0	0	0	1	0	1	0	0
2	0	0	1	0	0	1	0	1
3	0	0	1	1	0	1	1	0
4	0	1	0	0	0	1	1	1
5	1	0	0	0	1	0	0	0
6	1	0	0	1	1	0	0	1
7	1	0	1	0	1	0	1	0
8	1	0	1	1	1	0	1	1
9	1	1	0	0	1	1	0	0

由表可知,当 $N_{10} \leqslant 4$ 时,$Y_3Y_2Y_1Y_0 = D_3D_2D_1D_0 + 0011$;

当 $N_{10} \geqslant 5$ 时,$Y_3Y_2Y_1Y_0 = D_3D_2D_1D_0 + 0000 = D_3D_2D_1D_0$,即

$$Y_3Y_2Y_1Y_0 = \begin{cases} D_3D_2D_1D_0 + 0011, D_3 = 0 \\ D_3D_2D_1D_0 + 0000, D_3 = 1 \end{cases}$$

$$= D_3D_2D_1D_0 + 00\overline{D_3}\,\overline{D_3}$$

实现电路如图4.43所示。

（2）完成线路连接。

注意74283的 C_0 不能悬空,必须接低电平。

（3）检查电路,确认无误后,接通电源,参照表

4.23完成电路测试。如果结果不正确,认真观察实

验现象,找出问题。关闭电源,改正错误,直到输出正确结果。

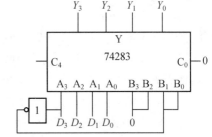

图 4.43　5421BCD码转换为余3码电路图

3. 用74138实现水位报警显示电路

试用74138设计一个水坝水位报警显示电路。水位高度用3位二进制数提供。当水位上升到5 m时绿灯亮,水位上升到6 m时绿灯和黄灯同时亮,水位上升到7 m时红灯亮,同时其他灯灭。试用74138添加逻辑门实现。

4. 用74151和74153实现逻辑函数

分别用74151和74153实现逻辑函数 $F(A,B,C,D) = AB + AC + B\overline{D}$。

本章小结

本章首先介绍了常用模块级组合逻辑芯片的功能和应用,然后重点介绍了模块级组合逻辑电路的分析和设计方法。

本章重点介绍的内容如下：

（1）常用模块级组合逻辑芯片。

本章重点介绍了 4 位二进制超前进位加法器 74283、数值比较器 7485、优先编码器 74148、变量译码器 74138 和数据选择器 74151/74153 的逻辑功能及使用方法。

（2）模块级组合逻辑电路的分析方法。

模块级组合逻辑电路的分析方法与小规模组合电路的分析方法不同。

① 若可以直接写出输出逻辑表达式或列出真值表的电路，则按照小规模组合电路分析步骤进行分析。

② 若不能直接写出输出逻辑表达式，也不能列出真值表的电路，则需要先进行模块划分，按模块进行分析，最后确定出电路的逻辑功能。

（3）模块级组合逻辑电路的设计方法。

模块级组合逻辑电路设计是模块级组合逻辑电路分析的逆过程，根据设计要求，完成电路设计。

① 根据题意，逻辑抽象。

② 列出真值表或写出逻辑表达式。

③ 根据设计要求，对逻辑表达式进行适当变换。

④ 画出逻辑电路图。

习　题

4.1　分析图 4.44 所示电路的逻辑功能，已知输入 $A_3A_2A_1A_0$ 为 5421BCD 码。

4.2　试用 74283 实现下列 BCD 码转换。

（1）余 3 码转换为 8421BCD 码。

（2）5421BCD 码转换为 8421BCD 码。

（3）2421BCD 码转换为 8421BCD 码。

（4）8421BCD 码转换为 5421BCD 码。

4.3　设计一个 3 位二进制数的 3 倍乘法运算电路。

4.4　以 4 位并行加法器 74283 为核心器件，设计一个码制转换电路，输入是 5421BCD 码，当控制端 $M = 0$ 时，转换成 8421BCD；当控制端 $M = 1$ 时，转换成余 3 码。

4.5　分析图 4.45 所示电路的逻辑功能。

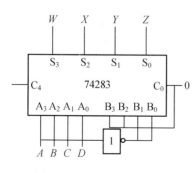

图 4.44　习题 4.1 电路图

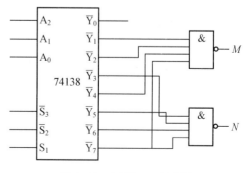

图 4.45　习题 4.5 电路图

4.6　试用 74138 和逻辑门实现下列逻辑函数。

（1）$F(A,B,C) = \sum m(0,2,5,7)$　　　　　（2）$F(A,B,C) = AC$

（3）$F(A,B,C) = \overline{A}BC + A\overline{B}\overline{C} + BC$　　（4）$F(A,B,C) = \overline{B}C + AB\overline{C}$

4.7　设有 A,B,C 三个输入信号通过排队逻辑电路分别由三路输出，在同一时间输出端只能选择其中一个信号通过。如果同时有两个以上信号输入时，选取的优先顺序为 A,B,C。试用 74138 实现。

4.8　用 74154 设计四人表决电路。已知 A,B,C,D 四人中的 A 为权威人士，其一票意见视为两票，B,C,D 各为一票。当总票数达到三票或三票以上时，结果为通过，否则为未通过。可适当添加门电路。

4.9　分别用四选一和八选一数据选择器实现下列逻辑函数。

（1）$F(A,B,C) = A\overline{B}\overline{C} + \overline{A}\overline{C} + BC$

（2）$F(A,B,C,D) = A\overline{C}D + \overline{A}BCD + BC + \overline{B}C\overline{D}$

4.10　设计用 3 个开关控制一个电灯的逻辑电路，要求改变任何一个开关的状态都能控制电灯由亮变灭或者由灭变亮。要求用数据选择器来实现。

4.11　分别用数据选择器 74151 和 74153 实现 1 位全加器，可适当添加门电路。

4.12　分别用数据选择器 74151 和 74153 实现 1 位全减器，可适当添加门电路。

4.13　某科研机构有一个重要实验室，某入口处有一自动控制电路如图 4.46 所示，图中 D,E 为控制端，令上午，下午和晚上分别为 01,10,11。现有三个科研人员（G_1,G_2,G_3）在实验室做实验，A,B,C 为对应的 G_1,G_2,G_3 的三个识别器，其上机的优先顺序是，上午为 G_1,G_2,G_3，下午为 G_2,G_3,G_1，晚上为 G_3,G_1,G_2；电路的输出 F_1,F_2,F_3 为 1 时分别表示 G_1,G_2,G_3 能上机同时打开实验室大门。试分别用 3 − 8 线译码器和 4 选 1 数据选择器来完成电路设计。

4.14　设计一个可控运算电路。当控制信号 $M = 0$ 时，实现 1 位全加器功能；当控制信号 $M = 1$ 时，实现 1 位全减器功能。试用八选一数据选择器 74151 实现。

4.15　试用两片 4 位数值比较器 7485 组成 6 位数值比较器。

4.16　分析图 4.47 所示组合逻辑电路的功能。

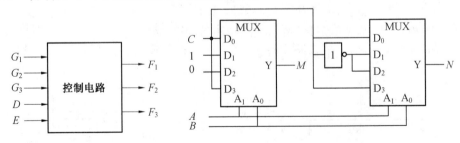

图 4.46　习题 4.13 电路图　　　　图 4.47　习题 4.16 电路图

4.17　试用两个 4 位数值比较器组成三个数的判断电路。要求能够判别三个 4 位二进制数 A,B,C 是否相等、A 是否最大、A 是否最小，并分别给出"三个数相等""A 最大""A 最小"的输出信号。

第5章 触发器级时序逻辑电路

组合逻辑电路的特点是任一时刻的输出仅与该时刻的输入有关,而与电路原来状态无关,即组合逻辑电路不具有记忆功能。时序逻辑电路在任一时刻的输出不仅与该时刻的输入有关,还与电路原来的状态有关。

本章首先介绍时序逻辑电路的基本概念和触发器的逻辑功能,然后介绍触发器级时序逻辑电路的分析方法和设计方法。

5.1 时序逻辑电路概述

5.1.1 时序逻辑电路的组成

时序逻辑电路的一般结构如图 5.1 所示,它由组合逻辑电路和存储电路两部分组成,即时序逻辑电路是在组合逻辑电路基础上增加了具有记忆功能的存储电路,而存储电路主要由触发器构成。在图 5.1 中,$X_{i-1}, X_{i-2}, \cdots, X_0$ 和 $Y_{j-1}, Y_{j-2}, \cdots, Y_0$ 分别表示时序逻辑电路的 i 个外部输入信号(简称输入信号)和 j 个外部输出信号(简称输出信号)。$Q_{l-1}, Q_{l-2}, \cdots, Q_0$ 表示组合逻辑电路的 l 个内部输入信号,也是存储电路的输出信号,它表示存储电路现在的状态——现态。$R_{k-1}, R_{k-2}, \cdots, R_0$ 是组合逻辑电路的 k 个内部输出信号,也是存储电路的内部输入信号,又称驱动信号(激励信号),它将影响到存储电路的下一个状态——次态。

由图 5.1 可知,时序逻辑电路具有以下两个显著的特点:

① 包含存储电路,具有记忆功能。

② 利用存储电路构成反馈通路,即存储电路的输出信号 $Q_{l-1}, Q_{l-2}, \cdots, Q_0$ 与时序逻辑电路的外部输入信号 $X_{i-1}, X_{i-2}, \cdots, X_0$ 共同决定时序逻辑电路的输出信号 $Y_{j-1}, Y_{j-2}, \cdots, Y_0$。

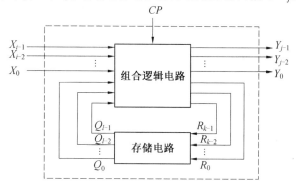

图 5.1　时序逻辑电路的一般结构

综上所述,时序逻辑电路在任一时刻的输出信号不仅与该时刻的输入信号有关,而且还与电路原来的状态有关。

5.1.2　时序逻辑电路的分类

时序逻辑电路的分类方法有多种,下面介绍两种常用的分类方法。

1. 同步时序逻辑电路和异步时序逻辑电路

按照时序逻辑电路中触发器时钟端的连接方式,分为同步时序逻辑电路(Synchronous Sequential Circuit)和异步时序逻辑电路(Asynchronous Sequential Circuit)。

如果时序逻辑电路中全部触发器的时钟端均连在一起,统一受同一时钟脉冲的控制,全部触发器的状态变化是同时发生的,这种电路称为同步时序逻辑电路。

如果时序逻辑电路中全部触发器的时钟端不是连在一起的,没有统一的时钟脉冲,全部触发器的状态变化不是同时发生的,这种电路称为异步时序逻辑电路。

2. 米里(Mealy)型电路和摩尔(Moore)型电路

按照时序逻辑电路中输出 Y 和输入 X 是否直接相关,时序逻辑电路又可分为米里(Mealy)型电路和摩尔(Moore)型电路。

输出 Y 与输入 X 有直接关系的时序逻辑电路称为米里型时序逻辑电路。输出 Y 与输入 X 无直接关系或无输入 X 的时序逻辑电路称为摩尔型时序逻辑电路。

5.1.3　时序逻辑电路的描述方法

时序逻辑电路通常可以采用方程组法、状态转换表法、状态转换图法、时序波形图法和功能表法来描述。本节介绍前 4 种描述方法。

1. 方程组法

由图 5.1 可知,需要 3 个方程组才能全面描述时序逻辑电路的逻辑功能,分别如下:

输出方程组:

$$
\begin{cases}
Y_{j-1} = F_{j-1}(X_{i-1}, X_{i-2}, \cdots, X_0, Q_{l-1}^n, Q_{l-2}^n, \cdots, Q_0^n) \\
Y_{j-2} = F_{j-2}(X_{i-1}, X_{i-2}, \cdots, X_0, Q_{l-1}^n, Q_{l-2}^n, \cdots, Q_0^n) \\
\vdots \\
Y_0 = F_0(X_{i-1}, X_{i-2}, \cdots, X_0, Q_{l-1}^n, Q_{l-2}^n, \cdots, Q_0^n)
\end{cases}
\tag{5.1}
$$

激励方程组:

$$
\begin{cases}
R_{k-1} = G_{k-1}(X_{i-1}, X_{i-2}, \cdots, X_0, Q_{l-1}^n, Q_{l-2}^n, \cdots, Q_0^n) \\
R_{k-2} = G_{k-2}(X_{i-1}, X_{i-2}, \cdots, X_0, Q_{l-1}^n, Q_{l-2}^n, \cdots, Q_0^n) \\
\vdots \\
R_0 = G_0(X_{i-1}, X_{i-2}, \cdots, X_0, Q_{l-1}^n, Q_{l-2}^n, \cdots, Q_0^n)
\end{cases}
\tag{5.2}
$$

状态方程组:

$$
\begin{cases}
Q_{l-1}^{n+1} = H_{l-1}(R_{k-1}, R_{k-2}, \cdots, R_0, Q_{l-1}^n, Q_{l-2}^n, \cdots, Q_0^n) \\
Q_{l-2}^{n+1} = H_{l-2}(R_{k-1}, R_{k-2}, \cdots, R_0, Q_{l-1}^n, Q_{l-2}^n, \cdots, Q_0^n) \\
\vdots \\
Q_0^{n+1} = H_0(R_{k-1}, R_{k-2}, \cdots, R_0, Q_{l-1}^n, Q_{l-2}^n, \cdots, Q_0^n)
\end{cases}
\tag{5.3}
$$

其中,上标 n 和 $n+1$ 代表时间上的先后顺序。

式(5.1)所示的输出方程组:表示在第 n 时刻的输出信号 Y_{j-1},Y_{j-2},$\cdots$,Y_0 是该时刻的输入信号 X_{i-1},X_{i-2},$\cdots$,X_0 与现态 Q_{l-1}^n,Q_{l-2}^n,$\cdots$,Q_0^n 的函数,故属于米里型电路的输出方程组。

式(5.2)所示的激励方程组:表示在第 n 时刻的激励信号 R_{k-1},R_{k-2},$\cdots$,R_0 是该时刻的输入信号 X_{i-1},X_{i-2},$\cdots$,X_0 与现态 Q_{l-1}^n,Q_{l-2}^n,$\cdots$,Q_0^n 的函数。

式(5.3)所示的状态方程组:表示在第 $n+1$ 时刻存储电路的输出信号 Q_{l-1}^{n+1},Q_{l-2}^{n+1},$\cdots$,Q_0^{n+1} 即次态,是由 n 时刻的激励信号 R_{k-1},R_{k-2},$\cdots$,R_0 与现态 Q_{l-1}^n,Q_{l-2}^n,$\cdots$,Q_0^n 共同决定的。

2. 状态转换表法

状态转换表通常简称为状态表。米里型时序逻辑电路的状态表与摩尔型时序逻辑电路的状态表结构不同。

米里型时序逻辑电路的状态表见表5.1(a)。表中有两列,左边一列为电路的现态,右边一列为不同输入信号对应的电路次态及输出信号。其中,S^n,X 和 Y 分别表示在第 n 时刻电路的现态 $Q_{l-1}^n Q_{l-2}^n \cdots Q_0^n$,输入信号 $X_{i-1} X_{i-2} \cdots X_0$ 和输出信号 $Y_{j-1} Y_{j-2} \cdots Y_0$。$S^{n+1}$ 表示第 n 时刻的次态,即第 $n+1$ 时刻电路的状态 $Q_{l-1}^{n+1} Q_{l-2}^{n+1} \cdots Q_0^{n+1}$。

表5.1(a)中的内容可表述为:当第 n 时刻电路的现态为 S^n、输入信号为 X 时,电路的输出为 Y;在 $n+1$ 时刻电路由现态 S^n 转换到次态 S^{n+1}。

摩尔型时序逻辑电路的状态转换表见表5.1(b),由于输出与输入无直接关系,故将输出部分在表中另成一列。表中共有三列,左边一列为电路的现态,中间一列为对应不同输入信号的电路次态,右边一列为对应不同现态的电路输出。

表5.1　状态转换表

（a）米里型电路状态转换表

现态	次态／输出	
	输入 X	$\cdots$
S^n	S^{n+1}/Y	$\cdots$

（b）摩尔型电路状态转换表

现态	次态		输出
	输入 X	$\cdots$	
S^n	S^{n+1}	$\cdots$	Y

【例5.1】　某时序逻辑电路在信号 X 控制下,可实现两位二进制计数的功能。当 $X=0$ 时,电路状态保持不变,输出 $Y=0$;当 $X=1$ 时,电路按 $00 \rightarrow 01 \rightarrow 10 \rightarrow 11 \rightarrow 00$ 规律计数,且当计数到状态11时输出 $Y=1$,其余状态输出 $Y=0$。设电路初始状态为00,试用状态转换表描述该电路。

解　依据题意,电路输出 Y 与输入 X 有关,所以该电路为米里型同步时序逻辑电路。

设计数状态用 $Q_1 Q_0$ 表示,参考表5.1(a)列出状态转换表,见表5.2。

表 5.2　例 5.1 状态转换表

现态 $Q_1^n Q_0^n$	次态／输出 $Q_1^{n+1} Q_0^{n+1}/Y$	
	$X = 0$	$X = 1$
00	00/0	01/0
01	01/0	10/0
10	10/0	11/0
11	11/0	00/1

3. 状态转换图法

状态转换图简称状态图。米里型电路的状态图如图 5.2(a) 所示。图中用圆圈表示电路的状态,用箭头表示状态转换的方向。箭头旁标出的是输入 X 和输出 Y。

图 5.2(a) 的含义:在第 n 时刻,电路处于现态 S^n,当输入为 X 时,输出为 Y,在第 $n+1$ 时刻,电路状态由现态 S^n 转换成次态 S^{n+1}。

摩尔型电路的状态图如图 5.2(b) 所示。由于摩尔型电路的输出 Y 仅与状态 S^n 有关,所以将输出 Y 移到状态圈内,仅将输入 X 标于箭头旁。

(a) 米里型状态转换图　　(b) 摩尔型状态转换图

图 5.2　状态转换图

图 5.2(b) 的含义:在第 n 时刻,电路处于现态 S^n,输出为 Y,当输入为 X 时,在第 $n+1$ 时刻,电路状态由现态 S^n 转换成次态 S^{n+1}。

【例 5.2】　用状态图描述例 5.1 电路的逻辑功能。

解　依据题意,可画出状态图,如图 5.3 所示。

4. 时序波形图法

时序波形图法是在时钟脉冲的作用下,电路状态及输出信号随输入信号变化的波形图。

【例 5.3】　已知某同步时序逻辑电路的时序波形图如图 5.4 所示,设电路的初始状态为 00,分析其逻辑功能。

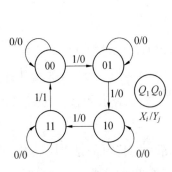

图 5.3　例 5.1 状态图

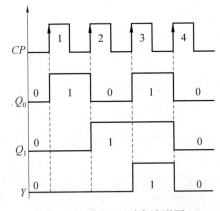

图 5.4　例 5.3 时序波形图

解　由图5.4可知,电路没有输入信号,该电路为摩尔型同步时序逻辑电路。对应每一个 CP 的上升沿,电路的状态改变一次。状态 Q_1Q_0 变化如下:$00 \rightarrow 01 \rightarrow 10 \rightarrow 11 \rightarrow 00$,且当 $Q_1Q_0 = 11$ 时,输出 $Y = 1$,其余状态输出 $Y = 0$。

由分析可知,该电路为四进制加法计数器,Y 为进位输出端。

5.2　触　发　器

触发器是一种具有记忆功能的逻辑器件,是构成时序逻辑电路的基本逻辑单元。一个触发器只能储存一位二进制数。

触发器的种类繁多,按照电路结构的不同,可分为基本 RS 触发器、时钟同步 RS 触发器、主从触发器和边沿触发器等;按照控制方式的不同,可分为 RS 触发器、JK 触发器、T 触发器和 D 触发器等。触发器的逻辑功能常用功能表法来描述,本节将详细介绍几种常用触发器的逻辑功能。

5.2.1　基本 RS 触发器

1.“与非”门组成的基本 RS 触发器

基本 RS 触发器是结构最简单的一种触发器。“与非”门组成的基本 RS 触发器电路图及逻辑符号如图 5.5 所示。

由图5.5(a) 可知,基本 RS 触发器由两个“与非”门 G_1 和 G_2 交叉连接而成,$\bar{S}_D$ 和 $\bar{R}_D$ 是两个输入端,Q 和 $\bar{Q}$ 是两个互补输出端,正常情况下 Q 和 $\bar{Q}$ 的逻辑电平相反。

触发器有两种稳定状态:0 态和 1 态。通常把 Q 端的逻辑值定义为触发器的状态,即当 $Q = 0$、$\bar{Q} = 1$ 时,称为 0 态;当 $Q = 1$、$\bar{Q} = 0$ 时,称为 1 态。

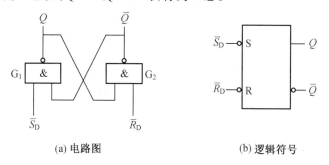

(a) 电路图　　　　　　　　　　　(b) 逻辑符号

图5.5　“与非”门组成的基本 RS 触发器电路图和逻辑符号

设触发器现态为 Q^n,次态为 Q^{n+1}。下面分 4 种情况,讨论其逻辑功能。

(1) $\bar{R}_D = 1$,$\bar{S}_D = 0$。

当 $\bar{R}_D = 1$,$\bar{S}_D = 0$ 时,由电路可得:$Q^{n+1} = 1$,$\bar{Q}^{n+1} = 0$,触发器处于 1 态。

(2) $\bar{R}_D = 0$,$\bar{S}_D = 1$。

当 $\bar{R}_D = 0$,$\bar{S}_D = 1$ 时,由电路可得:$Q^{n+1} = 0$,$\bar{Q}^{n+1} = 1$,触发器处于 0 态。

（3）$\overline{R}_D = 1, \overline{S}_D = 1$。

当$\overline{R}_D = 1, \overline{S}_D = 1$时，由电路可得：$Q^{n+1} = Q^n$，$\overline{Q}^{n+1} = \overline{Q}^n$，触发器处于保持状态。

（4）$\overline{R}_D = 0, \overline{S}_D = 0$。

当$\overline{R}_D = 0, \overline{S}_D = 0$时，由电路可得：$Q^{n+1} = \overline{Q}^{n+1} = 1$，不满足互补输出的逻辑要求。如果此时$\overline{S}_D$和$\overline{R}_D$同时由0变为1时，由于"与非"门$G_1$和$G_2$翻转时间不同，会导致触发器的次态不确定，触发器可能是1态也可能是0态，这违背了电路设计的确定性原则。所以，这种情况禁止出现。

根据上述分析，可以列出"与非"门组成的基本RS触发器的功能表，见表5.3。

表5.3 "与非"门组成的基本RS触发器功能表

$\overline{R}_D$	$\overline{S}_D$	Q^n	Q^{n+1}	$\overline{Q}^{n+1}$	功能
0	0	0	1	1	禁用
0	0	1	1	1	
0	1	0	0	1	置0
0	1	1	0	1	
1	0	0	1	0	置1
1	0	1	1	0	
1	1	0	0	1	保持
1	1	1	1	0	

由表5.3可知，"与非"门组成的基本RS触发器具有置1、置0和保持的功能，在使用时应禁止$\overline{S}_D$和$\overline{R}_D$同时为0。其时序波形图如图5.6所示。

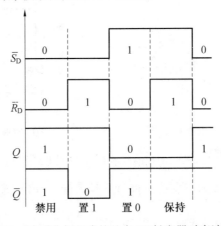

图5.6 "与非"门组成的基本RS触发器时序波形图

2. "或非"门组成的基本RS触发器

"或非"门组成的基本RS触发器的电路图和逻辑符号如图5.7所示。分析方法与上述相同，这里不再赘述。其功能表见表5.4。

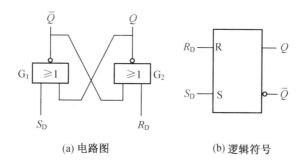

(a) 电路图　　　　　(b) 逻辑符号

图 5.7　"或非"门组成的基本 RS 触发器电路图和逻辑符号

表 5.4　"或非"门组成的基本 RS 触发器功能表

R_D	S_D	Q^n	Q^{n+1}	$\overline{Q}^{n+1}$	功能
0	0	0	0	1	保持
0	0	1	1	0	
0	1	0	1	0	置1
0	1	1	1	0	
1	0	0	0	1	置0
1	0	1	0	1	
1	1	0	0	0	禁用
1	1	1	0	0	

基本 RS 触发器具有置1、置0和保持的功能。只要输入信号发生改变,触发器状态就会随之发生变化。当输入端有干扰信号输入时,会使输出端出现错误的状态。所以,在实际应用中,基本 RS 触发器很少使用。

5.2.2　时钟同步 RS 触发器

时钟同步 RS 触发器的电路图和逻辑符号如图 5.8 所示。

由图 5.8(a) 可知,时钟同步 RS 触发器是在基本 RS 触发器电路基础上,增加了两个"与非"门 G_3 和 G_4。电路除了有两个输入端 R 和 S,又新增加了一个输入端 CP,CP 称为时钟脉冲控制信号。Q 和 $\overline{Q}$ 是两个互补输出端。

当 $CP = 0$ 时,G_3 和 G_4 输出高电平,$\overline{R} = \overline{S} = 1$,由 G_1 和 G_2 组成的基本 RS 触发器处于保持状态。此时,触发器输出端的状态与 R 和 S 输入值无关,即当 $CP = 0$ 时,无论 R 和 S 如何变化,触发器始终处于保持状态。

当 $CP = 1$ 时,分4种情况讨论时钟同步 RS 触发器的逻辑功能。设触发器现态为 Q^n,次态为 Q^{n+1}。

(1) $R = 0$,$S = 0$。

当 $R = 0$,$S = 0$ 时,$\overline{R} = \overline{S} = 1$,由 G_1 和 G_2 组成的基本 RS 触发器处于保持状态,$Q^{n+1} = Q^n$,$\overline{Q}^{n+1} = \overline{Q}^n$。

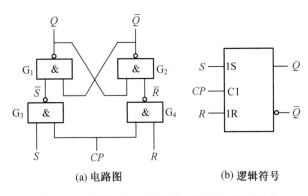

(a) 电路图   (b) 逻辑符号

图 5.8   时钟同步 RS 触发器电路图和逻辑符号

(2) $R = 0, S = 1$。

当 $R = 0, S = 1$ 时,$\bar{R} = 1, \bar{S} = 0$,由 G_1 和 G_2 组成的基本 RS 触发器处于 1 态,$Q^{n+1} = 1, \bar{Q}^{n+1} = 0$。

(3) $R = 1, S = 0$。

当 $R = 1, S = 0$ 时,$\bar{R} = 0, \bar{S} = 1$,由 G_1 和 G_2 组成的基本 RS 触发器处于 0 态,$Q^{n+1} = 0, \bar{Q}^{n+1} = 1$。

(4) $R = 1, S = 1$。

当 $R = 1, S = 1$ 时,$\bar{R} = \bar{S} = 0$,由 G_1 和 G_2 组成的基本 RS 触发器处于禁用状态,$Q^{n+1} = \bar{Q}^{n+1} = 1$。

由上述分析可知,仅当 $CP = 1$ 时,时钟同步 RS 触发器输出才会随输入信号 R、S 的变化而变化,功能表见表 5.5。

表 5.5   时钟同步 RS 触发器功能表（$CP = 1$）

R	S	Q^n	Q^{n+1}	$\bar{Q}^{n+1}$	功能
0	0	0	0	1	保持
0	0	1	1	0	
0	1	0	1	0	置1
0	1	1	1	0	
1	0	0	0	1	置0
1	0	1	0	1	
1	1	0	1	1	禁用
1	1	1	1	1	

根据表 5.5 列出逻辑表达式:

$$Q^{n+1}(R, S, Q^n) = \sum m(1, 2, 3, 6, 7) \tag{5.4}$$

用卡诺图法对式(5.4)进行化简,如图 5.9 所示。化简结果即为同步 RS 触发器的状态方程:

$$\begin{cases} Q^{n+1} = S + \overline{R}Q^n \\ 约束条件:RS = 0 \end{cases} \tag{5.5}$$

图 5.9   时钟同步 RS 触发器 Q^{n+1} 卡诺图

根据表 5.5 画出时钟同步 RS 触发器的状态图,如图 5.10 所示。

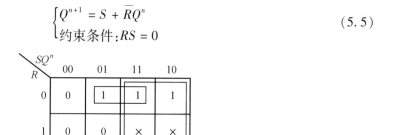

图 5.10   时钟同步 RS 触发器状态图

时序波形图如图 5.11 所示。其中输入信号 CP,R,S 已知,设触发器的初始状态(简称初态)为 0 态。

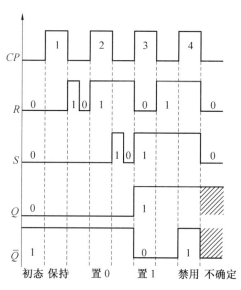

图 5.11   时钟同步 RS 触发器时序波形图

由于图 5.8(a) 所示的时钟同步 RS 触发器在 $CP = 0$ 期间,电路处于保持状态,不能对其进行初始状态的设置。为此对电路进行改进,改进后的电路及逻辑符号如图 5.12 所示。

由图 5.12(a) 可知,电路增加了两个输入端 $\overline{R}_D$ 和 $\overline{S}_D$,其中 $\overline{R}_D$ 称为异步清零端,$\overline{S}_D$ 称为异步置数端,二者均为低电平有效,且均不受时钟脉冲信号 CP 的控制。当触发器不需要进行初始状态设置时,需要将 $\overline{S}_D$ 和 $\overline{R}_D$ 接高电平。

时钟同步 RS 触发器只有在 $CP = 1$ 期间,才会随输入信号 R,S 的变化而发生状态改变。如果在 $CP = 1$ 期间,R 和 S 多次发生变化,触发器的状态也会多次发生改变,这种现象称为"空

翻"。在时序逻辑电路中,"空翻"现象必须避免。

"空翻"现象产生的主要原因是时钟脉冲具有一定的宽度,避免"空翻"现象出现,根本方法就是改变触发器的电路结构。

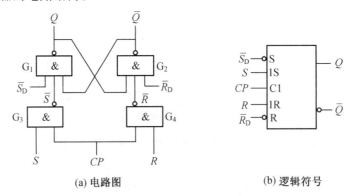

图 5.12　带异步置数端和异步清零端的时钟同步 RS 触发器电路图和逻辑符号

5.2.3　JK 触发器

为了克服时钟同步 RS 触发器的"空翻"现象,使每一个时钟脉冲到来时触发器只变化一次,设计了 JK 触发器。JK 触发器分为主从 JK 触发器和边沿 JK 触发器,下面以主从 JK 触发器为例,介绍 JK 触发器的电路结构及逻辑功能。

1. 电路结构

主从 JK 触发器主要由两个时钟同步 RS 触发器组成,时钟脉冲 CP 直接与主触发器的 CP 端相连,通过"非"门后再与从触发器的 CP 端相连。电路图和逻辑符号如图 5.13 所示。

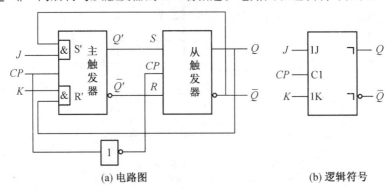

图 5.13　主从 JK 触发器电路图和逻辑符号

在 $CP=1$ 期间,主触发器随输入 J 和 K 变化而发生状态改变,从触发器处于保持状态。触发器输出端 Q 和 $\overline{Q}$ 的状态不变。

在 $CP=0$ 期间,主触发器处于保持状态,从触发器根据 R 和 S 的值发生状态改变。触发器输出端 Q 和 $\overline{Q}$ 的状态发生改变。

由分析可知,主从型 JK 触发器在 $CP=1$ 期间,触发器状态不变,仅仅在 CP 时钟脉冲从高电平变为低电平(下降沿)时,触发器的状态才发生改变。满足了一个 CP 时钟脉冲期间触发器仅有一次状态变化的要求,避免了"空翻"现象的出现。

2. 功能分析

设触发器现态为 Q^n，次态为 Q^{n+1}。下面分 4 种情况讨论主从 JK 触发器的逻辑功能。

(1) $J = 0, K = 0$。

当 $J = 0, K = 0$ 时，$R' = S' = 0$，主触发器处于保持状态，从触发器激励保持不变，从触发器也处于保持状态，即主从 JK 触发器状态不变，$Q^{n+1} = Q^n$，$\overline{Q}^{n+1} = \overline{Q}^n$。

(2) $J = 0, K = 1$。

当 $J = 0, K = 1$ 时，在 $CP = 1$ 期间主触发器置为 0 态，在 CP 下降沿从触发器也随之置为 0 态，即主从 JK 触发器置为 0 态，$Q^{n+1} = 0$，$\overline{Q}^{n+1} = 1$。

(3) $J = 1, K = 0$。

当 $J = 1, K = 0$ 时，在 $CP = 1$ 期间主触发器置为 1 态，在 CP 下降沿从触发器也随之置为 1 态，即主从 JK 触发器置为 1 态，$Q^{n+1} = 1$，$\overline{Q}^{n+1} = 0$。

(4) $J = 1, K = 1$。

当 $J = 1, K = 1$ 时，若主从 JK 触发器的初始状态为 0 态，在 $CP = 1$ 期间主触发器置为 1 态，在 CP 下降沿从触发器也随之置为 1 态，即主从 JK 触发器置为 1 态。

当 $J = 1, K = 1$ 时，若主从 JK 触发器的初始状态为 1 态，在 $CP = 1$ 期间主触发器置为 0 态，在 CP 下降沿从触发器也随之置为 0 态，即主从 JK 触发器置为 0 态。

所以，当 $J = 1, K = 1$ 时，$Q^{n+1} = \overline{Q}^n$，$\overline{Q}^{n+1} = Q^n$，即主从 JK 触发器由初始状态变化到与初始状态相反的状态，状态发生了翻转。

通过上述分析可知，主从 JK 触发器具有保持、置 0、置 1 和翻转功能，是功能最全的一种触发器，其功能表见表 5.6。

表 5.6　主从 JK 触发器功能表

CP	J	K	Q^n	Q^{n+1}	$\overline{Q}^{n+1}$	功能
⎍	0	0	0	0	1	保持
⎍	0	0	1	1	0	
⎍	0	1	0	0	1	置0
⎍	0	1	1	0	1	
⎍	1	0	0	1	0	置1
⎍	1	0	1	1	0	
⎍	1	1	0	1	0	翻转
⎍	1	1	1	0	1	

根据表 5.6 列出逻辑表达式：

$$Q^{n+1}(J, K, Q^n) = \sum m(1, 4, 5, 6) \tag{5.6}$$

用卡诺图法对式 5.6 进行化简，如图 5.14 所示。化简结果即为主从 JK 触发器的状态方程：

$$Q^{n+1} = J\overline{Q}^n + \overline{K}Q^n \tag{5.7}$$

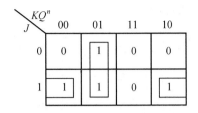

图 5.14　JK 触发器 Q^{n+1} 卡诺图

主从 JK 触发器的状态图和时序波形图如图 5.15 所示。

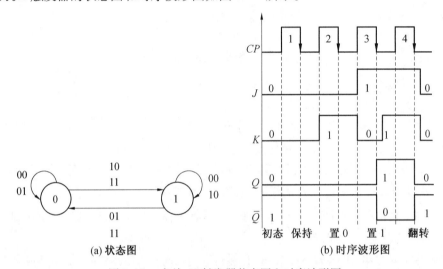

(a) 状态图　　　　　　　　　　　(b) 时序波形图

图 5.15　主从 JK 触发器状态图和时序波形图

在时序逻辑电路设计时,常用到激励表。所谓激励表是已知触发器状态变化情况,列出对应激励信号组合的表格。激励表通常由功能表反推求得。

主从 JK 触发器的激励表见表 5.7。

表 5.7　主从 JK 触发器激励表

Q^n	Q^{n+1}	J	K
0	0	0	×
0	1	1	×
1	0	×	1
1	1	×	0

上面讨论主从 JK 触发器功能时是有条件的,即在 $CP = 1$ 期间,J 和 K 输入值保持不变。如果在 $CP = 1$ 期间,J 和 K 输入值发生了变化,触发器就会出现“一次变化现象”,这是一种有害现象,有可能造成触发器的误动作。使用主从 JK 触发器时,应该避免发生“一次变化现象”,即在 $CP = 1$ 期间,J 和 K 输入值需保持不变。

除了主从 JK 触发器外,还有一种边沿 JK 触发器。边沿 JK 触发器不会出现“一次变化现象”。

边沿型 JK 触发器的逻辑符号如图 5.16 所示。图中"＞"符号前有一个"小圆圈",其含义为触发器的状态改变发生在 CP 的下降沿,即该触发器为下降沿触发的 JK 触发器。

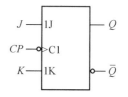

3. 集成 JK 触发器

（1）主从 JK 触发器 7476。

图 5.16　边沿 JK 触发器逻辑符号

7476 是典型的主从型双 JK 触发器,引脚图如图 5.17 所示。7476 功能表见表 5.8。

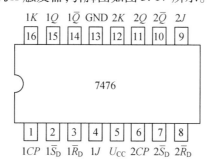

图 5.17　7476 引脚图

表 5.8　7476 功能表

CP	$\overline{R}_D$	$\overline{S}_D$	J	K	Q^{n+1}	$\overline{Q}^{n+1}$
×	1	0	×	×	1	0
×	0	1	×	×	0	1
×	0	0	×	×	不定态	不定态
⎍↓	1	1	0	0	Q^n	$\overline{Q}^n$
⎍↓	1	1	0	1	0	1
⎍↓	1	1	1	0	1	0
⎍↓	1	1	1	1	$\overline{Q}^n$	Q^n

由图 5.17 可知,7476 的 5 引脚为电源输入端,13 引脚为接地端,使用时需要注意。2,7 引脚为异步置数端 $\overline{S}_D$,3,8 引脚为异步清零端 $\overline{R}_D$。$\overline{S}_D$ 和 $\overline{R}_D$ 均不受 CP 控制,低电平有效。

由表 5.8 可知:

① 当 $\overline{R}_D = 1$、$\overline{S}_D = 0$ 时,触发器置为 1 态,此时与 CP,J 和 K 无关;

② 当 $\overline{R}_D = 0$、$\overline{S}_D = 1$ 时,触发器置为 0 态,此时与 CP,J 和 K 无关;

③ 当 $\overline{R}_D = 0$、$\overline{S}_D = 0$ 时,触发器处于不定态,此时与 CP,J 和 K 无关;

④ 当 $\overline{R}_D = 1$、$\overline{S}_D = 1$ 时,在 CP 控制下,根据 J 和 K 激励不同,触发器具有保持、置0、置1和翻转的功能。

（2）边沿 JK 触发器 74112。

74112 是典型的边沿触发型双 JK 触发器,引脚图如图 5.18 所示。其中,4,10 引脚为异步置数端 $\overline{S}_D$,14,15 引脚为异步清零端 $\overline{R}_D$。$\overline{S}_D$ 和 $\overline{R}_D$ 均不受 CP 控制,低电平有效。74112 功能表见表 5.9。

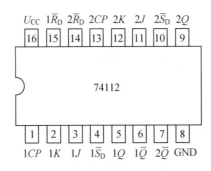

图 5.18　74112 引脚图

表 5.9　74112 功能表

CP	$\bar{R}_D$	$\bar{S}_D$	J	K	Q^{n+1}	$\bar{Q}^{n+1}$
×	1	0	×	×	1	0
×	0	1	×	×	0	1
×	0	0	×	×	不定态	不定态
↓	1	1	0	0	Q^n	$\bar{Q}^n$
↓	1	1	0	1	0	1
↓	1	1	1	0	1	0
↓	1	1	1	1	$\bar{Q}^n$	Q^n

74112 与 7476 仅触发方式不同,即 74112 是下降沿触发的 JK 触发器,而 7476 是主从 JK 触发器。

5.2.4　D 触发器

边沿触发的触发器具有较强抗干扰能力,在实际应用中使用较多。下面介绍上升沿触发的 D 触发器。

1. 电路结构

D 触发器的电路图如图 5.19(a) 所示。由图可知,D 触发器中有 6 个"与非"门,其中 G_1、G_2、G_3 和 G_4 组成时钟同步 RS 触发器,G_5 和 G_6 组成数据输入电路。

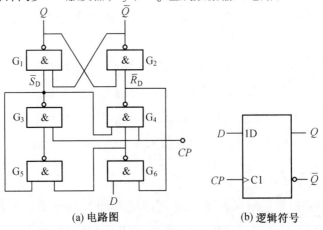

(a) 电路图　　　　　　　　(b) 逻辑符号

图 5.19　D 触发器电路图和逻辑符号

D 触发器的逻辑符号如图 5.19(b) 所示。图中" > "符号前没有加"小圆圈",含义为 D 触发器的状态改变发生在 CP 的上升沿,即该触发器为上升沿触发的 D 触发器。

2. 功能分析

下面分两种情况分析 D 触发器的逻辑功能。

(1) $D = 0$。

① 当 $CP = 0$ 时,G_3 和 G_4 输出高电平,$\overline{S}_D = \overline{R}_D = 1$,$D$ 触发器处于保持状态。此时,输入端 D 的变化不影响触发器的状态。

② 当 CP 由 0 变成 1 时,$CP = 1$。由于 $D = 0$,则 G_6 输出端 $R = 1$,可推导出 G_5 输出端 $S = 0$,即时钟同步 RS 触发器的输入端为 $R = 1$、$S = 0$,D 触发器为 0 态。

③ 在 $CP = 1$ 期间,即使输入端 D 发生改变,触发器的状态依然为 0 态。

(2) $D = 1$。

① 当 $CP = 0$ 时,G_3 和 G_4 输出高电平,$\overline{S}_D = \overline{R}_D = 1$,$D$ 触发器处于保持状态。此时,输入端 D 的变化不影响触发器的状态。

② 当 CP 由 0 变成 1 时,$CP = 1$。由于 $D = 1$,$\overline{R}_D = 1$,则 G_6 输出端 $R = 0$,可推导出 G_5 输出端 $S = 1$,即时钟同步 RS 触发器的输入端为 $R = 0$、$S = 1$,D 触发器为 1 态。

③ 在 $CP = 1$ 期间,即使输入端 D 发生改变,触发器的状态依然为 1 态。

综上可知,D 触发器的次态仅取决于 CP 上升沿时刻的输入信号 D,而与其他时刻的输入信号 D 无关。

通过上述分析可知,D 触发器具有置 0 和置 1 两种功能。D 触发器的功能表和激励表见表 5.10。

表 5.10　D 触发器功能表及激励表

(a) 功能表

CP	D	Q^n	Q^{n+1}	功能
↑	0	0	0	置 0
	0	1	0	
↑	1	0	1	置 1
	1	1	1	

(b) 激励表

Q^n	Q^{n+1}	D
0	0	0
0	1	1
1	0	0
1	1	1

根据表 5.10(a) 列出逻辑表达式:

$$Q^{n+1}(D, Q^n) = \sum m(2, 3) \tag{5.8}$$

用卡诺图法对式 (5.8) 进行化简,如图 5.20 所示。化简结果为 D 触发器的状态方程:

$$Q^{n+1} = D \tag{5.9}$$

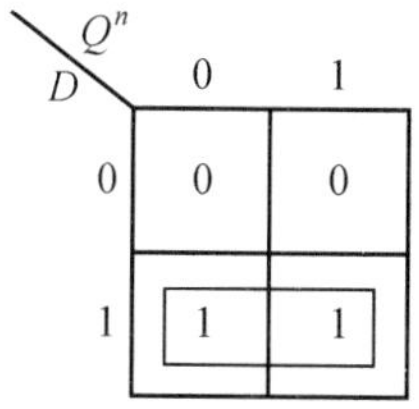

D 触发器的状态转换图和时序波形图如图 5.21 所示。

图 5.20　D 触发器 Q^{n+1} 的卡诺图

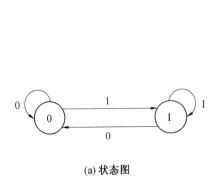

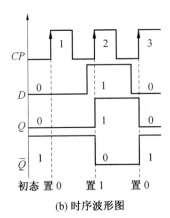

(a) 状态图   (b) 时序波形图

图 5.21 D 触发器状态转换图和时序波形图

3. 集成 D 触发器

7474 是上升沿触发的集成双 D 触发器,其引脚图如图 5.22 所示,功能表见表 5.11。

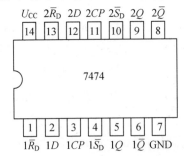

图 5.22   7474 引脚图

表 5.11   7474 功能表

CP	$\overline{R}_D$	$\overline{S}_D$	D	Q^{n+1}	$\overline{Q}^{n+1}$
×	1	0	×	1	0
×	0	1	×	0	1
×	0	0	×	不定态	不定态
↑	1	1	1	1	0
↑	1	1	0	0	1

由图 5.22 可知,7474 的 14 引脚为电源输入端,7 管脚为接地端。4、10 引脚为异步置数端 $\overline{S}_D$,1、13 引脚为异步清零端 $\overline{R}_D$。$\overline{S}_D$ 和 $\overline{R}_D$ 均不受 CP 控制,且低电平有效。

由表 5.11 可知:

(1) 当 $\overline{R}_D = 1$、$\overline{S}_D = 0$ 时,触发器置为 1 态,此时与 CP 和 D 无关;

(2) 当 $\overline{R}_D = 0$、$\overline{S}_D = 1$ 时,触发器置为 0 态,此时与 CP 和 D 无关;

(3) 当 $\overline{R}_D = 0$、$\overline{S}_D = 0$ 时,触发器处于不定态,此时与 CP 和 D 无关;

（4）当 $\overline{R}_{\mathrm{D}} = 1$、$\overline{S}_{\mathrm{D}} = 1$ 时，在 CP 上升沿，根据激励 D 的不同，触发器具有置 0 和置 1 的功能。

5.2.5　T 触发器与 T' 触发器

1. T 触发器

如果把 JK 触发器的 J 和 K 连接起来，令 $T = J = K$，则 JK 触发器就变成了 T 触发器。

将 $T = J = K$ 代入 JK 触发器的状态方程 $Q^{n+1} = J\overline{Q}^{n} + \overline{K}Q^{n}$，可得 T 触发器的状态方程为

$$Q^{n+1} = \overline{T}Q^{n} + T\overline{Q}^{n} = T \oplus Q^{n} \tag{5.10}$$

当 $T = 1$ 时，$Q^{n+1} = 1 \oplus Q^{n} = \overline{Q}^{n}$，触发器具有翻转功能；当 $T = 0$ 时，$Q^{n+1} = 0 \oplus Q^{n} = Q^{n}$，触发器具有保持功能。所以，$T$ 触发器具有翻转和保持两种功能。

T 触发器的功能表和激励表见表 5.12。

表 5.12　T 触发器功能表及激励表

<table>
<tr><td colspan="5" align="center">（a）功能表</td></tr>
<tr><td>CP</td><td>T</td><td>Q^{n}</td><td>Q^{n+1}</td><td>功能</td></tr>
<tr><td rowspan="2">↓</td><td>0</td><td>0</td><td>0</td><td rowspan="2">保持</td></tr>
<tr><td>0</td><td>1</td><td>1</td></tr>
<tr><td rowspan="2">↓</td><td>1</td><td>0</td><td>1</td><td rowspan="2">翻转</td></tr>
<tr><td>1</td><td>1</td><td>0</td></tr>
</table>

<table>
<tr><td colspan="3" align="center">（b）激励表</td></tr>
<tr><td>Q^{n}</td><td>Q^{n+1}</td><td>T</td></tr>
<tr><td>0</td><td>0</td><td>0</td></tr>
<tr><td>0</td><td>1</td><td>1</td></tr>
<tr><td>1</td><td>0</td><td>1</td></tr>
<tr><td>1</td><td>1</td><td>0</td></tr>
</table>

T 触发器的逻辑符号如图 5.23（a）所示，T 触发器为下降沿触发。T 触发器的状态转换图和时序波形图分别如图 5.23（b）和图 5.23（c）所示。

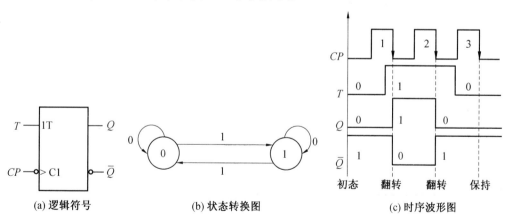

(a) 逻辑符号　　　　(b) 状态转换图　　　　(c) 时序波形图

图 5.23　T 触发器逻辑符号、状态转换图及时序波形图

2. T' 触发器

令 T 触发器的输入端 $T = 1$，T 触发器就变成了 T' 触发器。其状态方程为

$$Q^{n+1} = \overline{Q}^{n} \tag{5.11}$$

由状态方程可知，T' 触发器仅具有翻转功能，在每个时钟脉冲 CP 的下降沿，触发器翻转一次。

值得注意的是,T 触发器和 T' 触发器并无对应的集成芯片,当需要使用 T 或 T' 触发器时,可以将 JK 或 D 触发器加适当的逻辑门设计成 T 触发器或 T' 触发器。

5.2.6 触发器类型转换

常用触发器有 D 触发器和 JK 触发器,如果需要使用其他类型触发器,可以通过逻辑功能转换的方法,把 D 触发器或 JK 触发器转换成所需要的触发器类型。

1.D 触发器转换为 JK,RS,T 和 T' 触发器

(1)D 触发器转换为 JK 触发器。

D 触发器的状态方程为 $Q^{n+1}=D$,JK 触发器的状态方程为 $Q^{n+1}=J\overline{Q^n}+\overline{K}Q^n$,令二者相等,可得

$$D=J\overline{Q^n}+\overline{K}Q^n=\overline{\overline{J\overline{Q^n}+\overline{K}Q^n}}=\overline{\overline{J\overline{Q^n}}\cdot\overline{\overline{K}Q^n}} \tag{5.12}$$

根据式(5.12)完成 D 触发器转换为 JK 触发器的电路设计,由于 D 触发器是上升沿触发,故由 D 触发器构成的 JK 触发器也是上升沿触发。若想构成下降,沿触发的 JK 触发器,需在 CP 端加"非门",如图 5.24(a) 所示。

(2)D 触发器转换为时钟同步 RS 触发器。

D 触发器的状态方程为 $Q^{n+1}=D$,时钟同步 RS 触发器的状态方程为 $Q^{n+1}=S+\overline{R}Q^n$,令二者相等,可得

$$D=S+\overline{R}Q^n=\overline{\overline{S+\overline{R}Q^n}}=\overline{\overline{S}\cdot\overline{\overline{R}Q^n}} \tag{5.13}$$

根据式(5.13)完成 D 触发器转换为时钟同步 RS 触发器的电路设计,如图 5.24(b) 所示。由于 D 触发器是上升沿触发,故图 5.24(b) 为上升沿触发的时钟同步 RS 触发器。

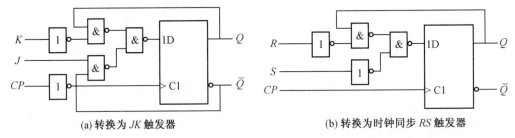

(a) 转换为 JK 触发器   (b) 转换为时钟同步 RS 触发器

图 5.24　D 触发器转换为 JK 触发器和时钟同步 RS 触发器电路图

(3)D 触发器转换为 T 和 T' 触发器。

D 触发器的状态方程为 $Q^{n+1}=D$,T 触发器的状态方程为 $Q^{n+1}=T\oplus Q^n$,令二者相等,可得

$$D=T\oplus Q^n \tag{5.14}$$

根据式(5.14)完成 D 触发器转换 T 触发器的电路设计,如图 5.25(a) 所示。

T' 触发器的状态方程 $Q^{n+1}=\overline{Q^n}$,D 触发器的状态方程 $Q^{n+1}=D$,令二者相等,可得

$$D=\overline{Q^n} \tag{5.15}$$

根据式(5.15)完成 D 触发器转换 T' 触发器的电路设计,如图 5.25(b) 所示。

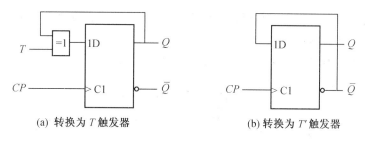

(a) 转换为 T 触发器　　　　　　　　(b) 转换为 T' 触发器

图 5.25　D 触发器转换为 T 触发器和 T' 触发器电路图

2. JK 触发器转换为 D,T 和 T' 触发器

(1)JK 触发器转换为 D 触发器。

JK 触发器的状态方程为 $Q^{n+1} = J\overline{Q^n} + \overline{K}Q^n$,$D$ 触发器的状态方程为 $Q^{n+1} = D$。令二者相等,可得

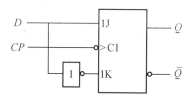

$$J\overline{Q^n} + \overline{K}Q^n = D\overline{Q^n} + DQ^n \qquad (5.16)$$

根据式(5.16) 可得 $J = D$,$K = \overline{D}$,完成 JK 触发器转换为下降沿角触发 D 触发器的电路设计,如图 5.26 所示。

图 5.26　JK 触发器转换为 D 触发器电路图

(2)JK 触发器转换为 T 和 T' 触发器。

根据 T 和 T' 触发器的定义,可直接完成 JK 触发器转换为 T 和 T' 触发器的电路设计,分别如图 5.27(a) 和图 5.27(b) 所示。

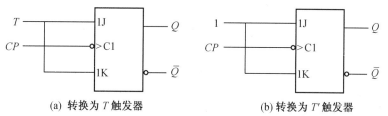

(a) 转换为 T 触发器　　　　　　　　(b) 转换为 T' 触发器

图 5.27　JK 触发器转换为 T 触发器和 T' 触发器电路图

5.3　触发器级时序逻辑电路的分析

时序逻辑电路的分析是指已知某时序逻辑电路,分析其逻辑功能。时序逻辑电路的分析分为同步时序逻辑电路分析和异步时序逻辑电路分析。

5.3.1　同步时序逻辑电路分析

同步时序逻辑电路中所有触发器是受同一时钟脉冲控制的,分析其逻辑功能时通常是先列出激励方程组、状态方程组和输出方程组,然后根据这 3 个方程组,列出状态转换表、画出状态转换图或时序波形图,最后确定逻辑功能。

具体的分析步骤如下:

(1) 根据给定的电路,列出激励方程组。

(2) 将得到的激励方程组分别代入相应触发器的状态方程中,得出状态方程组。

(3) 如果电路有输出端,列出输出方程组。

（4）由状态方程组和输出方程组列出状态转换表,画出状态转换图或时序波形图。

（5）确定电路的逻辑功能。

【例5.4】 分析图5.28所示电路的逻辑功能,设初始状态为000。

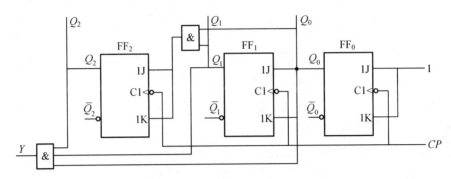

图5.28 例5.4电路图

解 （1）列出激励方程组。

$$J_0 = K_0 = 1, J_1 = K_1 = Q_0, J_2 = K_2 = Q_1 Q_0$$

（2）列出状态方程组。

将激励方程代入 JK 触发器的状态方程 $Q_i^{n+1} = J_i \overline{Q_i^n} + \overline{K_i} Q_i^n, i = 0, 1, 2$,可得状态方程组

$$\begin{cases} Q_0^{n+1} = \overline{Q_0^n} \\ Q_1^{n+1} = Q_0^n \overline{Q_1^n} + \overline{Q_0^n} Q_1^n = Q_0^n \oplus Q_1^n \\ Q_2^{n+1} = Q_1^n Q_0^n \overline{Q_2^n} + \overline{Q_1^n Q_0^n} Q_2^n = (Q_1^n Q_0^n) \oplus Q_2^n \end{cases}$$

（3）列出输出方程。

$$Y = Q_2^n Q_1^n Q_0^n$$

由此可知,该电路为摩尔型同步时序逻辑电路。

（4）列出状态转换表,画出状态转换图和时序波形图。

将初始状态 $Q_2 Q_1 Q_0 = 000$,代入状态方程组和输出方程,依次迭代可得状态转换表,见表5.13。画出状态转换图和时序波形图,分别如图5.29和图5.30所示。

表5.13 例5.4状态转换表

脉冲 CP	现态			次态			输出 Y
	Q_2^n	Q_1^n	Q_0^n	Q_2^{n+1}	Q_1^{n+1}	Q_0^{n+1}	
↓	0	0	0	0	0	1	0
↓	0	0	1	0	1	0	0
↓	0	1	0	0	1	1	0
↓	0	1	1	1	0	0	0
↓	1	0	0	1	0	1	0
↓	1	0	1	1	1	0	0
↓	1	1	0	1	1	1	0
↓	1	1	1	0	0	0	1

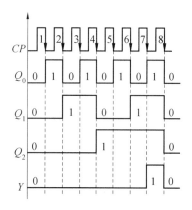

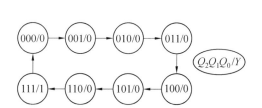

图 5.29　例 5.4 状态转换图　　　　　　图 5.30　　例 5.4 时序波形图

（5）确定逻辑功能。

从步骤（4）可知，电路共有 8 种状态，并且是按 000 ~ 111 递增顺序循环变化，故该电路是同步八进制加法计数器。其中，Y 是进位输出端，且当计数状态为 111 时 $Y = 1$。

【例 5.5】　分析图 5.31 所示电路的逻辑功能，设初始状态为 000。

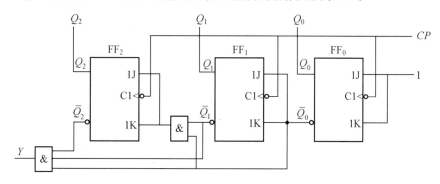

图 5.31　例 5.5 电路图

解　（1）列出激励方程组。

$$J_0 = K_0 = 1, J_1 = K_1 = \overline{Q_0}, J_2 = K_2 = \overline{Q_1}\,\overline{Q_0}$$

（2）列出状态方程组。

将激励方程分别代入 JK 触发器的状态方程 $Q_i^{n+1} = J_i\overline{Q_i^n} + \overline{K_i}Q_i^n, i = 0,1,2$，可得状态方程组：

$$\begin{cases} Q_0^{n+1} = \overline{Q_0^n} \\ Q_1^{n+1} = \overline{Q_0^n}\,\overline{Q_1^n} + Q_0^n Q_1^n = Q_0^n \odot Q_1^n \\ Q_2^{n+1} = \overline{Q_1^n}\,\overline{Q_0^n}\,\overline{Q_2^n} + \overline{\overline{Q_1^n}\,\overline{Q_0^n}}\,Q_2^n = (\overline{Q_1^n}\,\overline{Q_0^n}) \oplus Q_2^n \end{cases}$$

（3）列出输出方程。

$$Y = \overline{Q_2^n}\,\overline{Q_1^n}\,\overline{Q_0^n}$$

由此可知，该电路为摩尔型同步时序逻辑电路。

（4）列出状态转换表，画出状态转换图和时序波形图。

将初始状态 $Q_2Q_1Q_0 = 000$ 代入状态方程组和输出方程，依次迭代可得状态转换表，见表 5.14。画出状态转换图和时序波形图，分别如图 5.32 和图 5.33 所示。

表 5.14　例 5.5 状态转换表

脉冲	现态			次态			输出
CP	Q_2^n	Q_1^n	Q_0^n	Q_2^{n+1}	Q_1^{n+1}	Q_0^{n+1}	Y
↓	0	0	0	1	1	1	1
↓	1	1	1	1	1	0	0
↓	1	1	0	1	0	1	0
↓	1	0	1	1	0	0	0
↓	1	0	0	0	1	1	0
↓	0	1	1	0	1	0	0
↓	0	1	0	0	0	1	0
↓	0	0	1	0	0	0	0

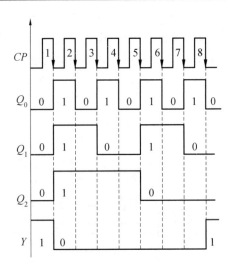

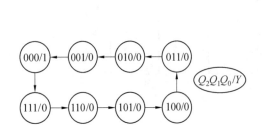

图 5.32　例 5.5 状态转换图　　　　　图 5.33　例 5.5 时序波形图

（5）确定逻辑功能。

从步骤（4）中可知，电路共有 8 种状态，并且是按 111 ~ 000 递减顺序循环变化，故该电路是同步八进制减法计数器。其中，Y 是借位输出端，且当计数到 000 时 $Y = 1$。

【例 5.6】　分析图 5.34 所示电路的逻辑功能，设初始状态为 000。

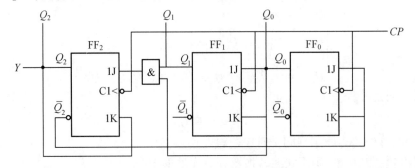

图 5.34　例 5.6 电路图

解 （1）列出激励方程组。

$$J_0 = K_0 = \overline{Q_2}, J_1 = K_1 = Q_0, J_2 = Q_1 Q_0, K_2 = Q_2$$

（2）列出状态方程组。

将激励方程代入 JK 触发器的状态方程 $Q_i^{n+1} = J_i \overline{Q_i^n} + \overline{K_i} Q_i^n, i = 0, 1, 2$，可得状态方程组

$$\begin{cases} Q_0^{n+1} = \overline{Q_2^n}\,\overline{Q_0^n} + Q_2^n Q_0^n = Q_2^n \odot Q_0^n \\ Q_1^{n+1} = Q_0^n \overline{Q_1^n} + \overline{Q_0^n} Q_1^n = Q_0^n \oplus Q_1^n \\ Q_2^{n+1} = Q_1^n Q_0^n \overline{Q_2^n} + \overline{Q_2^n} Q_2^n = Q_1^n Q_0^n \overline{Q_2^n} \end{cases}$$

（3）列出输出方程。

$$Y = Q_2^n$$

由此可知，该电路为摩尔型同步时序逻辑电路。

（4）列出状态转换表，画出状态转换图和时序波形图。

将初始状态 $Q_2 Q_1 Q_0 = 000$ 代入状态方程和输出方程，依次迭代可得状态转换表，见表 5.15。

表 5.15 例 5.6 状态转换表

脉冲 CP	现态			次态			输出 Y
	Q_2^n	Q_1^n	Q_0^n	Q_2^{n+1}	Q_1^{n+1}	Q_0^{n+1}	
↓	0	0	0	0	0	1	0
↓	0	0	1	0	1	0	0
↓	0	1	0	0	1	1	0
↓	0	1	1	1	0	0	0
↓	1	0	0	0	0	0	1
↓	1	0	1	0	1	1	1
↓	1	1	0	0	1	0	1
↓	1	1	1	0	0	1	1

状态转换图和时序波形图分别如图 5.35 和图 5.36 所示。

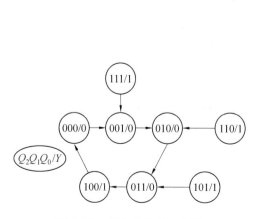

图 5.35 例 5.6 状态转换图

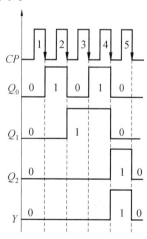

图 5.36 例 5.6 时序波形图

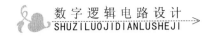

(5) 确定逻辑功能。

由上述分析可知,电路8个状态中有5个状态(000～100)参与循环计数,这5个状态称为有效状态。观察状态变化规律,发现电路状态是按000～100递增顺序变化,故该电路是同步五进制加法计数器。其中 Y 是进位输出端,当输出大于等于100时 $Y=1$,余下的3个状态(101、110和111)称为无效状态。

通常,将包含所有状态(有效状态和无效状态)的状态转换图称为全状态转换图。

由图5.35可知,如果电路启动时进入无效状态,经过1个时钟脉冲 CP 后,电路就可以进入有效状态(计数循环),具有这种特点的电路称为具有自启动功能的电路。所以,该电路为具有自启动功能的五进制加法计数器。

【例5.7】 电路如图5.37所示,试分析该电路的逻辑功能。已知 $d_0 \sim d_3$ 是加到 D 触发器输入端的4位二进制数。

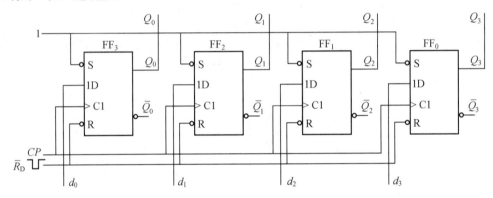

图5.37 例5.7电路图

解 (1) 列出激励方程组。
$$D_0 = d_0, D_1 = d_1, D_2 = d_2, D_3 = d_3$$

(2) 列出状态方程组。

将激励方程分别代入 D 触发器的状态方程 $Q_i^{n+1} = D_i, i = 0,1,2,3$,可得状态方程组
$$\begin{cases} Q_0^{n+1} = d_0 \\ Q_1^{n+1} = d_1 \\ Q_2^{n+1} = d_2 \\ Q_3^{n+1} = d_3 \end{cases}$$

(3) 确定逻辑功能。

由状态方程组可知:在每个时钟脉冲 CP 的上升沿,4位二进制数 $d_0 \sim d_3$ 都被送到4个 D 触发器的 $Q_0 \sim Q_3$ 端。该电路是一个由4个 D 触发器构成的4位寄存器。

由图5.37可知,4个 D 触发器的异步清零端连到一起受 $\overline{R}_D$ 控制,如果在 $\overline{R}_D$ 端输入一个负脉冲,可以使4位寄存器立即清零。所以,该电路是一个带异步清零端的并行输入、并行输出的4位寄存器。

该电路在寄存数据时,需要将触发器 $\overline{R}_D$ 接高电平。

【例5.8】　电路如图5.38所示,若在 A 端依次输入4位二进制数1101,试分析该电路的逻辑功能。

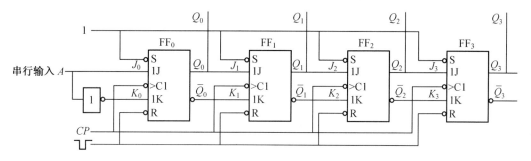

图 5.38　例 5.8 电路图

解　(1)列出激励方程组。

$$J_0 = A, K_0 = \overline{A}, J_1 = Q_0, K_1 = \overline{Q_0}$$
$$J_2 = Q_1, K_2 = \overline{Q_1}, J_3 = Q_2, K_3 = \overline{Q_2}$$

(2)列出状态方程组。

将激励方程代入 JK 触发器的状态方程 $Q_i^{n+1} = J_i\overline{Q_i^n} + \overline{K_i}Q_i^n, i = 0,1,2,3$,可得状态方程组

$$
\begin{cases}
Q_0^{n+1} = A\overline{Q_0^n} + AQ_0^n = A \\
Q_1^{n+1} = Q_0^n\overline{Q_1^n} + Q_0^nQ_1^n = Q_0^n \\
Q_2^{n+1} = Q_1^n\overline{Q_2^n} + Q_1^nQ_2^n = Q_1^n \\
Q_3^{n+1} = Q_2^n\overline{Q_3^n} + Q_2^nQ_3^n = Q_2^n
\end{cases}
$$

(3)列出状态转换表。

在 A 端依次输入1101,可得状态转换表,见表5.16。

表 5.16　例 5.8 状态转换表

CP	输入 A	Q_0	Q_1	Q_2	Q_3
↓	1	1	0	0	0
↓	1	1	1	0	0
↓	0	0	1	1	0
↓	1	1	0	1	1

(4)确定逻辑功能。

由表5.16可知:在每个时钟脉冲 CP 的下降沿,电路按状态方程组发生状态转换,即将数据右移1位。经过 4 个时钟脉冲 CP 后,将 A 端串行输入的 4 位二进制数 1101 由电路的 $Q_3Q_2Q_1Q_0$ 端并行输出,即 $Q_3Q_2Q_1Q_0 = 1101$。所以该电路是串入－并出的4位二进制数右移寄存器。

【例5.9】　电路如图5.39所示,分析 $X = 0$ 和 $X = 1$ 时电路的逻辑功能。已知电路的初始状态为00。

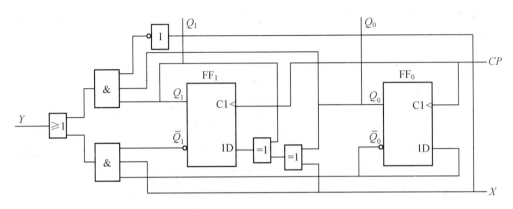

图 5.39 例 5.9 电路图

解 （1）列出激励方程组。

$$D_0 = \overline{Q_0^n}, D_1 = X \oplus Q_0^n \oplus Q_1^n$$

（2）列出状态方程组。

将激励方程代入 D 触发器的状态方程 $Q_i^{n+1} = D_i, i = 0, 1$，可得状态方程组

$$\begin{cases} Q_0^{n+1} = \overline{Q_0^n} \\ Q_1^{n+1} = X \oplus Q_0^n \oplus Q_1^n \end{cases}$$

（3）列出输出方程。

$$Y = Q_1^n Q_0^n \overline{X} + \overline{Q_1^n} \, \overline{Q_0^n} X$$

由此可知，该电路为米里型同步时序逻辑电路。

（4）列出状态转换表，画出状态转换图和时序波形图。

将初始状态 $Q_1 Q_0 = 00$ 代入状态方程和输出方程，依次迭代可得状态转换表，见表 5.17。状态转换图和时序波形图分别如图 5.40 和图 5.41 所示。

表 5.17 例 5.9 状态转换表

现态 $Q_1^n Q_0^n / Y$	次态 / 输出 $Q_1^{n+1} Q_0^{n+1} / Y$	
	$X = 0$	$X = 1$
00	01/0	11/1
01	10/0	00/0
10	11/0	01/0
11	00/1	10/0

（5）确定逻辑功能。

从步骤（4）中可知，当 $X = 0$ 时电路共有 4 种状态，并且按 00 ~ 11 递增顺序循环变化，故 $X = 0$ 时，电路是同步四进制加法计数器，其中，Y 是进位输出端，且当计数状态为 11 时 $Y = 1$。当 $X = 1$ 时电路也有 4 种状态，按 11 ~ 00 递减顺序循环变化，故 $X = 1$ 时，电路是同步四进制减法计数器，其中，Y 是借位输出端，且当计数状态为 00 时 $Y = 1$。

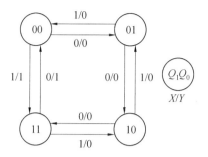

图 5.40　例 5.9 状态转换图

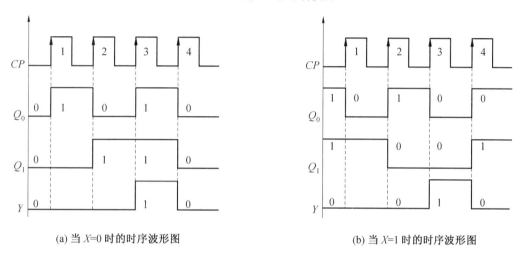

(a) 当 $X=0$ 时的时序波形图　　　　　　　　(b) 当 $X=1$ 时的时序波形图

图 5.41　例 5.9 时序波形图

5.3.2　异步时序逻辑电路分析

　　在异步时序逻辑电路中,触发器的状态转换不是同时发生的。分析时需注意触发器是否存在有效的时钟信号。下面通过例题介绍异步时序逻辑电路的分析方法。

　　【例 5.10】　分析图 5.42 所示电路的逻辑功能,设初始状态为 000。

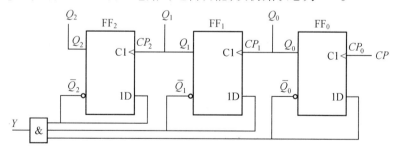

图 5.42　例 5.10 电路图

　　解　（1）列出每个触发器时钟脉冲表达式。

$$CP_0 = CP, CP_1 = Q_0^n, CP_2 = Q_1^n$$

（2）列出激励方程组。

$$D_0 = \overline{Q_0}, D_1 = \overline{Q_1}, D_2 = \overline{Q_2}$$

（3）列出状态方程组。

将激励方程代入 D 触发器的状态方程 $Q_i^{n+1}=D_i,i=0,1,2$,可得状态方程组：

$$Q_0^{n+1}=\overline{Q_0^n},Q_1^{n+1}=\overline{Q_1^n},Q_2^{n+1}=\overline{Q_2^n}$$

注意:图中每个触发器仅在对应时钟脉冲上升沿时,才能发生状态转换。

（4）列出输出方程。

$$Y=\overline{Q_2^n}\,\overline{Q_1^n}\,\overline{Q_0^n}$$

由此可知,该电路为摩尔型异步时序逻辑电路。

（5）列出状态转换表,画出状态转换图和时序波形图。

由于 $CP_0=CP$,所以对于每个 CP 的上升沿,FF_0 都要发生状态转换;$CP_1=Q_0^n$,每当 Q_0 端出现0到1变化时,CP_1 出现上升沿,FF_1 才发生状态转换;$CP_2=Q_1^n$,每当 Q_1 端出现0到1变化时,CP_2 出现上升沿,FF_2 才发生状态转换。

电路初始状态为 $Q_2Q_1Q_0=000$,在第1个 CP 上升沿到来时,FF_0 发生状态转换,Q_0 端由0变为1。由于 $CP_1=Q_0^n$,所以 CP_1 端出现上升沿,FF_1 也发生状态转换,Q_1 端由0变为1。又由于 $CP_2=Q_1^n$,所以 CP_2 端出现上升沿,FF_2 发生状态转换,Q_2 端由0变为1。由分析可知,在第1个 CP 上升沿到来时,电路状态由000变为111。

在第2个 CP 上升沿到来时,电路初始状态为111,FF_0 发生状态转换,Q_0 端由1变为0。CP_1 端没有出现上升沿,FF_1 保持状态不变,$Q_1=1$。由于 Q_1 端状态保持不变,所以 CP_2 端没有出现上升沿,FF_2 状态保持不变,$Q_2=1$。由分析可知,在第2个 CP 上升沿到来时,电路状态由111变为110。

在第3个 CP 上升沿到来时,电路初始状态为110,FF_0 发生状态转换,Q_0 端由0变为1。CP_1 端有上升沿产生,FF_1 发生状态转换,Q_1 端由1变为0,$Q_1=0$。由于 CP_2 端没有出现上升沿,FF_2 状态保持不变,$Q_2=1$。由分析可知,在第3个 CP 上升沿到来时,电路状态由110变为101。

重复上述步骤,可列出状态转换表,见表5.18。状态转换图和时序波形图分别如图5.43和图5.44所示。

表5.18 例5.10 状态转换表

脉冲 CP	现态			次态			输出 Y
	Q_2^n	Q_1^n	Q_0^n	Q_2^{n+1}	Q_1^{n+1}	Q_0^{n+1}	
↑	0	0	0	1	1	1	1
↑	1	1	1	1	1	0	0
↑	1	1	0	1	0	1	0
↑	1	0	1	1	0	0	0
↑	1	0	0	0	1	1	0
↑	0	1	1	0	1	0	0
↑	0	1	0	0	0	1	0
↑	0	0	1	0	0	0	0

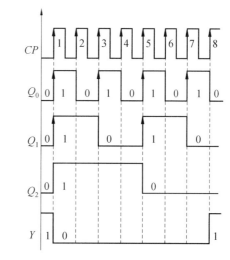

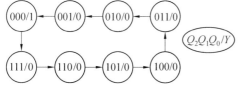

图 5.43　例 5.10 状态转换图　　　图 5.44　例 5.10 时序波形图

（6）确定逻辑功能。

从步骤（4）中可知，电路共有 8 种状态，并且按 $111 \sim 000$ 递减顺序循环变化。故该电路是异步八进制减法计数器，其中 Y 是借位输出端，当状态为 000 时 $Y = 1$。

5.4　触发器级同步时序逻辑电路的设计

触发器级时序逻辑电路设计分为同步时序逻辑电路设计和异步时序逻辑电路设计两种，本节重点介绍同步时序逻辑电路的设计方法。

5.4.1　设计步骤

一般情况下，同步时序逻辑电路的设计应依次遵循以下 7 个步骤：① 根据逻辑问题导出状态转换图（表）；② 状态化简；③ 状态编码；④ 根据编码状态表，求出状态方程组和输出方程组；⑤ 选定触发器类型，推导出激励方程组；⑥ 检查电路能否自启动，如果不能，返回步骤 ③，修改设计；⑦ 完成电路设计。

下面重点介绍状态转换图（表）的导出方法、状态化简方法和状态编码方法。

1. 根据逻辑问题导出状态转换图或状态转换表

导出状态转换图（表）是电路设计的关键步骤。它是将具体的逻辑问题进行抽象化处理，并形成状态转换图（表）的形式来表示。关于此步骤的实现方法有多种，本节介绍一种比较常用的状态定义法，其具体步骤如下：

（1）根据具体逻辑问题，确定输入变量、输出变量及电路的状态。

（2）明确每个状态的逻辑含义，并对每个状态进行编号。

（3）依据题意画出状态转换图，列出状态转换表。

【例 5.11】　导出 3 位串行奇偶校验电路的状态转换图（表）。当电路串行接收了 3 位二进制数码且 1 的个数是偶数时，电路输出为 1，其余情况输出为 0。每 3 位二进制数码为一组，当接收到第 3 位数码后，电路返回初始状态，准备接收下一组数码。

解　（1）确定电路的输入变量、输出变量和状态。

将输入的串行数据定义为输入变量,并用 X 表示,将判断结果定义为输出变量,并用 Y 表示,将电路接收到数码的个数及内容定义为电路的状态,并用 $A \sim G$ 表示。

（2）明确每个状态的逻辑含义并顺序编号。

状态 A:电路初态,没有接收到任何数码;状态 B:电路接收到一个数码且为 0;状态 C:电路接收到一个数码且为 1;状态 D:电路连续接收到两个数码且都为 0;状态 E:电路连续接收到两个数码且数值为 01;状态 F:电路连续接收到两个数码且数值为 10;状态 G:电路连续接收到两个数码且数值为 11。

（3）画出状态转换图和列出状态转换表。

依据题意,当 X 输入不同数值时,确定电路的次态及输出情况,画出电路的状态转换图,如图 5.45 所示。状态转换表见表 5.19。

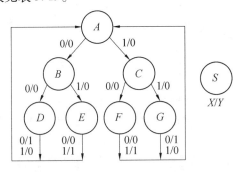

图 5.45 例 5.11 状态转换图

表 5.19 例 5.11 状态转换表

现态	次态 / 输出 (S^{n+1}/Y)	
S^n	$X = 0$	$X = 1$
A	$B/0$	$C/0$
B	$D/0$	$E/0$
C	$F/0$	$G/0$
D	$A/1$	$A/0$
E	$A/0$	$A/1$
F	$A/0$	$A/1$
G	$A/1$	$A/0$

2. 状态化简

电路的状态数越少,设计的电路越简单。根据逻辑问题导出的状态转换图或状态转换表通常含有多余的状态,需要通过状态化简去掉多余状态,得到该电路的最简状态转换图或状态转换表。

状态化简是基于等价状态来实现的,只有相互等价的两个或者多个状态才可以合并成一个状态,最终求得最简状态转换表。

等价状态是指电路中的两个状态 S_i 和 S_j,若在相同的输入条件下有相同的输出并且转换到同一个次态 S_x,则这两个状态称为等价状态,记作 $S_i \approx S_j$。相互等价状态也可用集合的形式来表示,称为等价类,记作(S_i, S_j)。一个等价类可合并成一个状态,即$(S_i, S_j) = S_i$。另外,等价状态还具有传递性,如果$S_i \approx S_j, S_j \approx S_k$,则$S_i \approx S_j \approx S_k$,即$S_i, S_j$和$S_k$相互等价。将所有等价状态用集合来表示称为最大等价类,记作(S_i, S_j, S_k)。同样也可将一个最大等价类合并成一个状态,即$(S_i, S_j, S_k) = S_i$。

本节介绍两种状态化简的方法,分别为观察法和隐含表法。

(1) 观察法。

在导出的状态转换表中找出等价状态,进而找出最大等价类并将其合并成一个状态,最终达到化简状态转换表的目的,这种方法称为观察法。可见找出等价状态是观察法的关键步骤。一般情况下,如果电路中两个状态在所有输入条件下对应的输出相同,且对应的次态满足下列条件之一,即可认为这两个状态是等价的:

① 次态相同;

② 维持现态;

③ 次态交错变化,即状态S_i的次态是S_j,而状态S_j的次态是S_i;

④ 次态互为隐含条件,即S_i和S_j等价取决于S_m和S_n等价,而S_m和S_n等价取决于S_i和S_j等价。故S_i和S_j等价是S_m和S_n等价的隐含条件,S_m和S_n等价是S_i和S_j等价的隐含条件。此时S_i和S_j等价,S_m和S_n也等价。

【例 5.12】　应用观察法,对表 5.20 进行状态化简。

表 5.20　例 5.12 状态转换表

现态 S^n	次态/输出 (S^{n+1}/Y)	
	$X = 0$	$X = 1$
A	$B/0$	$C/0$
B	$E/1$	$C/0$
C	$D/0$	$A/0$
D	$E/1$	$A/0$
E	$E/1$	$C/0$
F	$G/1$	$E/0$
G	$F/1$	$E/0$

解　观察状态转换表 5.20 可知,状态 B 和状态 E 在输入 $X = 0$ 或 1 时有相同的输出,所对应的次态也相同,符合条件 ①,故状态 B 和状态 E 为等价状态,即 $B \approx E$,等价类为 (B, E)。

状态 F 和状态 G 在输入 $X = 0$ 或 1 时有相同的输出,而当 $X = 1$ 时次态相同,当 $X = 0$ 时次态交错变化,符合条件 ① 和 ③,故状态 F 和状态 G 为等价状态,即 $F \approx G$,等价类为 (F, G)。

状态 A 和状态 C 在输入 $X = 0$ 或 1 时有相同的输出,而当 $X = 1$ 时次态交错变化,符合条件 ③,因此只要当 $X = 0$ 时状态 B 和状态 D 等价,A 和 C 就等价。而状态 B 和状态 D 在输入 $X = 0$ 或 1 时有相同的输出,当 $X = 0$ 时次态相同,符合条件 ①,因此只要当 $X = 1$ 时状态 A 和状态 C 等价,B 和 D 就等价。综上,A, C 和 B, D 互为隐含条件,符合条件 ④。故 A, C 等价,B, D 也等价,即 $(A, C), (B, D)$。

由于 B, D 等价,而 B, E 也等价,根据传递性,B, D, E 等价,即 (B, D, E)。本例中共有 3 个等价类 $(A, C), (B, D, E), (F, G)$,合并后分别用 A, B 和 F 标记,即 $(A, C) = (A), (B, D, E) =$

$(B),(F,G)=(F)$。由此得到化简后的状态转换表,见表5.21。从表中可知除了 B,F 在所有输入条件下输出相同,其他状态输出各不相同。而 B,F 等价的条件是 A,B 等价,而 A,B 的输出不相同,故不等价。因此 B,F 也不等价。故 $(A,C),(B,D,E),(F,G)$ 已是最大等价类,不能再合并。表5.21已是最简状态转换表。

表5.21 例5.12最简状态转换表

现态 S^n	次态/输出(S^{n+1}/Y)	
	$X=0$	$X=1$
A	$B/0$	$A/0$
B	$B/1$	$A/0$
F	$F/1$	$B/0$

(2)隐含表法。

观察法适用于比较简单的状态转换表的化简,对于复杂的状态转换表一般采用隐含表的方法化简。隐含表法化简的具体步骤如下:

① 绘制隐含表。

隐含表是一个直角三角形阶梯网格表,两个直角边的网格数相同,网格数等于状态转换表中的状态数减1。每个网格的横纵坐标用状态名称标注,纵坐标自上而下从状态转换表中的第二个状态名称到最后一个状态名称依次标注,横坐标从左到右从状态转换表中的第一个状态名称到倒数第二个状态名称依次标注。其中,每个网格代表一个状态对。

② 顺序比较寻找等价状态。

在隐含表中按照自上而下、从左到右的顺序依次检查和比较每个状态对(检查方法依据观察法中所涉及的等价条件),并将结果用简明的方式填入网格中。每个状态对的比较结果有3种情况:确定两个状态为等价状态,在其对应的网格中填入"√";确定两个状态为不等价状态,在其对应的网格中填入"×";有隐含条件的状态对,在其对应的网格中填入"隐含条件"。

③ 关联比较寻找等价状态。

在隐含表中检查含有隐含条件的状态对,如果隐含条件等价,则状态对等价,此时在其对应的网格不必增加新的标注。反之,状态对不等价,在其对应的网格中填入新的不等价标注,如"⊗"等。具体查找方法是:利用已知的不等价状态(隐含表中已标注"×"的状态对)去找含有隐含条件的不等价状态并填入新的不等价标注,再利用新的不等价状态去进一步寻找新的不等价状态,依此类推,直至确定所有含有隐含条件的状态对是否存在等价关系为止。

④ 寻找全部最大等价类。

在隐含表中凡是没有标注不等价状态符号的网格,其对应的两个状态为等价状态。反之为不等价状态。然后可利用传递性,找出最大等价类。

⑤ 状态合并,列出最简状态转换表。

【例5.13】 应用隐含表法,对例5.11导出的状态转换表(表5.19)进行化简。

解 ① 绘制隐含表。纵坐标从状态 B 开始到状态 G,横坐标从状态 A 开始到状态 F,如图5.46(a)所示。

② 顺序比较寻找等价状态。在隐含表中按照自上而下、从左到右的顺序依次检查和比较每个状态对,并将结果用简明的方式填入网格中。如 A 和 B 比较,输出相同,隐含条件是 B 和 D 及 C 和 E 等价,故将 BD, CE 填入对应的网格中;A 和 D 比较,输出不相同,故两者明显不等价,在对应的网格中填入"×";D 和 G 比较,输出相同,次态相同,故是等价状态,在对应的网格中填入"√"。其他状态比较类似,不再赘述。如图 5.46(a) 所示。

③ 关联比较寻找等价状态。第一轮检查含有隐含条件的状态对,因 B 和 D 不等价,所以 BD 为隐含条件的状态 A 和 B 不等价,在对应的网格中填入"⊗"(区别于"×")符号。因 B 和 F 不等价,以 BF 为隐含条件的状态 A 和 C 不等价,在对应的网格中填入"⊗"。因 D 和 F 不等价,以 DF 为隐含条件的状态 B 和 C 不等价,在对应的网格中填入"⊗"。至此,所有的含有隐含条件的状态对都被检查过,不需要进行第二轮检查,关联比较结束。如图 5.46(b) 所示。

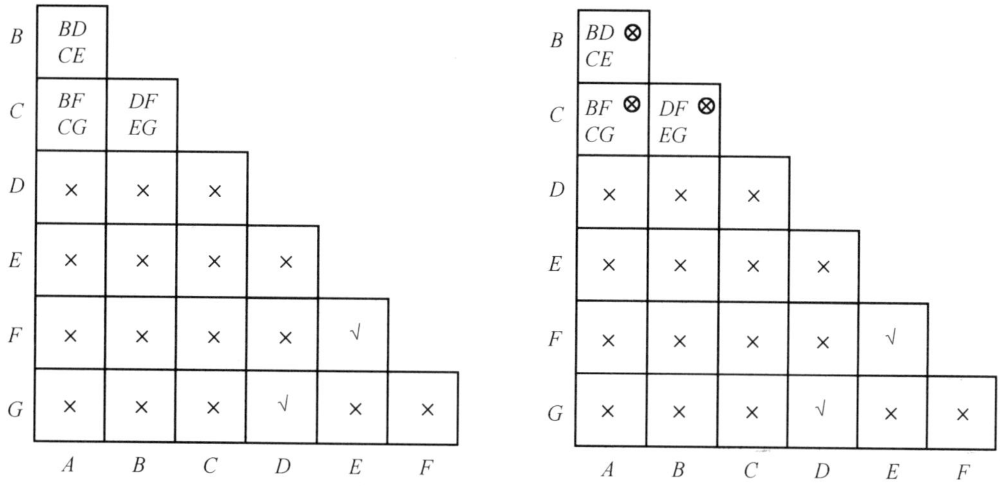

图 5.46　例 5.13 隐含表化简

④ 寻找全部最大等效类。在隐含表中,凡是没有标注"×"和"⊗"的都是等价状态,故是 (D,G) 和 (E,F),根据传递性,无法进行合并。故共有 5 个最大等价类:(A),(B),(C),(D,G) 和 (E,F)。

⑤ 状态合并,列出最简状态转换表。合并状态 $(D,G)=(D)$ 和 $(E,F)=(E)$,得最简状态转换表,见表 5.22,最简状态转换图如图 5.47 所示。

表 5.22　例 5.13 最简状态转换表

现态 S^n	次态 / 输出 (S^{n+1}/Y)	
	$X=0$	$X=1$
A	$B/0$	$C/0$
B	$D/0$	$E/0$
C	$E/0$	$D/0$
D	$A/1$	$A/0$
E	$A/0$	$A/1$

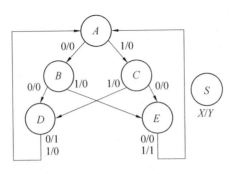

图 5.47　例 5.13 最简状态转换图

3. 状态编码

得到最简状态转换表后,就要进行状态编码,即对最简状态转换表中的每个状态指定一个二进制代码。用二进制代码表示的状态转换表称为编码状态转换表。

一般情况下,状态编码的方案有很多种。不同的方案会得到不同的激励方程和输出方程,从而使设计出的电路复杂度也有所不同。应尽量采用最佳的状态编码方案,以达到最简电路设计结果。状态编码步骤如下:

(1) 确定触发器的个数,即状态编码的长度,也就是二进制代码的位数。若最简状态转换表的状态个数为 M,而触发器的个数为 n,两者应满足如下关系:

$$2^{n-1} < M \leqslant 2^n$$

(2) 寻找最佳状态编码方案,具体分配规则如下:

① 相同输入条件下,次态相同,对应的现态应作为相邻的编码。

② 同一现态在不同的输入条件下,对应的次态应作为相邻的编码。

③ 在所有的输入条件下具有相同的输出,对应的现态应作为相邻的编码。

④ 在最简状态转换表中出现最多的状态,在状态编码上为逻辑 0。

需要指出的是,相邻是指表示状态的二进制代码仅有一位不同。通常在状态分配时,往往不能完全满足 ① ~ ④ 的规则,此时应按照"规则 ① 优先级最高,而规则 ④ 优先级最低,同时兼顾满足多数"的原则进行状态分配。

【例 5.14】　对例 5.13 中的最简状态转换表 5.22 提出一种合适的状态编码方案,并列出编码状态转换表。

解　(1) 表 5.22 中有 5 个状态,根据 $2^{n-1} < M \leqslant 2^n$ 公式,$M=5$,故触发器的个数为 $n=3$,所以需要 3 位的二进制编码。

(2) 根据状态编码的分配规则 ①,D 和 E 应分配相邻编码;根据状态编码的分配规则 ②,B 和 C,D 和 E 应分配相邻编码;根据状态编码的分配规则 ③,A 和 B,A 和 C,B 和 C 应分配相邻编码。同时根据状态编码的分配规则 ④,A 是出现最多的状态,分配其逻辑 0。因此分配方案有多种,本例采用下面的方案:$A=000$,$B=010$,$C=110$,$D=100$ 和 $E=101$,编码状态转换表见表 5.23。

完成了状态编码后,接下来要根据状态编码表求出状态方程组和输出方程组,确定触发器类型,推导出激励方程组,最后完成电路设计。

表 5.23　例 5.14 编码状态转换表

现态 $Q_2Q_1Q_0$	次态 / 输出 (S^{n+1}/Y)	
	$X = 0$	$X = 1$
000	010/0	110/0
010	100/0	101/0
110	101/0	100/0
100	000/1	000/0
101	000/0	000/1

5.4.2　设计举例

下面通过例题详细介绍同步时序电路的设计过程。

【例 5.15】　当串行数据检测器的输入端连续输入 3 个或 3 个以上的 1 时,电路输出 1;其他情况下电路输出为 0。用 JK 触发器完成串行数据检测器的设计。

解　(1) 根据题意进行逻辑抽象,得出电路的状态转换图或状态转换表。

① 确定电路的输入变量、输出变量和状态。

将输入的串行数据定义为输入变量,用 X 表示;将检验结果定义为输出变量,用 Y 表示;将电路接收到 1 的个数看成电路的状态。

② 明确每个状态的逻辑含义。

设电路的初始状态为 S_0,该状态表示电路没有接收到 1,可以是电路刚刚接通电源还没有接收到任何数据,也可以是电路接收到的数据都是 0;状态 S_1:电路已经接收到 1 个 1;状态 S_2:电路已经连续接收到 2 个 1;状态 S_3:电路已经连续接收到 3 个或者 3 个以上的 1。

③ 根据状态之间的关系,导出状态转换图或状态转换表。

当电路处于状态 S_0 时,表明电路还没有接收到 1。若输入 $X = 0$,则电路还将保持状态 S_0,输出为 0;若输入 $X = 1$ 时,电路转换为状态 S_1,说明电路已接收到 1 个 1,输出为 0。

当电路处于状态 S_1 时,表明电路已接收到 1 个 1。若输入 $X = 0$,电路将返回到状态 S_0,输出为 0;若输入 $X = 1$ 时,电路转换为状态 S_2,说明电路已连续接收到 2 个 1,输出为 0。

当电路处于状态 S_2 时,表明电路已连续接收到 2 个 1。若输入 $X = 0$,电路将返回到状态 S_0,输出为 0;若输入 $X = 1$ 时,电路转换为状态 S_3,说明电路已连续接收到 3 个 1,输出为 1。

当电路处于状态 S_3 时,表明电路已连续接收到 3 个 1。若输入 $X = 0$,电路将返回到状态 S_0,输出为 0;而输入 $X = 1$ 时,电路保持在状态 S_3,说明电路已连续接收到 3 个以上个 1,输出为 1。

根据分析,画出状态转换图,如图 5.48 所示。列出状态转换表,见表 5.24。

(2) 状态化简。

观察表 5.24 可知,当 $X = 0$ 或 1 时,状态 S_0 和状态 S_1 有相同输出,状态 S_2 和状态 S_3 有相同的输出,其余状态各不相同,故不等价。而状态 S_0 和状态 S_1 在 $X = 0$ 时状态相同,符合观察法化简的条件①;在 $X = 1$ 时状态 S_0 和状态 S_1 等价的前提是,S_1 和 S_2 等价,而 S_1 和 S_2 因输出不同不可能等价,故状态 S_0 和状态 S_1 不等价。

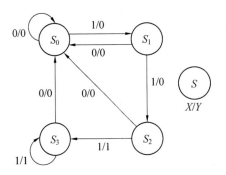

表 5.24　例 5.15 状态转换表

现态	次态 / 输出(S^{n+1}/Y)	
S^n	$X = 0$	$X = 1$
S_0	$S_0/0$	$S_1/0$
S_1	$S_0/0$	$S_2/0$
S_2	$S_0/0$	$S_3/1$
S_3	$S_0/0$	$S_3/1$

图 5.48　例 5.15 状态转换图

状态 S_2 和状态 S_3 在所有输入条件下状态均相同,符合条件观察法化简的条件①,所以 S_2 与 S_3 等价,即 $S_2 \approx S_3$,等价类为 (S_2, S_3)。

针对本例,最大等价类为 (S_2, S_3),合并后用 S_2 标记,即 $(S_2, S_3) = S_2$。由此得到最简状态转换表,见表 5.25。最简状态转换图如图 5.49 所示。

表 5.25　例 5.15 最简状态转换表

现态	次态 / 输出(S^{n+1}/Y)	
S^n	$X = 0$	$X = 1$
S_0	$S_0/0$	$S_1/0$
S_1	$S_0/0$	$S_2/0$
S_2	$S_0/0$	$S_2/1$

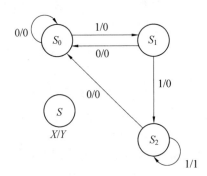

（3）状态编码。

图 5.49　例 5.15 最简状态转换图

表 5.25 中有 3 个状态,根据 $2^{n-1} < M \leqslant 2^n$ 公式,$M = 3$,故触发器的个数为 $n = 2$,所以需要两位的二进制编码。

根据状态编码的分配规则①,S_0 和 S_1,S_0 和 S_2,S_1 和 S_2 应分配相邻编码;根据分配规则②,S_0 和 S_1,S_0 和 S_2 应分配相邻编码;根据分配规则③,S_0 和 S_1 应分配相邻编码。同时根据分配规则④,S_0 是出现最多的状态,分配其逻辑 0。最佳的分配方案为:$S_0 = 00$,$S_1 = 01$ 和 $S_2 = 10$。

编码状态表见表 5.26。

表 5.26　例 5.15 编码状态转换表

现态	次态 / 输出(S^{n+1}/Y)	
$Q_1 Q_0$	$X = 0$	$X = 1$
00	00/0	01/0
01	00/0	10/0
10	00/0	10/1

（4）根据编码状态表，求出状态方程组和输出方程。

由表 5.26 列出功能表 5.27，根据表 5.27 列出状态方程组和输出方程。用卡诺图进行化简，如图 5.50 所示。

表 5.27　例 5.15 功能表

X	Q_1^n	Q_0^n	Q_1^{n+1}	Q_0^{n+1}	Y
0	0	0	0	0	0
0	0	1	0	0	0
0	1	0	0	0	0
0	1	1	×	×	×
1	0	0	0	1	0
1	0	1	1	0	0
1	1	0	1	0	1
1	1	1	×	×	×

$$Q_1^{n+1}(X,Q_1^n,Q_0^n) = \sum m(5,6) + \sum \phi(3,7)$$

$$Q_0^{n+1}(X,Q_1^n,Q_0^n) = \sum m(4) + \sum \phi(3,7)$$

$$Y(X,Q_1^n,Q_0^n) = \sum m(6) + \sum \phi(3,7)$$

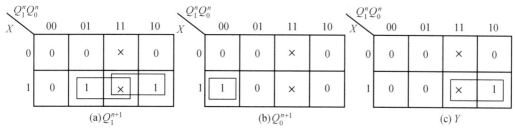

图 5.50　卡诺图化简

经化简可得电路的状态方程组和输出方程：

$$Q_1^{n+1} = XQ_0^n + XQ_1^n$$

$$Q_0^{n+1} = X\overline{Q_1^n}\,\overline{Q_0^n}$$

$$Y = XQ_1^n$$

（5）根据触发器类型，推导出激励方程组。

本例要求使用 JK 触发器。JK 触发器的状态方程为 $Q^{n+1} = J\overline{Q^n}\overline{K}Q^n$，对状态方程进行变换。

$$Q_1^{n+1} = XQ_0^n + XQ_1^n = XQ_0^n(Q_1^n + \overline{Q_1^n}) + XQ_1^n = (XQ_0^n)\overline{Q_1^n} + XQ_1^n$$

$$Q_0^{n+1} = X\overline{Q_1^n}\,\overline{Q_0^n} = (X\overline{Q_1^n})\overline{Q_0^n} + \overline{1}\,Q_0^n$$

将变换后的状态方程与 JK 触发器的状态方程进行比较，可得激励方程组

$$J_1 = XQ_0^n, K_1 = \overline{X}$$

$$J_0 = X\overline{Q_1^n}, K_0 = 1$$

（6）检查电路的自启动特性。

设电路初始状态 $Q_1^n Q_0^n = 11$，将其代入状态方程组，可得 $Q_1^{n+1}Q_0^{n+1} = X0$，若 $X = 0$，则 $Q_1^{n+1}Q_0^{n+1} = 00$；若 $X = 1$，则 $Q_1^{n+1}Q_0^{n+1} = 10$。由分析可知，在任何输入条件下状态 11 的次态都是有效状态，说明该电路具有自启动特性。

· 171 ·

（7）电路设计。

根据激励方程组和输出方程,完成电路设计,如图 5.51 所示。

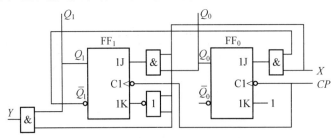

例 5.51　例 5.15 电路图

【例 5.16】　用 D 触发器完成例 5.15 的设计。

解　与例 5.15 的区别就是触发器类型不同。设计的前 4 步同例 5.15。

本例要求使用 D 触发器。D 触发器的状态方程为 $Q^{n+1} = D^n$,可得激励方程组:

$$D_1^n = XQ_0^n + XQ_1^n, D_0^n = X\overline{Q_1^n}\,\overline{Q_0^n}$$

检查电路是否具有自启动特性:

设电路初始状态 $Q_1^n Q_0^n = 11$,将其代入状态方程组,可得 $Q_1^{n+1} Q_0^{n+1} = X0$,若 $X = 0$,则 $Q_1^{n+1} Q_0^{n+1} = 00$;若 $X = 1$,则 $Q_1^{n+1} Q_0^{n+1} = 10$。由分析可知,该电路具有自启动特性。

根据激励方程组和输出方程完成电路设计,如图 5.52 所示。

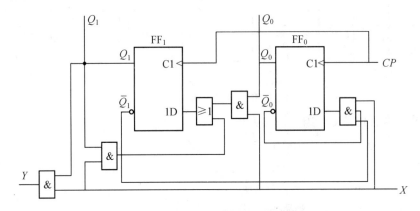

图 5.52　例 5.16 电路图

【例 5.17】　用 JK 设计一个五进制同步减法计数器,要求能够自启动。

解　（1）所设计的计数器状态编码表见表 5.28,状态转换图如图 5.53 所示。

表 5.28　例 5.17 编码状态转换表

脉冲	现态			次态			输出
CP	Q_2^n	Q_1^n	Q_0^n	Q_2^{n+1}	Q_1^{n+1}	Q_0^{n+1}	B
↓	0	0	0	1	0	0	1
↓	1	0	0	0	1	1	0
↓	0	1	1	0	1	0	0
↓	0	1	0	0	0	1	0
↓	0	0	1	0	0	0	0

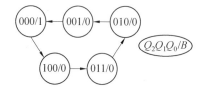

图 5.53　例 5.17 状态转换图

（2）根据状态表，求出状态方程组和输出方程。

根据表 5.28 列出状态方程和输出方程。用卡诺图进行化简，如图 5.54 所示。

$$Q_2^{n+1}(Q_2^n, Q_1^n, Q_0^n) = \sum m(0) + \sum \phi(5,6,7)$$

$$Q_1^{n+1}(Q_2^n, Q_1^n, Q_0^n) = \sum m(3,4) + \sum \phi(5,6,7)$$

$$Q_0^{n+1}(Q_2^n, Q_1^n, Q_0^n) = \sum m(2,4) + \sum \phi(5,6,7)$$

$$B(Q_2^n, Q_1^n, Q_0^n) = \sum m(0) + \sum \phi(5,6,7)$$

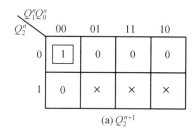

(a) Q_2^{n+1}

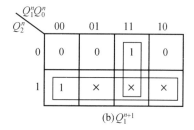

(b) Q_1^{n+1}

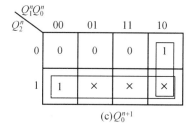

(c) Q_0^{n+1}

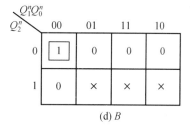

(d) B

图 5.54　卡诺图化简

经化简可得电路的状态方程组和输出方程：

$$Q_2^{n+1} = \overline{Q_2^n}\,\overline{Q_1^n}\,\overline{Q_0^n}$$

$$Q_1^{n+1} = Q_1^n Q_0^n + Q_2^n$$

$$Q_0^{n+1} = Q_1^n \overline{Q_0^n} + Q_2^n$$

$$B = \overline{Q_2^n}\,\overline{Q_1^n}\,\overline{Q_0^n}$$

（3）根据触发器类型，推导出激励方程组。

本例要求使用 JK 触发器。JK 触发器的状态方程为 $Q^{n+1} = J\overline{Q^n} + \overline{K}Q^n$。对状态方程进行变换：

$$Q_2^{n+1} = \overline{Q_2^n} \, \overline{Q_1^n} \, \overline{Q_0^n} = (\overline{Q_1^n Q_0^n}) \overline{Q_2^n} + \overline{1} Q_2^n$$

$$Q_1^{n+1} = Q_1^n Q_0^n + Q_2^n = Q_2^n (\overline{Q_1^n} + Q_1^n) + (Q_0^n) Q_1^n = (Q_2^n) \overline{Q_1^n} + (\overline{\overline{Q_2^n} \, \overline{Q_0^n}}) Q_1^n$$

$$Q_0^{n+1} = Q_1^n \overline{Q_0^n} + Q_2^n = (Q_1^n) \overline{Q_0^n} + Q_2^n (\overline{Q_0^n} + Q_0^n) = (\overline{\overline{Q_2^n} \, \overline{Q_1^n}}) \overline{Q_0^n} + (Q_2^n) Q_0^n$$

与 JK 触发器的状态方程比较,可得激励方程为

$$J_2 = \overline{Q_1^n} \, \overline{Q_0^n}, \qquad K_2 = 1$$

$$J_1 = Q_2^n, \qquad K_1 = \overline{Q_2^n} \, \overline{Q_0^n}$$

$$J_0 = \overline{\overline{Q_2^n} \, \overline{Q_1^n}}, \qquad K_0 = \overline{Q_2^n}$$

(4)检查电路能否自启动。

由表 5.28 可知,电路存在 3 个无效状态:101、110 和 111。将无效状态分别代入状态方程组,得到的次态均为 011,且输出都为 0,说明该电路具有自启动特性。

(5)完成电路设计。

电路如图 5.55 所示。

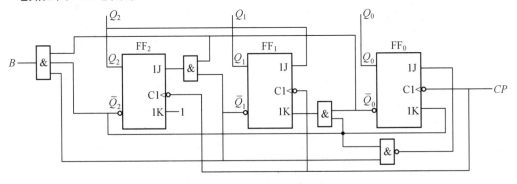

图 5.55　例 5.17 电路图

【例 5.18】 用 D 触发器设计一个七进制同步加法计数器,要求能够自启动。

解 (1)根据题意列出状态表,画出状态转换图。

七进制同步加法计数器编码状态转换表见表 5.29,状态转换图如图 5.56 所示。

表 5.29　例 5.18 编码状态转换表

脉冲 CP	现态			次态			输出 C
	Q_2^n	Q_1^n	Q_0^n	Q_2^{n+1}	Q_1^{n+1}	Q_0^{n+1}	
↑	0	0	0	0	0	1	0
↑	0	0	1	0	1	0	0
↑	0	1	0	0	1	1	0
↑	0	1	1	1	0	0	0
↑	1	0	0	1	0	1	0
↑	1	0	1	1	1	0	0
↑	1	1	0	0	0	0	1

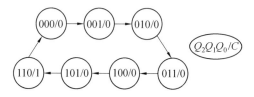

图 5.56　例 5.18 状态转换图

（2）根据状态表，求出状态方程组和输出方程。

根据表 5.26 列出状态方程组和输出方程。用卡诺图进行化简，如图 5.57 所示。

$$Q_2^{n+1}(Q_2^n,Q_1^n,Q_0^n) = \sum m(3,4,5) + \sum \phi(7)$$

$$Q_1^{n+1}(Q_2^n,Q_1^n,Q_0^n) = \sum m(1,2,5) + \sum \phi(7)$$

$$Q_0^{n+1}(Q_2^n,Q_1^n,Q_0^n) = \sum m(0,2,4) + \sum \phi(7)$$

$$C(Q_2^n,Q_1^n,Q_0^n) = \sum m(6) + \sum \phi(7)$$

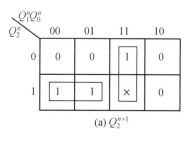

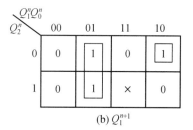

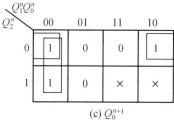

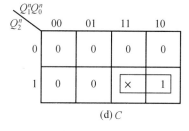

图 5.57　卡诺图化简

经化简可得电路的状态方程组和输出方程：

$$Q_2^{n+1} = Q_2^n \overline{Q_1^n} + Q_1^n Q_0^n$$

$$Q_1^{n+1} = \overline{Q_1^n} Q_0^n + \overline{Q_2^n} Q_1^n \overline{Q_0^n}$$

$$Q_0^{n+1} = \overline{Q_2^n} \overline{Q_0^n} + \overline{Q_1^n} \overline{Q_0^n} = (\overline{Q_2^n} + \overline{Q_1^n}) \overline{Q_0^n} = \overline{Q_2^n Q_1^n} \ \overline{Q_0^n}$$

$$C = Q_2^n Q_1^n$$

（3）根据触发器类型，推导出激励方程组。

本例要求使用 D 触发器，D 触发器的状态方程为 $Q^{n+1} = D$，可得激励方程组：

$$D_2^n = Q_2^n \overline{Q_1^n} + Q_1^n Q_0^n, \quad D_1^n = \overline{Q_1^n} Q_0^n + \overline{Q_2^n} Q_1^n \overline{Q_0^n}, \quad D_0^n = \overline{Q_2^n Q_1^n} \ \overline{Q_0^n}$$

（4）检查电路的自启动特性。

由表 5.29 可知,电路存在 1 个无效状态 111。将无效状态 111 代入状态方程组,得到的次态为 100,且输出为 0,说明该电路可以自启动。

（5）完成电路设计。

电路如图 5.58 所示。

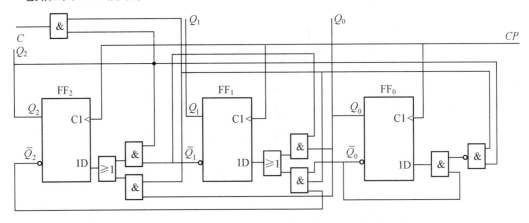

图 5.58　例 5.18 电路图

5.5　触发器级异步时序逻辑电路的设计

异步时序逻辑电路中的各个触发器的状态改变是不同步的,当设计异步时序电路时,除了要遵循同步时序电路的设计步骤外,还要考虑给每个触发器选择适合的时钟信号,即求出时钟信号方程。

本节重点介绍异步计数器的设计方法,设计步骤如下:

（1）建立最简状态表（图）,进行状态编码。

（2）画出时序波形图,确定触发器的时钟脉冲信号方程。

（3）根据编码状态转换表,求出状态方程组和输出方程组。

（4）根据触发器类型,推导出激励方程组。

（5）检查电路能否自启动,如果不能,返回步骤（3）,修改设计。

（6）完成电路设计。

下面通过例题介绍异步时序逻辑电路的设计方法。

【例 5.19】　试用 JK 触发器设计一个异步十进制加法计数器。要求所设计的电路能够自启动。

　　解　（1）建立最简状态图,进行状态编码。

十进制加法计数器有 10 个状态,这 10 个状态不需要化简,直接进行编码,十个状态对应的编码为 0000 ~ 1001,计数状态用 $Q_3 Q_2 Q_1 Q_0$ 表示,C 为进位输出端。状态转换图如图 5.59 所示,编码状态转换表见表 5.30。

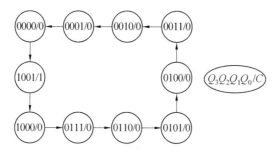

图 5.59　例 5.19 状态转换图

表 5.30　例 5.19 编码状态转换表

脉冲	现　态				次　态				输　出
CP	Q_3^n	Q_2^n	Q_1^n	Q_0^n	Q_3^{n+1}	Q_2^{n+1}	Q_1^{n+1}	Q_0^{n+1}	C
↓	0	0	0	0	0	0	0	1	0
↓	0	0	0	1	0	0	1	0	0
↓	0	0	1	0	0	0	1	1	0
↓	0	0	1	1	0	1	0	0	0
↓	0	1	0	0	0	1	0	1	0
↓	0	1	0	1	0	1	1	0	0
↓	0	1	1	0	0	1	1	1	0
↓	0	1	1	1	1	0	0	0	0
↓	1	0	0	0	1	0	0	1	0
↓	1	0	0	1	0	0	0	0	1

（2）画出时序波形图,确定触发器的时钟信号方程。

十进制加法计数器的时序波形图如图 5.60 所示。

由状态表可知,电路需要 4 个 JK 触发器,用 $FF_3 \sim FF_0$ 从左到右依次表示 4 个 JK 触发器。下面根据时序波形图,确定时钟信号方程。

① FF_0 时钟脉冲信号的确定。

由图 5.60 可知,在每个系统时钟 CP 的下降沿,Q_0 翻转,所以可确定 FF_0 的时钟脉冲信号 $CP_0 = CP$。

② FF_1 时钟信号的确定。

观察时序波形图可知,Q_1 翻转均出现在 Q_0 的下降沿,所以可确定 FF_1 的时钟脉冲信号 $CP_1 = Q_0$。

③ FF_2 时钟信号的确定。

观察时序波形图可知,Q_2 翻转均出现在 Q_1 的下降沿,所以可确定 FF_2 的时钟脉冲信号 $CP_2 = Q_1$。

④ FF_3 时钟信号的确定。

观察时序波形图可知,在计数周期 0000 ~ 1001 中 Q_3 翻转两次,而系统时钟 CP 和 Q_0 在这两次翻转时都提供了下降沿,所以 FF_3 的时钟脉冲信号 CP_3 可选择 CP 或 Q_0。

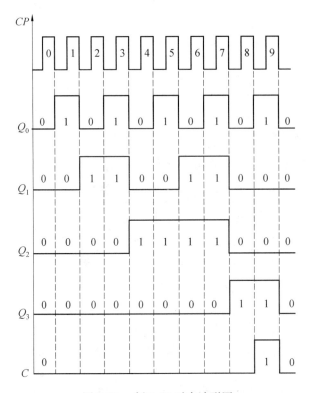

图 5.60　例 5.19 时序波形图

在异步时序逻辑电路设计时,时钟脉冲信号的选取并非唯一,通常遵循以下规则:

① 时钟脉冲信号必须保证触发器翻转时有相同的边沿。

② 所选的时钟脉冲信号变化次数越少越好。

根据上述规则,FF_3 的时钟脉冲信号 CP_3 选择 Q_0。$FF_3 \sim FF_0$ 的时钟脉冲信号方程组为
$$CP_0 = CP, \quad CP_1 = Q_0, \quad CP_2 = Q_1, \quad CP_3 = Q_0$$

（3）根据编码状态转换表,求出状态方程组和输出方程。

由于触发器的状态改变不同时出现,所以不能够根据表 5.30 直接列出状态方程。

① FF_0 状态方程。

由于 $CP_0 = CP$,在每个 CP 的下降沿 Q_0 翻转,则有
$$Q_0^{n+1}(Q_3^n, Q_2^n, Q_1^n, Q_0^n) = \sum m(0,2,4,6,8) + \sum \phi(10,11,12,13,14,15)$$

用卡诺图进行化简,如图 5.61(a) 所示,可得 FF_0 状态方程:
$$Q_0^{n+1} = \overline{Q_0^n}(CP_0 = CP)$$

② FF_1 状态方程。

由于 $CP_1 = Q_0$,Q_1 翻转出现在 Q_0 的下降沿。当现态为 0001,0011,0101,0111 时,在 CP_1 的下降沿 Q_1 翻转。当现态为 0000,0010,0100,0110,1000 时 CP_1 没有下降沿,这些状态通常作为 "任意项" 处理。当现态为 1001 时 CP_1 有下降沿,但 Q_1 不翻转。经分析可得
$$Q_1^{n+1}(Q_3^n, Q_2^n, Q_1^n, Q_0^n) = \sum m(1,5) + \sum \phi(0,2,4,6,8,10,11,12,13,14,15)$$

用卡诺图进行化简,如图 5.61(b) 所示,可得 FF_1 状态方程:
$$Q_1^{n+1} = \overline{Q_3^n}\,\overline{Q_1^n}(CP_1 = Q_0)$$

③ FF_2 状态方程。

由于 $CP_2 = Q_1$，Q_2 翻转出现在 Q_1 的下降沿。当现态为 0011，0111 时，在 CP_2 的下降沿 Q_2 翻转。其余现态时 CP_2 均没有下降沿，这些状态作为“任意项”处理。经分析可得

$$Q_2^{n+1}(Q_3^n, Q_2^n, Q_1^n, Q_0^n) = \sum m(3) + \sum \phi(0,1,2,4,5,6,8,9,10,11,12,13,14,15)$$

用卡诺图进行化简，如图 5.61(c) 所示，可得 FF_2 状态方程：

$$Q_2^{n+1} = \overline{Q_2^n}(CP_2 = Q_1)$$

④ FF_3 状态方程。

$CP_3 = Q_0$，Q_3 翻转出现在 Q_0 的下降沿，当现态为 0111，1001 时 Q_3 翻转。CP_3 有下降沿但 Q_3 无翻转的现态有：0001，0011，0101。当现态为 0000，0010，0100，0110，1000，1001 时，CP_3 没有下降沿，这些状态作为“任意项”处理。经分析可得

$$Q_3^{n+1}(Q_3^n, Q_2^n, Q_1^n, Q_0^n) = \sum m(7) + \sum \phi(0,2,4,6,8,10,11,12,13,14,15)$$

用卡诺图进行化简，如图 5.61(d) 所示，可得 FF_3 状态方程：

$$Q_3^{n+1} = Q_2^n Q_1^n (CP_3 = Q_0)$$

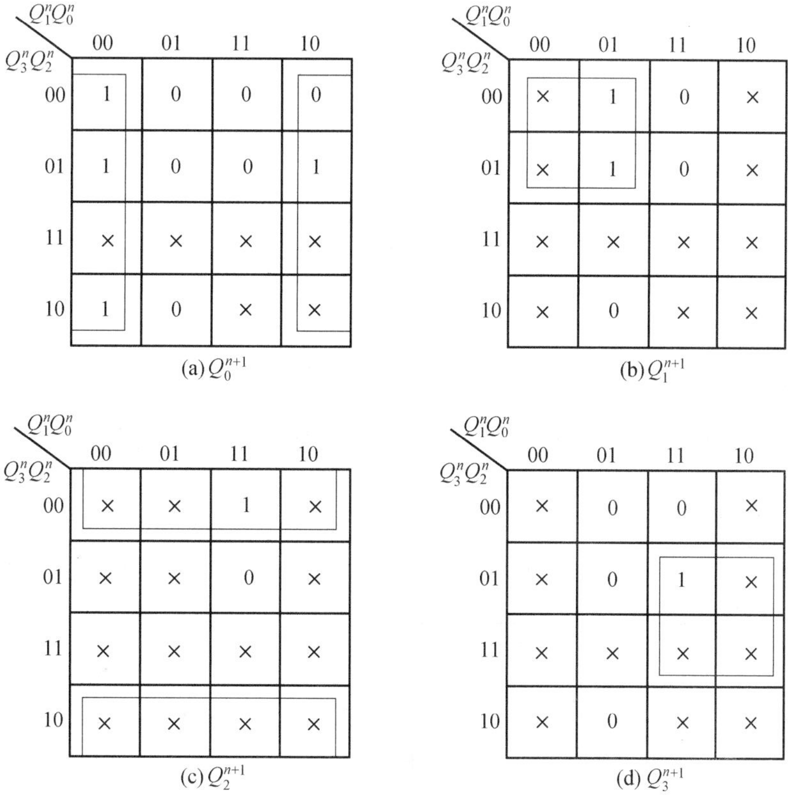

(a) Q_0^{n+1}　(b) Q_1^{n+1}　(c) Q_2^{n+1}　(d) Q_3^{n+1}

图 5.61　十进制异步加法计数器卡诺图

⑤ 输出方程。

由表 5.30 直接列出输出方程：

$$C = Q_3^n Q_0^n$$

状态方程组和输出方程为

$$Q_0^{n+1} = \overline{Q}_0^n(CP_0 = CP) \qquad Q_1^{n+1} = \overline{Q}_3^n\,\overline{Q}_1^n(CP_1 = Q_0)$$

$$Q_2^{n+1} = \overline{Q}_2^n(CP_2 = Q_1) \qquad Q_3^{n+1} = Q_2^n Q_1^n(CP_3 = Q_0)$$

$$C = Q_3^n Q_0^n$$

（4）根据触发器类型，推导出激励方程组。

本题采用 JK 触发器，根据 JK 触发器的状态方程 $Q^{n+1} = J\overline{Q}^n + \overline{K}Q^n$，可得激励方程组

$$J_0 = K_0 = 1, \qquad J_1 = \overline{Q}_3^n, K_1 = 1$$

$$J_2 = K_2 = 1, \qquad J_3 = Q_2^n Q_1^n, K_3 = \overline{Q_2^n Q_1^n}$$

（5）检查电路的自启动功能。

将6个无效状态 1010,1011,1100,1101,1110 和 1111 分别代入状态方程求得次态。注意：首先要判断触发器是否处于有效边沿，若处于有效边沿则将现态代入状态方程组，求出次态；若无有效边沿，触发器状态保持不变。验证结果见表 5.31。由表可知该电路具有自启动功能。

表5.31　自启动功能检查表

脉冲	现态				次态				输出
CP	Q_3^n	Q_2^n	Q_1^n	Q_0^n	Q_3^{n+1}	Q_2^{n+1}	Q_1^{n+1}	Q_0^{n+1}	C
↓	1	0	1	0	1	0	1	1	0
↓	1	0	1	1	0	1	0	0	1
↓	1	1	0	0	1	1	0	1	0
↓	1	1	0	1	0	1	0	0	1
↓	1	1	1	0	1	1	1	1	0
↓	1	1	1	1	1	0	0	0	1

（6）电路设计。

电路如图 5.62 所示。

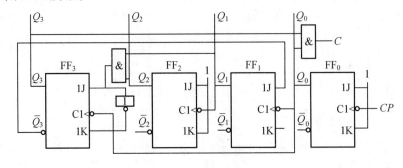

图 5.62　例 5.19 电路图

5.6　触发器性能实验

5.6.1　实验目的和意义

（1）掌握 D 触发器和 JK 触发器的功能、使用方法和测试方法。
（2）掌握基本 RS 触发器的组成及工作原理。
（3）掌握 D 触发器转换为 JK、RS、T 和 T' 触发器的方法。
（4）掌握 JK 触发器转换为 D、T 和 T' 触发器的方法。
（5）掌握触发器级时序逻辑电路的分析方法。

5.6.2　实验预习要求

（1）复习有关触发器的知识。
（2）完成实验中涉及由触发器构成的时序逻辑电路的设计图和波形图。

5.6.3　实验仪器和设备

（1）数字电路实验箱：1 台。
（2）数字万用表：1 块。
（3）示波器：1 台。
（4）双 D 触发器 7474：1 片。
（5）双 JK 触发器 74112：1 片。
（6）"与"门、"或"门、"异或"门、"非"门、"与非"门：若干。

5.6.4　实验注意事项

（1）实验中要求使用 + 5 V 电源给芯片供电，电源极性不要接错。
（2）插入集成芯片时，要认清定位标记，不得插反。
（3）连线之前，先用万用表测量导线是否导通。
（4）接通电源前，需用万用表检测电源和地是否正确接入电路。
（5）实验过程中注意观察实验现象，如发生芯片过热等情况立即关闭电源，并报告实验指导教师。

5.6.5　实验内容

（1）逻辑功能测试。
①"与非"门组成的基本 RS 触发器的逻辑功能测试。

a. 按照图 5.5(a) 接线。输入端 $\overline{R}_D$ 和 $\overline{S}_D$ 接逻辑开关，输出端 Q 和 $\overline{Q}$ 接指示灯。

b. 检查电路，确认接线无误后，接通实验箱电源，改变 $\overline{R}_D$ 和 $\overline{S}_D$ 的电平，观察并记录 Q 和 $\overline{Q}$ 的值。

c. 参考表 5.3 完成基本 RS 触发器的逻辑功能测试。

② 双 JK 触发器 74112 的逻辑功能测试。

先完成 74112 第 1 组 JK 触发器的逻辑功能测试。

a. 将 74112 插到实验箱 DIP16 管座上,注意芯片方向;

b. 将 74112 的 16 引脚(U_{CC})接到实验箱的 + 5 V,8 引脚(GND)接到实验箱的地;

c. 将 74112 的 1 引脚(1CP)与实验箱的脉冲输出端相连;

d. 将 74112 的 2,3,4 和 15 引脚分别与拨动开关相连;

e. 将 74112 的 5 和 6 引脚分别接发光二极管;

f. 检查电路,确认接线无误后,接通实验箱电源,参考表 5.8 完成第 1 组 JK 触发器的逻辑功能测试。

按照同样的方法完成 74112 第 2 组 JK 触发器的逻辑功能测试。

③ 参考 74112 的测试步骤,完成双 D 触发器 7474 的逻辑功能测试。

(2)实现 D 触发器转换为 JK,RS,T 和 T' 触发器。

(3)实现 JK 触发器转换为 D,T 和 T' 触发器。

(4)分别用 JK 触发器和 D 触发器设计 5 进制同步减法计数器。

本章小结

时序逻辑电路的最大特点是具有记忆功能,它的输出在任何时刻不仅与该时刻的输入有关,还与电路的原来状态有关,因此这种电路在数字系统中得到了广泛应用,如电子时钟和交通灯控制系统等。构成时序逻辑电路的基本逻辑单元是触发器,本章围绕触发器详细介绍时序逻辑电路的分析与设计。

(1)组合逻辑电路和存储电路构成了时序逻辑电路。时序逻辑电路可分为同步时序逻辑电路和异步时序逻辑电路,也可分为米里型电路和摩尔型电路。时序逻辑电路可以通过方程组法、状态转换表法、状态转换图法和时序波形图法等来描述。

(2)触发器的种类繁多,分为基本 RS 触发器、时钟同步 RS 触发器、JK 触发器、D 触发器、T 和 T' 触发器。本章详细介绍各种触发器的基本结构,进而说明触发器的外部使用特性、逻辑符号、状态转换表、状态方程和时序波形图等。此外,可以基于 JK 触发器或 D 触发器,增加一些门电路,转换成其他类型的触发器。

(3)准确分析时序逻辑电路是设计出一个优秀时序电路的前提,本章从同步时序逻辑电路和异步时序逻辑电路的角度出发,以计数器和寄存器为例,详细阐述时序逻辑电路的分析方法。

(4)本章重点阐述了触发器级同步时序逻辑电路的设计步骤,共分为 6 步:导出状态转换图(表);状态化简;状态分配;选定触发器并写出电路方程式;推导出激励方程组;检查能否自启动;画出逻辑电路图。

习 题

5.1 某时序逻辑电路的状态转换图如图 5.63 所示,设电路初始状态为 S_0,输入序列为 $X = 1010110100$,试列出它的状态转换表,并确定电路的状态序列和输出序列。

5.2 用"与非"门组成的时钟同步 RS 触发器的输入波形如图 5.64 所示,设初始状态 $Q =$ 0,试画出 Q 和 $\bar{Q}$ 端相对应的电压波形。

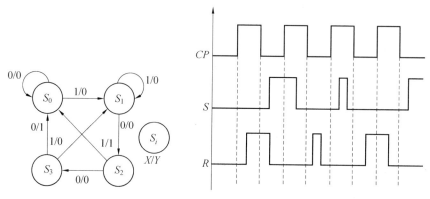

图 5.63　题 5.1 图　　　　　图 5.64　题 5.2 图

5.3　在"或非"门组成的基本 RS 触发器电路中,输入端 S_D 和 R_D 的电压波形如图 5.65 所示,设初始状态 $Q = 0$,试画出 Q 和 $\overline{Q}$ 端相对应的电压波形。

5.4　如图 5.66(a) 所示,若边沿结构 JK 触发器 $\overline{S}_D,J,CP,K$ 和 $\overline{R}_D$ 加入图 5.66(b) 所示的电压波形,试画出 Q 和 $\overline{Q}$ 端对应的电压波形。

图 5.65　题 5.3 图

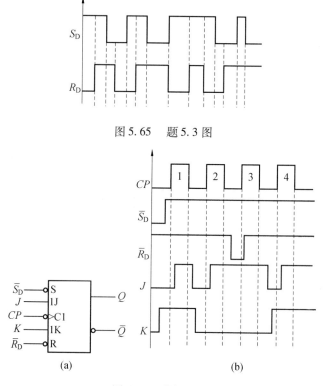

图 5.66　题 5.4 图

5.5　已知输入波形如图 5.67(c) 所示,将其分别加到两个边沿触发型 JK 触发器输入端,如图 5.67(a) 和图 5.67(b) 所示。设初始状态为 $Q = 0$,试分别画出两个 JK 触发器的 Q 端的输出波形。

5.6　D 触发器如图 5.68(a) 所示,其输入端 D 和 CP 的波形如图 5.68(b) 所示,设初始状

态 $Q = 0$,试画出 D 触发器的 Q 和 $\overline{Q}$ 端的输出波形。

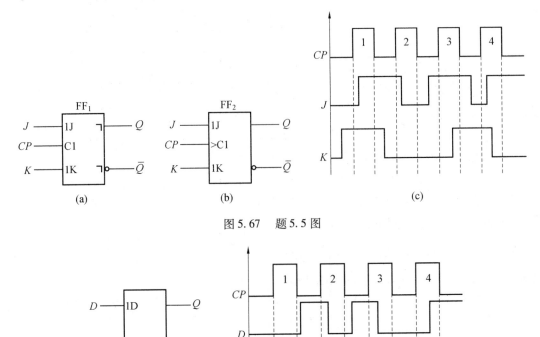

图 5.67　题 5.5 图

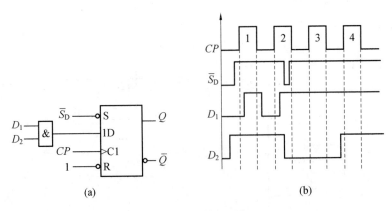

图 5.68　题 5.6 图

5.7　已知输入波形如图 5.69(b) 所示,设初始状态 $Q = 0$,试画出对应的 Q 和 $\overline{Q}$ 端的输出波形。

图 5.69　题 5.7 图

5.8　利用图 5.70 所示的 D 触发器,分别设计上升沿触发有效的 T' 触发器和 JK 触发器,必要时可附加逻辑门。

5.9　利用图 5.71 所示的 JK 触发器,分别设计上升沿触发有效的 T 触发器和 D 触发器,必要时可附加逻辑门。

图 5.70　题 5.8 图　　　　　图 5.71　题 5.9 图

5.10　试分析图 5.72 中两个时序逻辑电路的逻辑功能,画出状态转换图及状态转换表。设初始状态为 0 态。

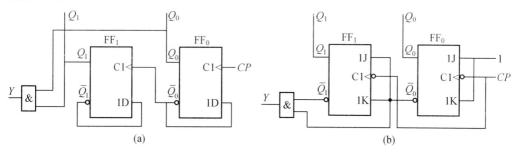

图 5.72　题 5.10 图

5.11　试分析图 5.73 中时序逻辑电路的逻辑功能,画出状态转换图及状态转换表,设初始状态为 0 态。

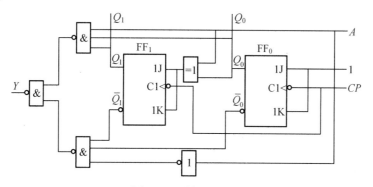

图 5.73　题 5.11 图

5.12　试分析图 5.74 中所示时序逻辑电路的逻辑功能,画出状态转换图,设初始状态为 0 态。

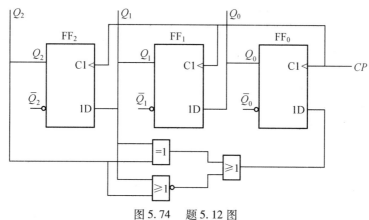

图 5.74　题 5.12 图

5.13 用观察法化简表 5.32 所示的状态转换表,用隐含法化简表 5.33 所示的状态转换表,找出最大等价类并列出其最简状态转换表。

表 5.32 题 5.13 中的表(1)

现态	次态 / 输出(S^{n+1}/Y)	
S^n	$X = 0$	$X = 1$
A	A/0	B/0
B	A/0	C/0
C	D/0	E/1
D	A/1	F/0
E	A/0	C/0
F	F/0	G/0
G	F/0	C/0

表 5.33 题 5.13 中的表(2)

现态	次态 / 输出(S^{n+1}/Y)	
S^n	$X = 0$	$X = 1$
A	A/0	C/0
B	D/1	A/0
C	F/0	F/0
D	E/1	B/0
E	G/1	G/0
F	C/0	C/0
G	B/1	H/0
H	H/0	C/0

5.14 试用 JK 触发器和逻辑门电路设计一个同步七进制加减法计数器,并检查是否能够自启动。

5.15 试用 JK 触发器设计一个变模同步计数器。当控制端 $A = 0$ 时,该计数器为三进制减法计数器;当 $A = 1$ 时,该计数器为四进制加法计数器。

5.16 用任意触发器设计一个"010"序列检测器,当电路完成"010"序列信号串行输入时,电路输出 $Y = 1$,否则 $Y = 0$。有效序列允许重叠。

5.17 用任意触发器设计一个"101"序列检测器,当电路完成"101"序列信号串行输入时,电路输出 $Y = 1$,否则 $Y = 0$。有效序列不允许重叠。

5.18 试用 D 触发器和逻辑门电路设计一个电子调速控制电路,其状态输出作为速度控制,见表 5.34。当外部输入 $K = 1$ 时,每来一个时钟脉冲增加一挡,但到达最高挡就不再增加了,同时给出满挡指示,$Y = 1$。如果每来一个时钟脉冲降低一挡,直到停止,同时给出标志 $Z = 1$。

表 5.34　题 5.18 中的表

状态输出		速度
Q_2	Q_1	
0	0	停止
0	1	1 挡
1	0	2 挡
1	1	3 挡

5.19　试用 JK 触发器和逻辑门电路设计一个同步六进制格雷码计数器。要求：

（1）写出 3 位格雷码。

（2）设初始状态为 001，画出同步六进制格雷码计数器状态转换图。

（3）画出电路图，并检查自启动功能。

5.20　用 D 触发器设计异步 6 进制加法计数器。

5.21　用 JK 触发器设计异步十一进制减法计数器。

第6章 模块级时序逻辑电路

在数字系统中,常用的时序电路一般直接选用模块级(中规模)的集成芯片。最常用的模块级时序逻辑芯片有计数器、寄存器、移位寄存器和锁存器等。本章重点介绍几种常用模块级时序逻辑芯片的功能及应用,在此基础上,介绍模块级时序逻辑电路的分析方法和设计方法。

6.1 集成计数器

数字系统中最常用的时序逻辑芯片就是计数器。第5章详细介绍了用触发器构成计数器的方法及步骤。在实际应用中,一般不用触发器构成计数器,而是直接选用集成计数器芯片。

集成计数器芯片的种类繁多,其分类方法也不唯一,通常有以下三种分类方法。

(1) 按计数器中触发器是否同时翻转,可分为同步计数器和异步计数器。

(2) 按计数器数字量的增减变化规律,可分为加法计数器、减法计数器和可逆计数器。

(3) 按计数器数字量的编码方式,可分为二进制计数器和十进制计数器等。

本节以 74161、74163 和 74192 三个常用芯片为例,介绍集成计数器的功能及应用。

6.1.1 4 位二进制同步加法计数器 74161

1. 74161 功能介绍

74161 是一种常用的 4 位二进制同步加法计数器。74161 引脚图和逻辑符号如图 6.1 所示。74161 采用 DIP16 封装,引脚分为三类,即与电源有关的引脚、输入引脚和输出引脚。

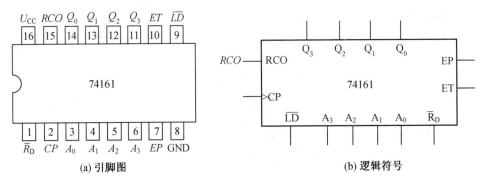

图 6.1 74161 引脚图和逻辑符号

引脚功能:

(1) 与电源有关的引脚。

U_{CC}: + 5 V 电源。

GND：接地端。

（2）输入引脚。

$A_3A_2A_1A_0$：预置数据输入端。

$\overline{LD}$：同步置数端，低电平有效。

$\overline{R}_D$：异步清零端，低电平有效。

CP：计数脉冲输入端，上升沿触发。

EP、ET：工作状态控制端。

（3）输出引脚。

$Q_3Q_2Q_1Q_0$：计数状态输出端。

RCO：进位输出端，$RCO = ET \cdot Q_3Q_2Q_1Q_0$。

$Q_3Q_2Q_1Q_0$ 对应片内 4 个触发器的输出端，74161 有 16 个计数状态，即 0000 ~ 1111。当计数状态为 1111，且 $ET = 1$ 时，RCO 输出高电平；其余计数状态时，RCO 均输出低电平，74161 的逻辑功能表见表 6.1。

表 6.1　74161 逻辑功能表

输入									输出			
$\overline{R}_D$	CP	$\overline{LD}$	EP	ET	A_3	A_2	A_1	A_0	Q_3	Q_2	Q_1	Q_0
0	×	×	×	×	×	×	×	×	0	0	0	0
1	↑	0	×	×	d_3	d_2	d_1	d_0	d_3	d_2	d_1	d_0
1	↑	1	1	1	×	×	×	×	计数			
1	×	1	0	×	×	×	×	×	保持			
1	×	1	×	0	×	×	×	×	保持			

74161 功能描述如下：

（1）当 $\overline{R}_D = 0$ 时，无论其他输入端为何种状态，74161 清零，即 $Q_3Q_2Q_1Q_0 = 0000$。由于清零动作与 CP 无关，故称为异步清零。

（2）当 $\overline{R}_D = 1$，且 $\overline{LD} = 0$ 时，在 CP 上升沿到来时，将 $A_3A_2A_1A_0$ 端输入的四位二进制数 $d_3d_2d_1d_0$ 送入 $Q_3Q_2Q_1Q_0$ 端，即 $Q_3Q_2Q_1Q_0 = d_3d_2d_1d_0$。由于置数动作与 CP 上升沿同步，故称为同步置数。

（3）当 $\overline{R}_D = \overline{LD} = 1$，且 $EP = ET = 1$ 时，74161 工作在计数状态，在 CP 上升沿到来时计数器的值加 1，即 $Q_3Q_2Q_1Q_0 = Q_3Q_2Q_1Q_0 + 1$。

（4）当 $\overline{R}_D = \overline{LD} = 1$，且 EP，ET 不同时为 1 时，74161 工作在保持状态。

由上述分析可知，74161 具有异步清零、同步置数、加法计数及保持功能。

2. 74161 的应用

（1）十六进制加法计数器的设计。

【例 6.1】　应用 74161 设计一个十六进制加法计数器。

解　由表 6.1 可知，当 $\overline{LD}$，$\overline{R}_D$ 无效（即 $\overline{R}_D = \overline{LD} = 1$）且 $EP = ET = 1$ 时，74161 工作在加法计数状态，电路图如图 6.2 所示。

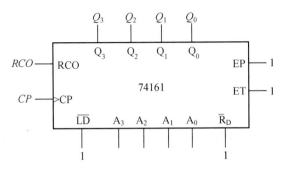

图 6.2　十六进制加法计数器电路图

设电路的初始状态为 0000，第 1 个 CP 上升沿到来时，计数状态由 0000 变为 0001；第 2 个 CP 上升沿到来时，计数状态由 0001 变为 0010，依此类推，当第 15 个 CP 上升沿到来时，计数状态为 1111，此时 $RCO = 1$，当第 16 个 CP 上升沿到来时，计数状态由 1111 回到初始状态 0000，$RCO = 0$。电路的状态图如图 6.3 所示。由图 6.3 可知，该电路是一个十六进制加法计数器。

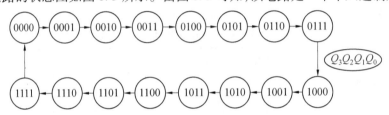

图 6.3　十六进制加法计数器状态图

状态转换表见表 6.2。时序波形图如图 6.4 所示。

表 6.2　十六进制加法计数器状态转换表

计数顺数 CP	电路状态				进位输出 RCO
	Q_3	Q_2	Q_1	Q_0	
0	0	0	0	0	0
1	0	0	0	1	0
2	0	0	1	0	0
3	0	0	1	1	0
4	0	1	0	0	0
5	0	1	0	1	0
6	0	1	1	0	0
7	0	1	1	1	0
8	1	0	0	0	0
9	1	0	0	1	0
10	1	0	1	0	0
11	1	0	1	1	0
12	1	1	0	0	0
13	1	1	0	1	0
14	1	1	1	0	0
15	1	1	1	1	1

由图 6.4 可知,进位输出端 RCO 是每计 16 个 CP 脉冲,输出 1 个正脉冲,正脉冲宽度为一个 CP 周期。

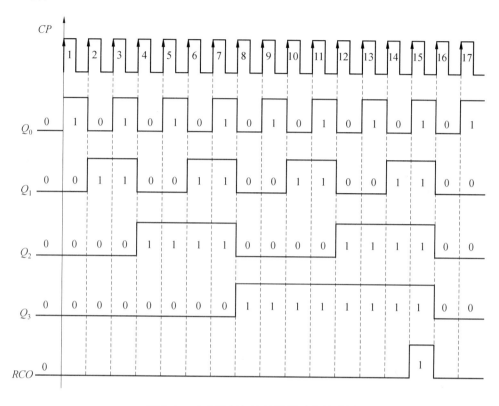

图 6.4　十六进制加法计数器时序波形图

(2)$M(M < 16)$ 进制加法计数器的设计。

集成计数器有十进制、十六进制等几种常用进制的芯片,当需要使用其他进制计数器时,可以用现有的集成计数器外加逻辑门电路来构成。

74161 是一个 4 位二进制加法计数器,通过适当的电路设计可以构成二至十六之间任意进制的加法计数器。

【例 6.2】　用 74161 设计一个九进制同步加法计数器。

解　九进制加法计数器,$M = 9$,应该有 9 个计数状态,而 74161 本身有 16 个计数状态,理论上只要任选其中连续的 9 个状态,就可以构成九进制加法计数器。

设初始状态 $Q_3Q_2Q_1Q_0 = 0000$,选择前 9 个计数状态 0000 ~ 1000 构成九进制加法计数器。每个 CP 上升沿到来时,计数器的值加 1,当计到 $Q_3Q_2Q_1Q_0 = 1000$,下一个 CP 上升沿到来时,计数器回到初始状态 0000,$Q_3Q_2Q_1Q_0 = 0000$。

九进制加法计数器状态转换表见表 6.3。

表 6.3   九进制加法计数器状态转换表

计数顺序	进位输出	计数值输出			
CP	RCO	Q_3	Q_2	Q_1	Q_0
0	0	0	0	0	0
1	0	0	0	0	1
2	0	0	0	1	0
3	0	0	0	1	1
4	0	0	1	0	0
5	0	0	1	0	1
6	0	0	1	1	0
7	0	0	1	1	1
8	0	1	0	0	0

九进制加法计数器状态图和工作波形图分别如图 6.5 和图 6.6 所示。

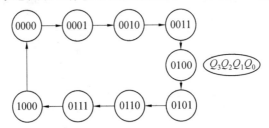

图 6.5   九进制加法计数器状态图

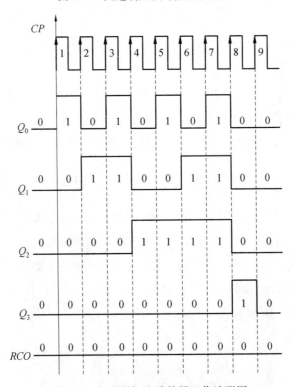

图 6.6   九进制加法计数器工作波形图

由分析可知,当计数状态 $Q_3Q_2Q_1Q_0 = 1000$,在下一个 CP 上升沿到来时,$Q_3Q_2Q_1Q_0$ 回到 0000 状态,就可以实现九进制加法计数功能。如何让 74161 的计数状态由 1000 回到 0000 状态? 常用的方法有两种:反馈清零法和反馈置数法。

① 反馈清零法。

反馈清零法适用于有清零端的计数器。由 74161 引脚图和功能表可知,$\overline{R_D}$ 为异步清零端,所以可采用反馈清零法进行设计。

反馈清零法是通过对 $\overline{R_D}$ 的控制,改变 74161 的正常计数状态,使 74161 由某个状态回到 0000 状态。采用反馈清零法时,计数器的初始状态必须设为 0000。九进制加法计数器的 9 个状态必须选为 0000 ～ 1000。

由于 1000 状态的下一个状态为 1001,需要设计一个反馈电路,当计数状态为 1001 时反馈电路输出一个低电平,该输出端连接到异步清零端 $\overline{R_D}$。反馈电路的控制状态为 1001,反馈电路的逻辑表达式为 $\overline{R_D} = \overline{Q_3\overline{Q_2}\,\overline{Q_1}Q_0}$。根据逻辑表达式完成电路设计,电路如图 6.7 所示。

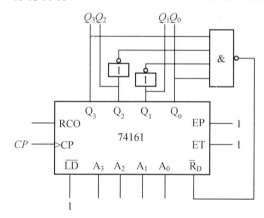

图 6.7　反馈清零法九进制加法计数器电路图

电路设计时需要注意几点:第一,EP 和 ET 必须同时接高电平;第二,$\overline{LD}$ 必须接高电平,让电路处于"置数"无效状态;第三,$A_3A_2A_1A_0$ 可以悬空。

图 6.7 对应的状态图如图 6.8 所示。每当计数状态为 1001 时,反馈电路输出低电平,计数器立即清零。由于 1001 仅是瞬间存在的状态,为了区别稳定状态,状态图中的瞬间状态 1001 用虚线画出。

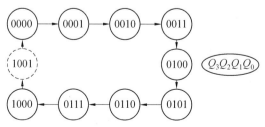

图 6.8　反馈清零法九进制加法计数器状态图

图 6.7 对应的全状态图如图 6.9 所示,图中仅有一个瞬间状态。

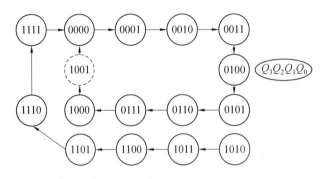

图 6.9　反馈清零法九进制加法计数器全状态图

可对图 6.7 所示电路进行简化设计,即反馈电路的输入端仅保留控制状态 1001 中为"1"的输入端,则反馈电路的逻辑表达式简化为 $\overline{R}_D = \overline{Q_3 Q_0}$,简化设计的电路如图 6.10 所示,其对应的全状态图如图 6.11 所示。

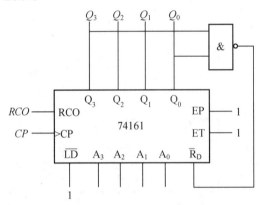

图 6.10　反馈清零法九进制加法计数器简化设计电路图

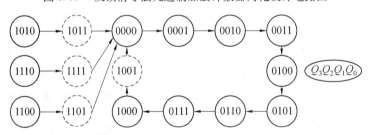

图 6.11　简化设计的反馈清零法九进制加法计数器全状态图

为什么可以对图 6.7 所示电路进行简化设计? 观察图 6.8 就能得到答案。设计数器的初始状态为 0000,从 0000 状态到 1000 状态,Q_3 和 Q_0 都没有出现同时为高电平的情况,即 $\overline{R}_D = \overline{Q_3 Q_0} = 1$,计数器正常计数。当计到 1001 状态时,$Q_3$ 和 Q_0 同时为高电平,$\overline{R}_D = \overline{Q_3 Q_0} = 0$,74161 立即清零。

由图 6.11 可知,简化设计电路的瞬间状态不再唯一,只要 Q_3、Q_0 同时为"1",就能使电路立即清零。所以简化设计电路对应的全状态图中共有四个瞬间状态。

② 反馈置数法。

反馈置数法适用于有预置数值功能的计数器。由 74161 引脚图和功能表可知,$\overline{LD}$ 为同步置数端,所以可采用反馈置数法进行设计。

反馈置数法是通过对 $\overline{LD}$ 的控制,改变 74161 的正常计数状态,使 74161 由某个状态回到由 $A_3A_2A_1A_0$ 端设定初始状态。所以采用反馈置数法时,计数器的初始状态设为 0000 不再为必要条件。

为了方便与反馈清零法进行对比,仍将初始状态设为 0000,9 个计数状态为 0000 ~ 1000,同样需要设计一个反馈电路。

由于 74161 是同步置数,当 $\overline{LD} = 0$ 时 74161 并不能立即置数,必须等下一个 CP 上升沿到来时,才能将 $A_3A_2A_1A_0$ 端输入的数据置入 74161 的 $Q_3Q_2Q_1Q_0$ 端。

由分析可知,可将 1000 作为反馈电路的控制状态,反馈电路的输出端连接到同步置数端 $\overline{LD}$,反馈电路的逻辑表达式为 $\overline{LD} = \overline{Q_3\overline{Q_2}\,\overline{Q_1}\,\overline{Q_0}}$。电路图如图 6.12 所示。

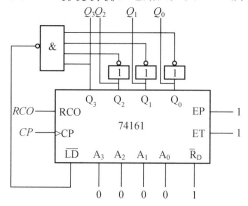

图 6.12　反馈置数法九进制加法计数器电路图

由于同步置数是将 $A_3A_2A_1A_0$ 端的数据置入 74161 的 $Q_3Q_2Q_1Q_0$ 端,所以电路中的 $A_3A_2A_1A_0$ 不能悬空,必须接与初始状态对应的电平,本例 $A_3A_2A_1A_0$ 接 0000,$\overline{R}_D$,EP,ET 必须接高电平。

状态图如图 6.13 所示,全状态图如图 6.14 所示。由状态图可知,反馈置数法设计的计数器中没有瞬间状态。

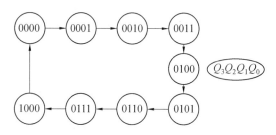

图 6.13　反馈置数法九进制加法计数器状态图

同样,可对图 6.12 所示电路进行简化设计,即仅保留控制状态 1000 中为"1"的输入端,则反馈电路的逻辑表达式简化为 $\overline{LD} = \overline{Q_3}$,简化设计电路如图 6.15 所示。每当 Q_3 为"1"时,在 CP 上升沿到来时,将 $A_3A_2A_1A_0$ 端输入的数据 0000 置入 74161 的输出端 $Q_3Q_2Q_1Q_0$。简化电路对应的全状态图如图 6.16 所示。

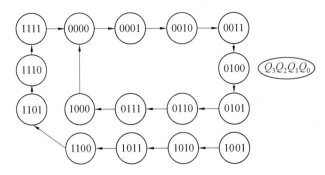

图 6.14　反馈置数法九进制加法计数器全状态图

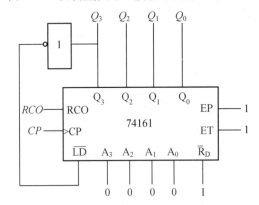

图 6.15　反馈置数法九进制加法计数器简化设计电路图

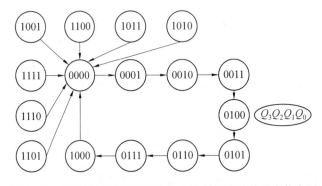

图 6.16　简化设计的反馈置数法九进制加法计数器全状态图

综上可知,电路采用简化设计可减少连线,降低电路的复杂性。后面的设计中如不加说明,均采用简化设计。

由例 6.2 可知,用 74161 设计 $M(M < 16)$ 进制加法计数器时,既可以采用反馈清零法,也可以采用反馈置数法。

采用反馈清零法时,由于 $\overline{R}_\mathrm{D}$ 为异步清零端,只要 $\overline{R}_\mathrm{D} = 0$,74161 就立即清零,与 CP 无关,与预置数据输入端 $A_3A_2A_1A_0$ 也无关($A_3A_2A_1A_0$ 可悬空),但计数的初始状态必须设为 0000。M 进制计数器的 M 个状态为 0 ~ $(M-1)$,M 对应的计数状态作为反馈电路的控制端,即计数器遇 M 清零,M 状态仅瞬间存在,不属于计数器的稳定状态,画状态图时要用虚线表示,此时计数器输出端会有"毛刺"产生。

采用反馈置数法时,由于$\overline{LD}$为同步置数端,$\overline{LD} = 0$时并不能立即置数,需等到下一个CP上升沿到来时才能置数。所以,计数初始状态是可选择的,设初始状态为i,M进制计数器的M个状态为$i \sim (i + M - 1)$,其中$i + M - 1$应小于16。反馈电路的控制状态为$i + M - 1$,该状态为稳定状态,画状态图时用实线表示。预置数据输入端$A_3A_2A_1A_0$不可悬空,必须接与计数器初始状态对应的电平,此时的计数器输出端不会产生"毛刺"。

（3）$M(M > 16)$进制加法计数器的设计。

当$M > 16$时需要多片74161级联,有多种设计方法,下面通过例题介绍一种同步设计方法。

同步设计方法是先将n片74161级联为16^n进制的加法计数器,然后选用前面介绍的反馈清零法或反馈置数法进行反馈电路的设计,从而实现M进制加法计数器功能。

【例6.3】　试用74161设计一百进制加法计数器。

解　$M = 100$,需要两片74161。

先将两片74161级联成二百五十六进制的同步加法计数器。两片74161的CP端连接在一起,再与外部输入脉冲CP相连;74161(1)的$EP = ET = 1$,74161(2)的$ET = 1$,EP与74161(1)的进位输出端RCO相连。两片74161的异步清零端$\overline{R}_D$和同步置数端$\overline{LD}$均接高电平,电路如图6.17所示。

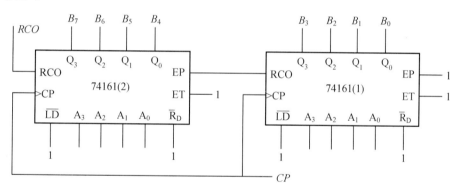

图6.17　二百五十六进制加法计数器电路图

在CP上升沿到来时,74161(1)的值加1,而74161(2)仅在74161(1)的$RCO = 1$时才加1,即每经过16个CP脉冲,74161(2)才加1。该电路实现了二百五十六进制加法计数器的功能。

在图6.17基础上,设计一百进制加法计数器。设初始状态为0000 0000,计数状态为$(0000\ 0000)_2 \sim (0110\ 0011)_2$。

① 反馈清零法。

$M = 100$,遇$M = (100)_{10} = (0110\ 0100)_2$清零,0110 0100作为反馈电路的控制状态,电路如图6.18所示。注意,两片74161的$\overline{R}_D$端必须同时与反馈电路输出端相连。

② 反馈置数法。

$M = 100$,遇$M - 1 = (99)_{10} = (0110\ 0011)_2$置零,0110 0011作为反馈电路的控制状态。电路如图6.19所示。注意,两片74161的$\overline{LD}$端必须同时与反馈电路输出端相连。

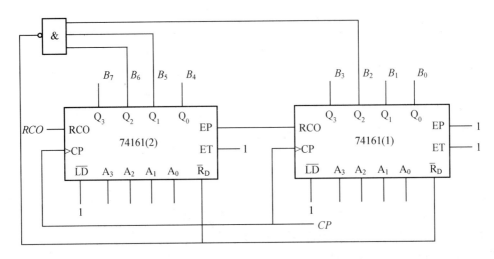

图 6.18　反馈清零法一百进制加法计数器电路图

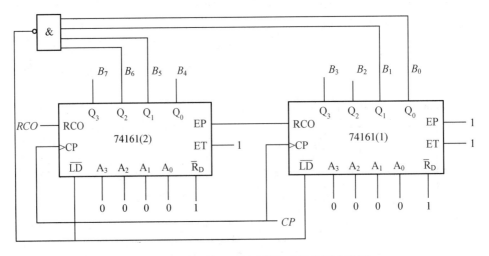

图 6.19　反馈置数法一百进制加法计数器电路图

在 74 系列计数器中,与 74161 使用方法相近的计数器有 74160,74162 及 74163,它们都是同步加法计数器,其基本特性见表 6.4。

表 6.4　74160 ~ 74163 基本特性对照表

型号	计数规律	清零方式	置数方式	触发方式
74160	十进制加法计数器	异步清零	同步置数	上升沿计数
74161	4 位二进制加法计数器	异步清零	同步置数	上升沿计数
74162	十进制加法计数器	同步清零	同步置数	上升沿计数
74163	4 位二进制加法计数器	同步清零	同步置数	上升沿计数

由表 6.4 可知,74160 与 74162 均为十进制加法计数器,除了清零方式不同外,其他完全一致。而 74163 与 74161 最为接近,均为 4 位二进制加法计数器,二者区别仅是清零方式不同,使用时要注意区分。

74163 引脚图及逻辑符号同 74161。74163 逻辑功能表见表 6.5。

表 6.5　74163 逻辑功能表

输入									输出			
$\overline{R_D}$	CP	$\overline{LD}$	EP	ET	A_3	A_2	A_1	A_0	Q_3	Q_2	Q_1	Q_0
0	↑	×	×	×	×	×	×	×	0	0	0	0
1	↑	0	×	×	d_3	d_2	d_1	d_0	d_3	d_2	d_1	d_0
1	↑	1	1	1	×	×	×	×	计数			
1	×	1	0	×	×	×	×	×	保持			
1	×	1	×	0	×	×	×	×	保持			

由表 6.5 可知,74163 具有同步清零、同步置数、计数及保持功能。

【例 6.4】　用 74163 完成例 6.2 的设计,即用 74163 设计一个九进制同步加法计数器。

解　九进制加法计数器,$M = 9$,需要 9 个稳定状态。

下面分别用反馈清零法和反馈置数法完成设计。

① 反馈清零法。

采用反馈清零法时,计数器的初始状态必须设为 0000。九进制加法计数器的 9 个状态必须选为 0000 ~ 1000。由于 74163 是同步清零,反馈电路的控制状态为 1000,反馈电路的逻辑表达式为 $\overline{R_D} = \overline{Q_3}$。根据逻辑表达式完成反馈电路的设计,电路如图 6.20 所示。

② 反馈置数法。

由于 74163 与 74161 均为同步置数,故设计方法同 74161。此处不再赘述。

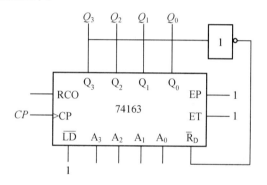

图 6.20　反馈清零法九进制加法计数器电路图

由于 74163 是同步清零、同步置数,所以无论采用反馈清零法还是反馈置数法设计,电路中仅有稳定状态,输出端不会产生"毛刺"。

采用反馈清零法时,计数初始状态必须设为 0000。M 进制计数器的 M 个状态为 0 ~ (M − 1),$M − 1$ 对应的计数状态作为反馈电路的控制端,$A_3A_2A_1A_0$ 可以悬空。

采用反馈置数法时,计数初始状态是可选择的,设初始状态为 i,M 进制计数器的 M 个状态为 i ~ ($i + M − 1$),其中 $i + M − 1$ 应小于 16。反馈电路的控制状态为 $i + M − 1$。预置数据输入端 $A_3A_2A_1A_0$ 不可悬空,必须接与计数器初始状态 i 对应的电平。

6.1.2　十进制可逆计数器 74192

1.74192 功能介绍

74192 是十进制同步可逆计数器,共有 10 个计数状态 0000 ~ 1001。74192 引脚图和逻辑符号如图 6.21 所示。74192 采用 DIP16 封装,引脚分为 3 类,即与电源有关的引脚、输入引脚和输出引脚。

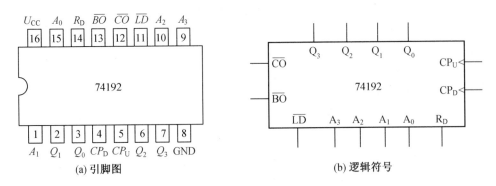

图 6.21 74192 引脚图和逻辑符号

引脚功能:

(1)与电源有关的引脚。

U_{CC}: + 5 V 电源。

GND:接地端。

(2)输入引脚。

$A_3A_2A_1A_0$:预置数据输入端。

$\overline{LD}$:异步置数端,低电平有效。

R_D: 异步清零端,高电平有效。

CP_U:加法计数器计数脉冲输入端,上升沿有效。

CP_D:减法计数器计数脉冲输入端,上升沿有效。

(3)输出引脚。

$Q_3Q_2Q_1Q_0$:计数状态输出端。

$\overline{CO}$:加法计数器进位输出端,$\overline{CO} = \overline{Q_3\overline{Q_2}\overline{Q_1}Q_0\overline{CP_U}}$。

$\overline{BO}$:减法计数器借位输出端,$\overline{BO} = \overline{\overline{Q_3}\overline{Q_2}\overline{Q_1}\overline{Q_0}\overline{CP_D}}$。

74192 逻辑功能表见表 6.6。

表 6.6 74192 逻辑功能表

输入								输出			
R_D	$\overline{LD}$	CP_U	CP_D	A_3	A_2	A_1	A_0	Q_3	Q_2	Q_1	Q_0
1	×	×	×	×	×	×	×	0	0	0	0
0	0	×	×	d_3	d_2	d_1	d_0	d_3	d_2	d_1	d_0
0	1	↑	1	×	×	×	×	加法计数			
0	1	1	↑	×	×	×	×	减法计数			
0	1	1	1	×	×	×	×	保持			

74192 功能描述如下:

① 当 R_D = 1 时,无论其他输入端为何值,74192 异步清零,即 $Q_3Q_2Q_1Q_0 = 0000$。

② 当 $R_D = 0$ 时,$\overline{LD} = 0$,将输入端 $A_3A_2A_1A_0$ 的值 $d_3d_2d_1d_0$ 送到 $Q_3Q_2Q_1Q_0$ 端,即 $Q_3Q_2Q_1Q_0 = d_3d_2d_1d_0$。与 CP 无关,74192 异步置数。

③ 当 $R_D = 0, \overline{LD} = 1, CP_D = 1, CP_U$ 接外部计数脉冲时,74192 工作在加法计数状态。

仅当计数状态为 1001 时,进位输出端 $\overline{CO}$ 输出低电平(注意:$\overline{CO}$ 低电平宽度等于 1 个 CP_U 脉冲的低电平宽度)。

④ 当 $R_D = 0, \overline{LD} = 1, CP_U = 1, CP_D$ 接外部计数脉冲时,74192 工作在减法计数状态。

仅当计数状态为 0000 时,借位输出端 $\overline{BO}$ 输出低电平(注意:$\overline{BO}$ 低电平宽度等于 1 个 CP_D 脉冲的低电平宽度)。

⑤ 当 $R_D = 0, \overline{LD} = 1, CP_U = CP_D = 1$ 时,74192 处于保持状态。

由功能表 6.6 可知,74192 具有异步清零、异步置数、加法计数、减法计数及保持功能。

2. 74192 的应用

(1)十进制加法/减法计数器的设计。

【例 6.5】 应用 74192 设计十进制加法计数器。

解 由表 6.6 可知,当 R_D、$\overline{LD}$ 无效(即 $R_D = 0, \overline{LD} = 1$),$CP_D = 1, CP_U$ 接外部计数脉冲时,74192 为十进制加法计数器。十进制加法计数器电路图和工作波形图分别如图 6.22 和图6.23 所示。

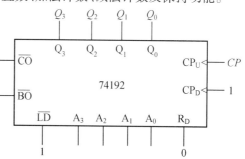

图 6.22　十进制加法计数器电路图

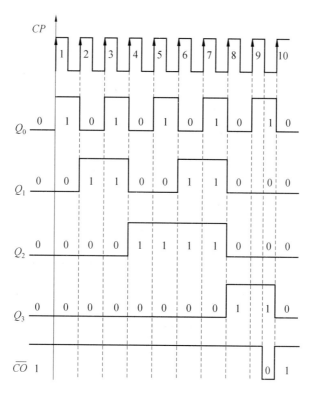

图 6.23　十进制加法计数器工作波形图

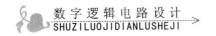

下面,分析一下十进制加法计数器工作波形图。

设初始状态为0000,在每个CP上升沿到来时计数器加1。在第9个脉冲上升沿到来时,计数状态为1001,$\overline{CO}$在第9个CP下降沿时刻变为低电平,在第10个CP上升沿到来时,计数状态回到0000,$\overline{CO}=1$。由波形图可知该电路实现了十进制加法计数器功能,每经过10个CP脉冲,$\overline{CO}$输出一个负脉冲。十进制加法计数器的状态图和状态表这里省略。

【例6.6】 应用74192设计十进制减法计数器。

解 由表6.6可知,当R_D、$\overline{LD}$无效(即$R_D=0$,$\overline{LD}=1$),$CP_U=1$,CP_D接外部计数脉冲时,74192为十进制减法计数器。十进制减法计数器电路图和工作波形图分别如图6.24和图6.25所示。

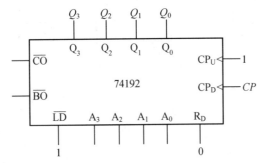

图6.24 十进制减法计数器电路图

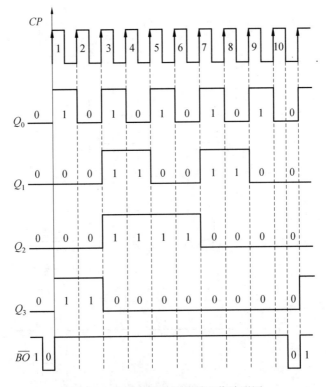

图6.25 十进制减法计数器工作波形图

十进制减法计数器的状态图和状态表这里省略。

由图 6.22 和图 6.24 可知,按照表 6.6 进行简单连接就可将 74192 设计成十进制加法计数器和减法计数器。

(2)$M(2 \leqslant M \leqslant 9)$ 进制加法／减法计数器的设计。

74192 有异步清零端 R_D 和异步置数端 $\overline{LD}$,可采用反馈清零法或反馈置数法设计二至十之间任意进制的计数器。

【例 6.7】 用 74192 设计一个六进制加法计数器。

解 设计六进制加法计数器,即 $M = 6$,应该有 6 个稳定状态,74192 本身有 10 个稳定状态,需要选择连续的 6 个状态构成六进制加法计数器。

① 反馈清零法。

初始状态必须选为 0000,计数状态为 0000 ~ 0101。$\overline{LD}$ 和 CP_D 接高电平,计数脉冲接 CP_U,$A_3A_2A_1A_0$ 可悬空。

由于 74192 是异步清零,所以反馈电路的控制状态为 0110,则有 $R_D = Q_2Q_1$。每当计数状态中 Q_2 与 Q_1 同时为高电平时,异步清零端 $R_D = 1$,计数状态立即回到初始状态 0000。

反馈清零法六进制加法计数器电路如图 6.26 所示。

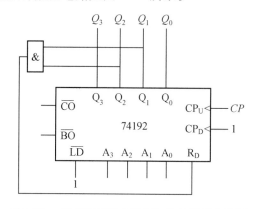

图 6.26 反馈清零法六进制加法计数器电路图

② 反馈置数法。

反馈置数法的初始状态可以选择,本题将初始状态选为 0000,则计数状态为 0000 ~ 0101。R_D 必须接低电平,CP_D、CP_U 接法同上。$A_3A_2A_1A_0$ 不可悬空,即 $A_3A_2A_1A_0$ 接初始状态 0000。

由于 74192 是异步置数,所以反馈电路的控制状态为 0110,则有表达式 $\overline{LD} = \overline{Q_2Q_1}$。每当计数状态中 Q_2、Q_1 同时为高电平时,$\overline{LD} = 0$,计数器立即置数,计数状态回到初始状态 0000。反馈置数法六进制加法计数器电路如图 6.27 所示。

图 6.26 和图 6.27 均为简化设计的电路,其状态图和状态表这里省略。

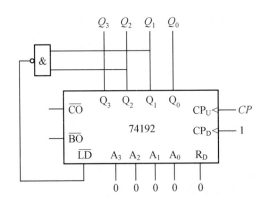

图 6.27　反馈置数法六进制加法计数器电路图

【例 6.8】　用 74192 设计一个八进制减法计数器。

解　八进制减法计数器 $M = 8$,应该有 8 个稳定状态。

① 反馈清零法。

初始状态必须选 0000,计数状态为从 0000 开始的连续 8 个稳定状态:0000,1001,1000,0111,0110,0101,0100,0011。$\overline{LD}$ 和 CP_U 必须接高电平,计数脉冲接 CP_D,$A_3A_2A_1A_0$ 可悬空。

由于 74192 是异步清零,所以反馈电路的控制状态为 0010(计数末状态 0011 的下一个状态),则有表达式 $R_D = \overline{Q_3}\,\overline{Q_2}Q_1\overline{Q_0}$。每当计数状态为 0010 时,异步清零端 $R_D = 1$,计数器立即清零。电路图和状态图如图 6.28 所示。

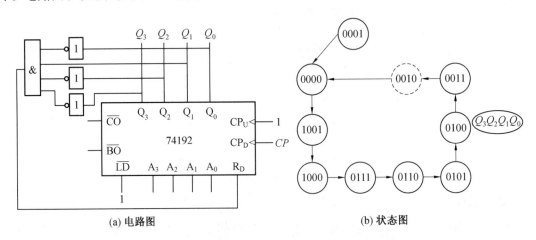

(a) 电路图　　　　　　　　　　　(b) 状态图

图 6.28　反馈清零法八进制减法计数器电路图和状态图

如果采用前面介绍的简化方法设计电路,则有 $R_D = Q_1$,只要 $Q_1 = 1$,74192 就立即清零。观察图 6.28(b) 可知,计数状态 0111,0110,0011 均满足 $Q_1 = 1$,因此采用这种简化方法设计电路,不能实现相应功能。所以,本电路不能简化设计。

② 反馈置数法。

反馈置数法的初始状态可以选择,本题将初始状态选为 0111,则计数状态为 0111 ~ 0000。R_D 必须接低电平,CP_D 和 CP_U 接法同上。$A_3A_2A_1A_0$ 不可悬空,即 $A_3A_2A_1A_0$ 接初始状态 0111。

由于 74192 是异步置数,反馈电路的控制状态应该选计数末状态 0000 的下一个状态 1001,则有 $\overline{LD}=\overline{Q_3Q_0}$,当计数状态中 Q_3、Q_0 同时为高电平时,$\overline{LD}=0$,计数器立即置为初始状态 0111。电路图和状态图如图 6.29 所示。本电路可以简化设计。

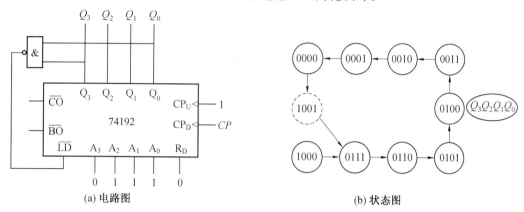

(a) 电路图　　　　　　　　　　(b) 状态图

图 6.29　反馈置数法八进制减法计数器电路图和状态图

由于 74192 是异步清零和异步置数,所以用其构成 $M(2 \leqslant M \leqslant 9)$ 进制加法 / 减法计数器时,计数器输出波形均会有"毛刺"产生。

(3) $M(M>10)$ 进制加法 / 减法计数器的设计。

当 $M>10$ 时需要用多片 74192 级联,设计方法与 74161 类似。

【例 6.9】　试用两片 74192 分别构成一百进制加法计数器和一百进制减法计数器。

解　① 一百进制加法计数器的设计。

将 74192(1) 设计成十进制加法计数器,然后将 74192(1) 的进位输出端 $\overline{CO}$ 和借位输出端 $\overline{BO}$ 分别与 74192(2) 的 CP_U 和 CP_D 相连。74192(2) 的 R_D 接低电平,$\overline{LD}$ 接高电平。一百进制加法计数器电路如图 6.30 所示。

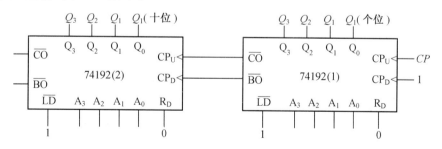

图 6.30　一百进制加法计数器电路图

② 一百进制减法计数器的设计。

将 74192(1) 连接成十进制减法计数器,然后将 74192(1) 的进位输出端 $\overline{CO}$ 和借位输出端 $\overline{BO}$ 分别与 74192(2) 的 CP_U 和 CP_D 相连。74192(2) 的 R_D 接低电平,$\overline{LD}$ 接高电平。一百进制减法计数器电路如图 6.31 所示。

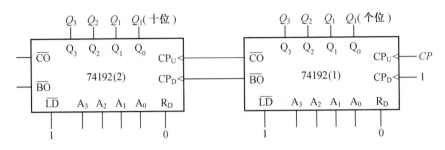

图 6.31　一百进制减法计数器电路图

【例 6.10】　试用两片 74192 构成六十进制加法计数器。

解　首先将两片 74192 级联成一百进制加法计数器,然后分别采用反馈清零法或反馈置数法设计六十进制加法计数器。

① 反馈清零法。

电路初始状态必须为 0000 0000,计数状态为 0000 0000 ~ 0101 1001(0 ~ 59),反馈电路的控制状态为 0110 0000,电路如图 6.32 所示。

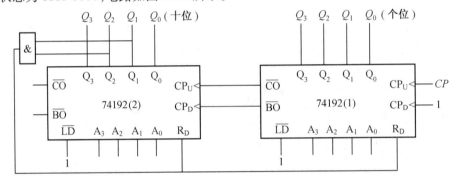

图 6.32　反馈清零法六十进制加法计数器电路图

② 反馈置数法。

电路初始状态选为 0000 0000,计数状态为 0000 0000 ~ 0101 1001(0 ~ 59),反馈电路的控制状态为 0110 0000,电路如图 6.33 所示。注意预置数据输入端要接初始状态 0000 0000。

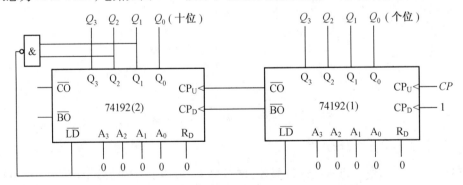

图 6.33　反馈置数法六十进制加法计数器电路图

【例 6.11】　试用两片 74192 构成六十进制减法计数器。

解　①反馈清零法。

初始状态必须为0000 000,计数状态为0000 0000,1001 1001,1001 1000,…,0100 0001六十个状态,电路遇0100 0000清零。电路如图6.34所示。此电路不可以简化设计。

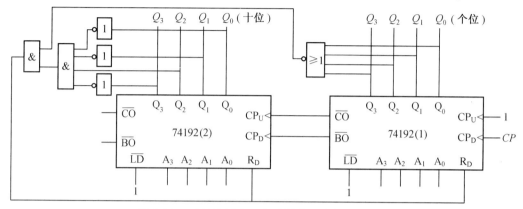

图6.34　反馈清零法六十进制减法计数器电路图

②反馈置数法。

计数状态为0101 1001 ~ 0000 0000,电路遇1001 1001置0101 1001,电路如图6.35所示。注意预置数据输入端要接状态0101 1001。此电路可以简化设计。

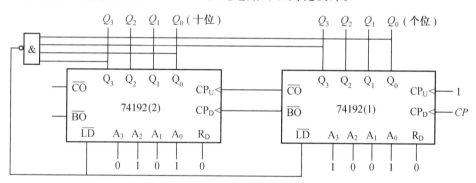

图6.35　反馈置数法六十进制减法计数器电路图

在74系列计数器中,与74192使用方法相近的计数器有74190、74191和74193,他们都是同步可逆计数器,其基本特性见表6.7。

表6.7　74190 ~ 74193 基本特性

型号	计数规律	清零方式	置数方式	触发方式
74190	十进制可逆计数器	—	异步置数	上升沿计数
74191	4位二进制可逆计数器	—	异步置数	上升沿计数
74192	十进制可逆计数器	异步清零	异步置数	上升沿计数
74193	4位二进制可逆计数器	异步清零	异步置数	上升沿计数

由表6.7可知,74192和74190最为接近,但74190仅有单脉冲输入端,没有清零输入端。而74191和74193均为四位二进制可逆计数器,二者区别与74190和74192的区别相同,使用时要注意区分。

6.1.3 集成计数器的应用

数字系统中计数器的应用十分广泛。其中分频器、定时器、脉冲分配器及序列信号发生器是数字系统中常用的逻辑部件,它们通常由计数器外加其他逻辑器件设计而成。

1. 分频器

由较高频率的输入信号得到较低频率输出信号的过程称为分频,具有分频功能的电路称为分频器。分频器可降低输入信号频率,是数字系统中常用的电路。分频器的输入信号频率 f_{in} 和输出信号频率 f_{out} 之比称为分频比 N,$N = f_{in}/f_{out}$,N 进制计数器可实现 N 分频。

2. 定时器

定时器通过对基准时钟脉冲进行计数来实现定时功能,故定时器在本质上也是计数器。设基准时钟脉冲频率为 1 Hz,则该时钟脉冲周期为 1 s。设计一个六十进制计数器,秒脉冲作为 CP 输入端,就可实现秒计时,并且计数器每计 60 个脉冲就可实现 1 min 的定时。

3. 顺序脉冲发生器

在一些数字系统中,有时需要系统按照事先规定的顺序进行一系列操作,要求系统控制部分输出一组顺序脉冲信号。顺序脉冲发生器就是用来产生这样一组顺序脉冲信号的电路。通常,利用计数器和译码器,可以方便地产生一组顺序脉冲信号。

4. 周期序列信号发生器

在数字信号的传输和数字系统的测试中,有时还需要用到一组特定的串行数字信号,通常把这种串行数字信号称为序列信号。产生序列信号的电路称为序列信号发生器。

利用计数器的状态循环特性和数据选择器(或其他组合逻辑器件),可以实现计数型周期序列信号发生器。

有关集成计数器的应用举例,请参阅 6.4 节和 6.5 节相关内容。

6.2 寄存器和移位寄存器

由第 5 章可知,寄存器和移位寄存器也是时序逻辑电路的常用电路,是一种用来暂存数据的逻辑器件。两者的共同之处是都有寄存数据的功能,不同之处是移位寄存器除了具有寄存数据的功能外,还具有移位功能。

一个触发器能存储1位二进制代码,存储 n 位二进制代码的寄存器需要 n 个触发器,称为 n 位寄存器。

6.2.1 寄存器

寄存器能够接收、存储和传送数据。集成寄存器常用 D 触发器构成。

74175 是由 D 触发器构成的 4 位集成寄存器,其引脚图和逻辑符号如图 6.36 所示。

引脚功能:

(1) 与电源有关的引脚。

U_{CC}: + 5 V 电源。

GND:接地端。

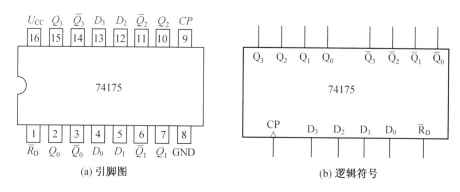

图6.36　74175引脚图和逻辑符号

（2）输入引脚。

$D_3 D_2 D_1 D_0$：数据输入端。

$\overline{R}_D$：清零／置数控制端。低电平时异步清零,高电平时同步置数。

CP：同步时钟脉冲输入端。

（3）输出引脚。

$Q_3 Q_2 Q_1 Q_0$：数据输出端。

$\overline{Q}_3 \overline{Q}_2 \overline{Q}_1 \overline{Q}_0$：反相数据输出端。

74175逻辑功能表见表6.8。

表6.8　74175逻辑功能表

输入						输出			
$\overline{R}_D$	CP	D_3	D_2	D_1	D_0	Q_3	Q_2	Q_1	Q_0
0	×	×	×	×	×	0	0	0	0
1	↑	d_3	d_2	d_1	d_0	d_3	d_2	d_1	d_0
1	1	×	×	×	×	保持			
1	0	×	×	×	×	保持			

由表6.8可知,74175具有异步清零、同步置数及保持功能。同步置数（即寄存数据）的基本工作过程如下:将需要寄存的4位二进制数 $d_3 d_2 d_1 d_0$ 送到数据输入端 $D_3 D_2 D_1 D_0$,$\overline{R}_D = 1$,此时在 CP 端送入一个时钟脉冲,在脉冲上升沿到来时,将 $d_3 d_2 d_1 d_0$ 送到74175的输出端 $Q_3 Q_2 Q_1 Q_0$。在下一个 CP 脉冲上升沿到来前,74175的输出端 $Q_3 Q_2 Q_1 Q_0$ 保持数据不变,实现了寄存功能。

6.2.2　移位寄存器

移位寄存器除了具有寄存数据的功能外,还可以在时钟脉冲的控制下实现数据的移位。根据输入、输出方式的不同,集成移位寄存器可以分为5类:

（1）串入－并出单向移位寄存器。

（2）串入－串出单向移位寄存器。

（3）串入、并入－串出单向移位寄存器。

（4）串入、并入 – 并出单向移位寄存器。

（5）串入、并入 – 并出双向移位寄存器。

1.4/8 位双向移位寄存器 74194/74198

4 位双向移位寄存器 74194 的引脚图和逻辑符号如图 6.37 所示。

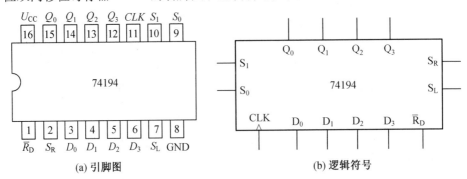

图 6.37　74194 引脚图和逻辑符号

引脚功能：

（1）与电源有关的引脚。

U_{CC}：+ 5 V 电源。

GND：接地端。

（2）输入引脚。

$D_3 D_2 D_1 D_0$：并行数据输入端。

S_R：右移串行数据输入端。

S_L：左移串行数据输入端。

CLK：时钟脉冲输入端,上升沿有效。

$\overline{R}_D$：异步清零端,低电平有效。

S_1, S_0：方式选择输入端。

（3）输出引脚。

$Q_3 Q_2 Q_1 Q_0$：并行数据输出端。

74194 的功能表见表 6.9。由功能表可知,74194 具有异步清零、数据保持、同步右移、同步左移及同步置数 5 种功能。

表 6.9　4 位双向移位寄存器 74194 功能表

$\overline{R}_D$	S_1	S_0	CLK	功能描述
0	×	×	×	异步清零
1	0	0	×	数据保持
1	0	1	↑	串行输入 S_R,同步右移
1	1	0	↑	串行输入 S_L,同步左移
1	1	1	↑	同步置数 $D_i \to Q_i$

74198 是 8 位串入、并入 – 并出双向移位寄存器,其逻辑符号如图 6.38 所示。74198 除了位数与 74194 不同外,其逻辑功能及使用方法与 74194 完全相同,其功能表可参考表 6.9。

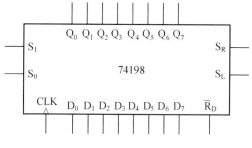

图 6.38　74198 逻辑符号

两片 74194 级联可构成 8 位双向移位寄存器,电路如图 6.39 所示。连接方法如下:将 74194(2) 的 Q_3 接至 74194(1) 的 S_R 端,而 74194(1) 的 Q_0 接至 74194(2) 的 S_L 端,再将两片 74194 的 S_1,S_0,CLK,$\overline{R}_D$ 分别连接在一起。

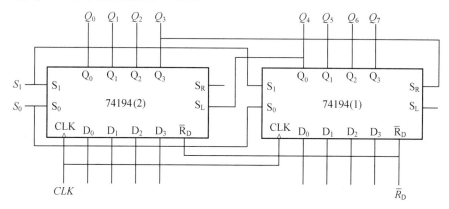

图 6.39　两片 74194 级联构成 8 位双向移位寄存器电路图

采用同样方法,将两片 74198 级联可构成 16 位双向移位寄存器,电路连接图这里省略。

2. 串入 – 并出 8 位移位寄存器 74164

74164 是串入 – 并出 8 位移位寄存器,其引脚图和逻辑符号如图 6.40 所示,其功能表见表6.10。

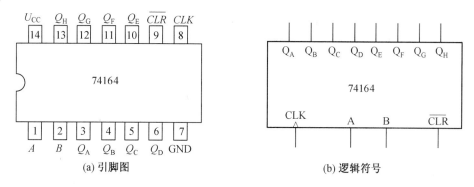

图 6.40　74164 引脚图和逻辑符号

表 6.10 74164 逻辑功能表

输入				输出				功能描述
$\overline{CLR}$	CLK	A	B	Q_A	Q_B	$\cdots$	Q_H	
0	×	×	×	0	0	$\cdots$	0	异步清零
1	0	×	×	Q_A	Q_B	$\cdots$	Q_H	数据保持
1	↑	1	1	1	Q_A	$\cdots$	Q_G	补 1 右移
1	↑	0	×	0	Q_A	$\cdots$	Q_G	补 0 右移
1	↑	×	0	0	Q_A	$\cdots$	Q_G	补 0 右移

引脚功能:

(1) 与电源有关的引脚。

U_{CC}: + 5 V 电源。

GND:接地端。

(2) 输入引脚。

A,B:方式选择输入端。

CLK:时钟脉冲输入端。

$\overline{CLR}$:异步清零端,低电平有效。

(3) 输出引脚。

$Q_A \sim Q_H$:并行数据输出端。

在单片机系统设计中,有时需要在单片机的串行口外接一片 74164,来实现串口到并口的转换。

3. 并入 – 串出 8 位移位寄存器 74165

74165 是并行输入 – 互补串行输出的 8 位移位寄存器,其引脚图和逻辑符号如图 6.41 所示,其功能表见表 6.11。

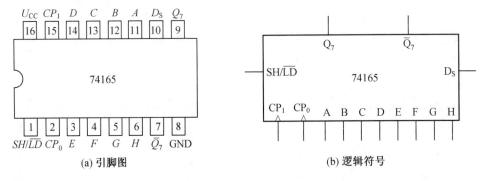

(a) 引脚图　　　　　　　　(b) 逻辑符号

图 6.41　74165 引脚图和逻辑符号

引脚功能:

(1) 与电源有关的引脚。

U_{CC}: + 5 V 电源。

GND:接地端。

（2）输入引脚。

$A \sim H$：8 位并行数据输入端。

CP_1，CP_0：时钟脉冲输入端。

D_S：串行数据输入端。

$SH/\overline{LD}$：移位／置数控制端。

（3）输出引脚。

Q_7：串行数据输出端。

$\overline{Q_7}$：串行数据互补输出端。

在单片机系统设计中，通过单片机的串行口外接一片 74165，可实现并口到串口的转换。

表 6.11　74165 逻辑功能表

输入					内部输出				输出	功能描述
$SH/\overline{LD}$	CP_1	CP_0	D_S	$A \cdots H$	Q_0	Q_1	$\cdots$	Q_6	Q_7	
0	×	×	×	$d_0 \cdots d_7$	d_0	d_1	$\cdots$	d_6	d_7	异步置数
1	1	×	×	$\times \cdots \times$	Q_0	Q_1	$\cdots$	Q_6	Q_7	数据保持
1	0	↑	1	$\times \cdots \times$	1	Q_0	$\cdots$	Q_5	Q_6	补 1 右移
1	0	↑	0	$\times \cdots \times$	0	Q_0	$\cdots$	Q_5	Q_6	补 0 右移

4. 移位寄存器的应用

在计算机系统设计中，常使用移位寄存器实现数据的串并转换和并串转换，相关内容将在后续课程中介绍。下面以 74194 为例介绍移位寄存器构成移位型计数器的设计方法。

由移位寄存器构成的移位型计数器有三种类型：环形计数器、扭环形计数器和变形扭环形计数器。

（1）环形计数器。

将移位寄存器的末级输出直接连接到串行输入端所构成的计数器称为环形计数器。N 位移位寄存器可以构成 N 进制的环形计数器。

（2）扭环形计数器。

将移位寄存器的末级输出取反后连接到串行输入端所构成的计数器称为扭环形计数器。N 位移位寄存器可以构成 $2N$ 进制的扭环形计数器。

（3）变形扭环形计数器。

将移位寄存器的最末两级输出先进行"与非"操作，"与非"门的输出端连接到串行数据输入端，该计数器称为变形扭环形计数器。N 位移位寄存器可以构成 $2N-1$ 进制的变形扭环形计数器。

环形、扭环形和变形扭环形计数器的基本结构分别如图 6.42（a）、（b）和（c）所示。图中所示的移位寄存器为同步右移工作方式，此时 Q_0 是首级输出端，Q_{n-1} 是末级输出端。

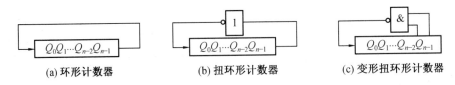

(a) 环形计数器 (b) 扭环形计数器 (c) 变形扭环形计数器

图 6.42　右移方式的移位型计数器基本结构

【例 6.12】　用 74194 分别构成四进制环形计数器、八进制扭环形计数器和七进制变形扭环形计数器。

解　(1) 四进制环形计数器。

74194 为 4 位移位寄存器,用其构成右移方式四进制环形计数器的状态图如图 6.43(a) 所示,计数初始状态为 1000,4 个计数状态为 1000,0100,0010 和 0001。

将末级输出端 Q_3 与右移数据输入端 S_R 相连,S_0 接高电平,并行数据输入端 $D_0 D_1 D_2 D_3$ 接计数初始状态 1000,$\overline{R}_D$ 接高电平。

电路工作时,先在 S_1 端加一个正脉冲,此时 $S_1 S_0 = 11$,在 CP 上升沿到来时,同步置数,$Q_0 Q_1 Q_2 Q_3 = D_0 D_1 D_2 D_3 = 1000$,将 74194 的初始状态设为了 1000。此后,S_1 端一直为低电平,$S_1 S_0 = 01$,74194 工作在同步右移方式。计数状态按 1000—0100—0010—0001 循环变化,电路如图 6.43(b) 所示。

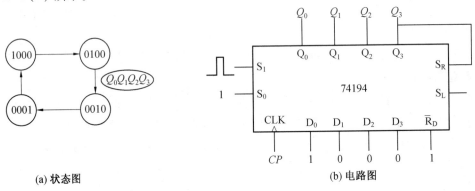

(a) 状态图 (b) 电路图

图 6.43　右移方式四进制环形计数器状态图和电路图

(2) 八进制扭环形计数器。

74194 构成的右移方式八进制扭环形计数器的状态图如图 6.44(a) 所示,计数初始状态为 0000,8 个计数状态为 0000,1000,1100,1110,1111,0111,0011 和 0001。

将末级输出端 Q_3 经"非"门后连接到右移数据输入端 S_R,S_1 接高电平,S_0 接低电平,即 $S_1 S_0 = 01$,74194 工作在右移方式。

电路工作时,首先在 $\overline{R}_D$ 端加一个负脉冲,将 74194 的初始状态设置为 0000。此后,$\overline{R}_D$ 端一直为高电平,计数状态按 0000—1000—1100—1110—1111—0111—0011—0001 循环变化,电路如图 6.44(b) 所示。

(3) 七进制变形扭环形计数器。

74194 构成的右移方式七进制变形扭环形计数器的状态图如图 6.45(a) 所示,计数初始状态为 1000,7 个计数状态为:1000,1100,1110,1111,0111,0011 和 0001。

将最末两级输出端 Q_2,Q_3 分别送到"与非"门的输入端,"与非"门的输出端连接到右移输

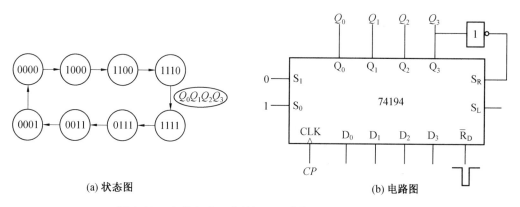

图 6.44　右移方式八进制扭环形计数器状态图和电路图

入端 S_R,S_0 接高电平,并行数据输入端 $D_0D_1D_2D_3$ 接计数初始状态 1000。电路如图 6.45(b) 所示。

　　电路工作时,先在 S_1 端加一个正脉冲,此时 $S_1S_0 = 11$,在 CP 上升沿到来时,同步置数,$Q_0Q_1Q_2Q_3 = 1000$,即将 74194 的初始状态设为 1000。此后,S_1 端一直为低电平,$S_1S_0 = 01$,74194 工作在右移方式。计数状态按 1000—1100—1110—1111—0111—0011—0001 循环变化,设计符合要求。

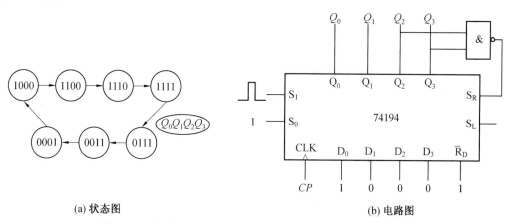

图 6.45　右移方式七进制变形扭环形计数器状态图和电路图

6.3　八 D 锁存器

常用的八 D 锁存器有 74273,74373 和 74573 等。

1. 八 D 锁存器 74273

74273 是带清除端的八 D 锁存器,其引脚图和逻辑符号如图 6.46 所示。74273 采用 DIP20 封装。

引脚功能:

(1) 与电源有关的引脚。

U_{CC}: + 5 V 电源。

GND:接地端。

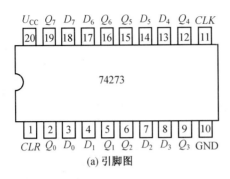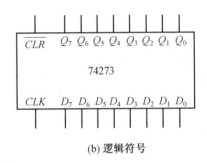

(a) 引脚图　　　　　　　　　　　　　(b) 逻辑符号

图 6.46　74273 引脚图和逻辑符号

（2）输入引脚。

$D_7 \sim D_0$：8 位数据输入端。

$\overline{CLR}$：异步清零端，低电平有效。

CLK：锁存控制端，上升沿锁存。

（3）输出引脚。

$Q_7 \sim Q_0$：8 位数据输出端。

当 $\overline{CLR} = 0$ 时，无论 CLK 端是否有脉冲输入，8 位数据输出端 $Q_7 \sim Q_0 = 0000\ 0000$，即输出端均输出低电平，74273 异步清零。

当 $\overline{CLR} = 1$ 时，且 CLK 上升沿到来时，将 8 位数据输入端 $D_7 \sim D_0$ 的 8 位数据锁存到 8 位数据输出端 $Q_7 \sim Q_0$。

2. 八 D 锁存器 74373

74373 是带三态门的八 D 锁存器，其引脚图和逻辑符号如图 6.47 所示。74373 采用 DIP20 封装。

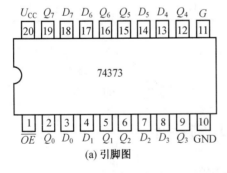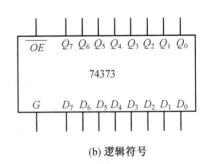

(a) 引脚图　　　　　　　　　　　　　(b) 逻辑符号

图 6.47　74373 引脚图和逻辑符号

引脚功能：

（1）与电源有关的引脚。

U_{CC}：+ 5 V 电源。

GND：接地端。

（2）输入引脚。

$D_7 \sim D_0$：8 位数据输入端。

G:锁存控制端,下降沿锁存。

$\overline{OE}$:数据输出允许控制端,低电平有效。

(3)输出引脚。

$Q_7 \sim Q_0$:8位数据输出端。

74373的内部结构图如图6.48所示。当 $G = 1$ 时,74373的8位数据输出端 $Q_7' \sim Q_0'$ 随数据输入端 $D_7 \sim D_0$ 的变化而变化,即 $Q_i' = D_i(i = 7,6,\cdots,0)$;当 G 端由1变0(下降沿)时,数据输入端 $D_7 \sim D_0$ 的数据被锁存到数据输出端 $Q_7' \sim Q_0'$。当 $G = 0$ 时,输出端 $Q_7' \sim Q_0'$ 不再随输入端 $D_7 \sim D_0$ 的变化而变化,而是一直保持锁存的数据不变。

$\overline{OE}$ 为数据输出允许控制端。当 $\overline{OE} = 0$ 时,三态门打开,$Q_7 \sim Q_0 = Q_7' \sim Q_0'$;当 $\overline{OE} = 1$ 时,$Q_7 \sim Q_0$ 为高阻态。

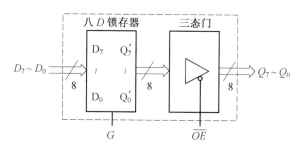

图 6.48 74373 内部结构图

3. 八 D 锁存器 74573

74573 也是带三态门的八 D 锁存器,其逻辑功能及内部结构与74373完全一致,仅是引脚排列与74373不同。其引脚图如图6.49所示。

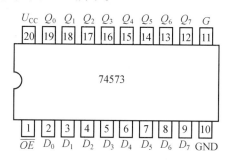

图 6.49 74573 引脚图

由图6.49可以看出,74573的引脚排列是将数据输入端和数据输出端依次顺序排列的,这为后期印刷线路板布线提供了方便。

微处理器一般采用数据总线和地址总线分时复用方法设计,为了将地址信号从地址／数据总线中分离出来,常用八 D 锁存器锁存地址信号,相关内容将在后续课程中介绍。

6.4　模块级时序逻辑电路的分析

由第5章可知,对触发器级的时序逻辑电路可按步骤逐步进行分析,最后确定电路功能。采用同样方法对模块级时序电路进行分析则是相当困难的,下面通过几个例题,介绍模块级时序逻辑电路的分析方法。

【例6.13】 电路如图6.50所示,试分析其逻辑功能。

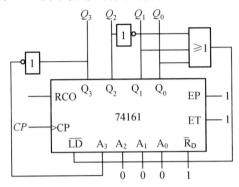

图6.50 例6.13电路图

解 电路由一片74161、一个3输入"或"门和两个"非"门组成,$EP = ET = 1$, $\overline{R}_D = 1$, $\overline{LD} = \overline{Q_2} + Q_1 + Q_0$,$A_3 A_2 A_1 A_0 = \overline{Q_3}000$,$Q_3 Q_2 Q_1 Q_0$ 为电路输出端。

通过分析可知,该电路是一个采用反馈置数法设计的计数器,每当计数状态的低三位等于100时,74161同步置数。

设电路的初始状态为0000,由于计数状态的低三位不等于100,$\overline{LD} = 1$,74161处于计数方式,即在每个CP上升沿到来时74161加1,当计到0100时,$\overline{LD} = \overline{Q_2} + Q_1 + Q_0 = 0$,在下一个$CP$上升沿到来时,74161同步置数,计数状态由0100变为1000。然后,计数器继续计数,当计到1100时,$\overline{LD} = \overline{Q_2} + Q_1 + Q_0 = 0$,在下一个$CP$上升沿到来时,74161再次同步置数,状态由1100又回到初始状态0000。状态图如图6.51所示,状态转换表见表6.12。

根据状态图或状态转换表确定电路逻辑功能:该电路是一个5421BCD码计数器。

表6.12 状态转换表

计数顺序	电路状态			
CP	Q_3	Q_2	Q_1	Q_0
0	0	0	0	0
1	0	0	0	1
2	0	0	1	0
3	0	0	1	1
4	0	1	0	0
5	1	0	0	0
6	1	0	0	1
7	1	0	1	0
8	1	0	1	1
9	1	1	0	0

【例6.14】 (1)电路如图6.52所示,分析在AB控制下,计数器分别为多少进制的加法计数器。(2)电路如图6.53所示,分析该电路的逻辑功能。

· 218 ·

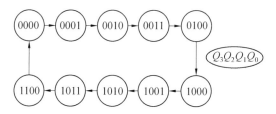

图 6.51　5421BCD 码计数器状态图

解　（1）由图 6.52 可知，电路由一片 74161、一个 4 选一数据选择器和三个门电路组成。其中 74161 的 $EP = ET = 1$，$\overline{LD} = 1$，$\overline{R}_D$ 与数据选择器的输出端 Y 相连。当 $Y = 1$ 时，$\overline{R}_D = 1$，74161 工作在计数方式；当 $Y = 0$ 时，$\overline{R}_D = 0$，74161 异步清零。

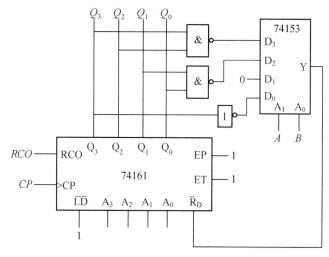

图 6.52　例 6.14 电路图（1）

由题意可知，计数器由 AB 控制，根据图 6.52 可列出 AB 与 Y 的关系表，见表 6.13。

表 6.13　AB 与 Y 的关系表

A	B	Y
0	0	$D_0 = \overline{Q}_3$
0	1	$D_1 = 0$
1	0	$D_2 = \overline{Q_1 Q_0}$
1	1	$D_3 = \overline{Q_3 Q_2}$

设 74161 初始状态为 0000，由表 6.13 可知：

①$AB = 00$ 时，$Y = D_0 = \overline{Q}_3$。当 74161 计数到 1000 时，$Q_3 = 1$，则 $\overline{R}_D = Y = 0$，74161 异步清零，计数状态由 1000 变为 0000，其中 1000 为瞬间存在的状态。所以，当 $AB = 00$ 时，计数器有 8 种稳定状态：0000，0001，…，0110 和 0111，74161 为八进制加法计数器。

②$AB = 01$ 时，$Y = D_1 = 0$，则 $\overline{R}_D = Y = 0$。74161 始终处于异步清零状态。所以，当 $AB = 01$ 时，74161 始终处于 0000 状态。

③$AB = 10$ 时，$Y = D_2 = \overline{Q_1 Q_0}$。当 74161 计到 0011 时，$Q_1$ 与 Q_0 同时为 1，$\overline{R}_D = Y = 0$，74161 异

步清零,计数状态由 0011 变为 0000,其中 0011 为瞬间存在的状态。所以,当 $AB = 10$ 时,计数器有 3 种稳定状态:0000,0001 和 0010,74161 为三进制加法计数器。

④$AB = 11$ 时,$Y = D_3 = \overline{Q_3Q_2}$。当 74161 计到 1100 时,即 Q_3 与 Q_2 同时为 1,则 $\overline{R}_D = Y = 0$,74161 异步清零,计数状态由 1100 变为 0000,其中 1100 为瞬间存在的状态。所以,当 $AB = 11$ 时,计数器有 12 种稳定状态:0000,0001,…,1010 和 1011,74161 为十二进制加法计数器。

由分析可知,当 $AB = 01$ 时,电路为八进制加法计数器;当 $AB = 01$ 时,计数器不计数,始终处于 0000 状态;当 $AB = 10$ 时,电路为三进制加法计数器;当 $AB = 11$ 时,电路为十二进制加法计数器。

(2) 图 6.53 的电路除了将 74161 换成 74163 外,其他均与图 6.52 相同。由表 6.4 可知,74163 与 74161 仅有一点不同,即 74163 为同步清零。

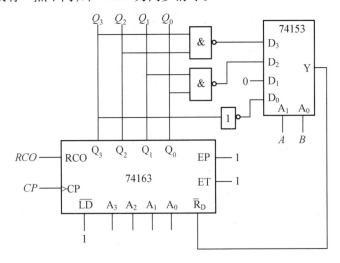

图 6.53　例 6.14 电路图(2)

设 74163 初始状态为 0000,由表 6.13 可知:

①$AB = 00$ 时,$Y = D_0 = \overline{Q_3}$。当 74163 计数到 1000 时,$Q_3 = 1$,则 $\overline{R}_D = Y = 0$,由于 74163 为同步清零,在下一个 CP 上升沿到来时,计数状态由 1000 变为 0000。所以,当 $AB = 00$ 时,计数器有 9 种稳定状态:0000,0001,…,0111 和 1000,74163 为九进制加法计数器。

②$AB = 01$ 时,$Y = D_1 = 0$,则 $\overline{R}_D = Y = 0$。74163 始终处于同步清零状态。所以,当 $AB = 01$ 时,74163 不计数,输出一直为 0000。

③$AB = 10$ 时,$Y = D_2 = \overline{Q_1Q_0}$。当 74163 由 0000 计数到 0011 时,即 Q_1 与 Q_0 同时为 1,$\overline{R}_D = Y = 0$,在下一个 CP 上升沿到来时,计数状态由 0011 变为 0000。所以,当 $AB = 10$ 时,计数器有 4 种稳定状态:0000,0001,0010 和 0011,74163 为四进制加法计数器。

④$AB = 11$ 时,$Y = D_3 = \overline{Q_3Q_2}$。当 74163 计数到 1100 时,即 Q_3 与 Q_2 同时为 1,则 $\overline{R}_D = Y = 0$,在下一个 CP 上升沿到来时,计数状态由 1100 变为 0000。所以,当 $AB = 11$ 时,计数器有 13 种稳定状态:0000,0001,…,1011 和 1100,74163 为十三进制加法计数器。

由上述分析可知,当 $AB = 01$ 时,电路为九进制加法计数器;当 $AB = 01$ 时,计数器不计数,始终处于 0000 状态;当 $AB = 10$ 时,电路为四进制加法计数器;当 $AB = 11$ 时,电路为十三进制加法计数器。

【例6.15】 电路如图 6.54 所示,A 为脉冲控制端,B 为电平控制端,CP 为计数脉冲输入端。分析发光二极管 $LED_7 \sim LED_0$ 的亮灭情况。

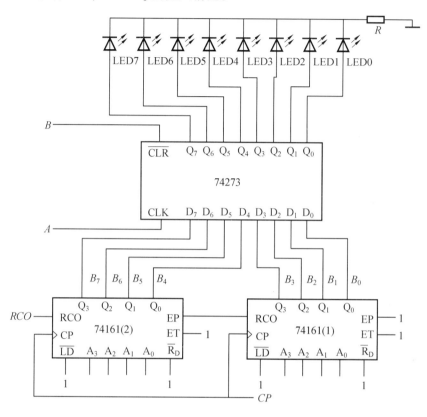

图 6.54　例 6.15 电路图

解　电路由两片 74161、1 片 74273、8 个发光二极管和一个限流电阻 R 组成,且两片 74161 的输出端 $B_7 \sim B_0$ 分别与 74273 的数据输入端 $D_7 \sim D_0$ 相连,74273 的输出端 $Q_7 \sim Q_0$ 分别与发光二极管 $LED_7 \sim LED_0$ 相连。

由电路可知,两片 74161 级联成二百五十六进制加法计数器,在 CP 脉冲作用下,$B_7 \sim B_0$ 循环输出 0000 0000 $\sim$ 1111 1111,74273 的数据输入端 $D_7 \sim D_0 = B_7 \sim B_0 = 0000\ 0000 \sim$ 1111 1111。

当 $B = 0$ 时,74273 异步清零,其输出端 $Q_7 \sim Q_0 = 0000\ 0000$,发光二极管 $LED_7 \sim LED_0$ 均熄灭。

当 $B = 1$ 时,74273 输出端 $Q_7 \sim Q_0$ 受 A 端控制。A 端由"0"变"1"时,$D_7 \sim D_0$ 中的8位二进制数据被锁存到 $Q_7 \sim Q_0$ 端。输出端 Q_i 为"1"对应的发光二极管点亮,Q_i 为"0"对应的发光二极管熄灭。当 $A = 1$ 或 $A = 0$ 时,$Q_7 \sim Q_0$ 端的数据保持不变。当 A 端再次由"0"变"1"时,会将新的一组数据锁存到 $Q_7 \sim Q_0$ 端。

【例6.16】 分析图 6.55 所示电路的逻辑功能,已知 $\overline{Y}_0 \sim \overline{Y}_7$ 为电路输出端。

解　电路由 1 片 74161 和 1 片 74138 组成,且 74161 的 $Q_2Q_1Q_0$ 与 74138 的地址输入端 $A_2A_1A_0$ 相连。

SHUZILUOJIDIANLUSHEJI

由电路可知,74161 工作在十六进制加法计数方式,74138 工作在译码方式。因此,在时钟脉冲 CP 作用下,74161 的 $Q_2Q_1Q_0$ 端循环输出 $000 \sim 111$,通过译码器 74138 译码后,74138 的 8 个输出端依次输出负脉冲,脉冲宽度等于 CP 周期,工作波形图如图 6.56 所示。

由上述分析可知,在 CP 脉冲控制下,74138 输出端循环输出一组顺序脉冲信号,所以该电路是 8 路顺序脉冲信号发生器。

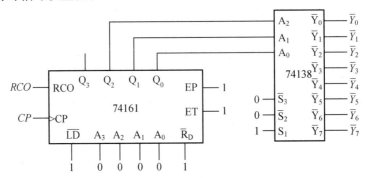

图 6.55　例 6.16 电路图

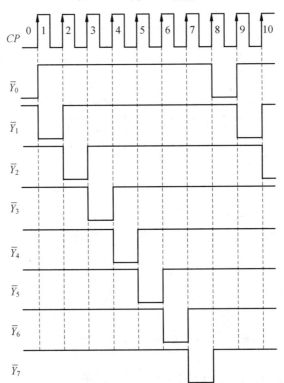

图 6.56　8 路顺序脉冲发生器工作波形图

【例 6.17】　分析图 6.57 所示电路的逻辑功能,已知 Y 为电路输出端。

解　电路主要由 1 片 74161 和 1 片 74151 组成。

由于 74161 的 $EP = ET = 1$,$\overline{R}_D = 1$,$\overline{LD} = \overline{Q_2 Q_1}$,$A_3 A_2 A_1 A_0 = 0000$,所以 74161 是采用反馈置数法设计的加法计数器。设初始状态为 0000,当 74161 计到 0110 时,Q_2、Q_1 同时为 1,$\overline{LD} = 0$,在

下一个 CP 上升沿到来时 74161 同步置数，$Q_3Q_2Q_1Q_0 = A_3A_2A_1A_0 = 0000$，74161 回到初始状态 0000。因此 74161 是 7 进制加法计数器，74161 的 $Q_2Q_1Q_0$ 循环输出 000 ～ 110。

由于 74161 计数输出端 $Q_2Q_1Q_0$ 与 74151 的地址输入端 $A_2A_1A_0$ 相连，74151 的数据输入端 $D_0D_1D_2D_3D_4D_5D_6 = 0110100$。所以，74151 的输出端 Y 周期性地输出序列 0110100。

综上所述，该电路循环输出周期序列 0110100，即该电路是一个 0110100 序列信号发生器。

当信号长度不变、序列信号改变时，修改 74151 数据输入端的高低电平即可，而无需对电路结构做任何更改。

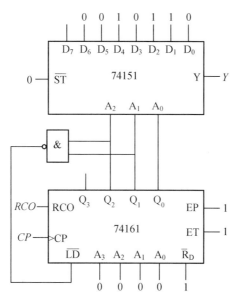

图 6.57　例 6.17 电路图

序列信号发生器除了用计数器和数据选择器构成外，还可以用移位寄存器构成。

【例 6.18】　判断图 6.58 所示电路的电路类型，并分析逻辑功能，已知 Y 为电路输出端。

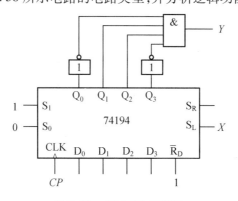

图 6.58　例 6.18 电路图

解　电路由一片 74194、一个 4 输入"与"门和两个"非"门组成。

X 为外部输入端，与 74194 的左移输入端 S_L 相连。74194 的 $S_1S_0 = 10$，$\overline{R}_D = 1$，所以 74194 工作在同步左移方式。Y 为输出端，且 $Y = \overline{Q}_0Q_1Q_2\overline{Q}_3$。

由于输出端 Y 与外部输入 X 无关,故该电路为摩尔型时序逻辑电路。

由电路可知,当 X 端依次输入 $0,1,1,0$ 时,$Y = 1$,否则 $Y = 0$。所以该电路为"0110"序列检测器。由于 74194 一直工作在同步左移方式,"0110"序列中的最后一位"0"可以作为下一组"0110"序列的第一位"0",这称为允许输入序列码重叠。所以该电路是允许输入序列码重叠的"0110"序列检测器。

【例 6.19】 分析图 6.59 所示电路的逻辑功能,已知 Y 为电路输出端。

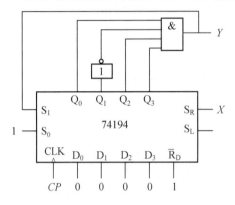

图 6.59 例 6.19 电路图

解 电路由一片 74194、一个 4 输入"与"门和一个"非"门组成。

X 为外部输入端,与 74194 的右移输入端 S_R 相连。Y 为输出端,且 $Y = Q_0 \overline{Q_1} Q_2 Q_3$。74194 的 $\overline{R}_D = 1$,$S_0 = 1$,S_1 与 Y 相连。

当 $Y = 0$ 时,$S_1 S_0 = 01$,74194 工作在同步右移方式。当 $Y = 1$ 时,$S_1 S_0 = 11$,74194 工作在同步置数方式。

当 X 端依次输入 $1,1,0,1$ 时,$Y = 1$。所以该电路是"1101"序列检测器。由于 $Y = 1$ 时,$S_1 S_0 = 11$,在下一个 CP 上升沿到来时 74194 同步置数,$Q_0 Q_1 Q_2 Q_3 = D_0 D_1 D_2 D_3 = 0000$,所以上个序列的最后一位"1"不能作为下个序列检测的第一位"1",该电路不允许输入序列码重叠,即该电路是不允许输入序列码重叠的"1101"序列检测器。

6.5 模块级时序逻辑电路的设计

模块级同步时序逻辑电路的设计步骤与触发器级同步时序逻辑电路的设计步骤大致相同,设计时可适当参考。下面通过例题详细介绍模块级同步时序逻辑电路的设计过程。

【例 6.20】 某数字通信系统的基本时钟频率为 2 MHz,其中一个子系统的时钟频率要求为 125 kHz。试设计能够从基本时钟产生子系统工作时钟的电路。

解 (1)分析。

已知基本时钟频率为 2 MHz,即 $f_{in} = 2$ MHz,子系统的时钟频率为 125 kHz,即 $f_{out} = 125$ kHz。

设分频比为 N,则有

$$N = \frac{f_{in}}{f_{out}} = \frac{2 \times 10^6}{125 \times 10^3} = 16$$

因此,设计一个十六进制计数器即可满足十六分频的要求。

（2）设计。

根据例6.1可知,对74161进行简单设计即可实现十六进制计数器的功能,每计16个 CP 脉冲 RCO 输出1个进位脉冲,将基本时钟频率接到74161的 CP 端,则 RCO 输出的信号频率为125 kHz。十六分频电路如图6.60所示,波形图如图6.61所示。

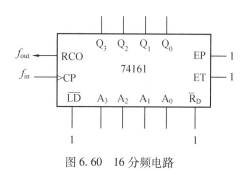

图 6.60　16 分频电路

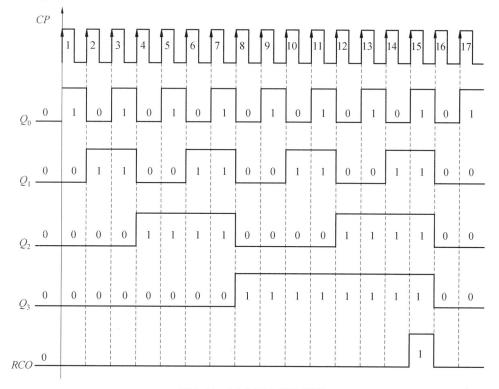

图 6.61　16 分频电路波形图

由图6.61可知, Q_3 输出信号频率也符合要求,是 CP 输入信号频率的16分频,只是占空比与 RCO 不同。 Q_3 输出信号占空比为1/2, RCO 输出信号占空比为1/16。 Q_2 、 Q_1 和 Q_0 则分别输出8分频、4分频和2分频脉冲信号。

【例6.21】　以计数器74192为核心器件,设计一个可控多进制加法计数器,具体功能见表6.14。

表 6.14　例 6.21 功能表

A	B	进制
0	0	六
0	1	七
1	0	八
1	1	九

解 （1）分析。

由于74192是可逆计数器,按题意先将74192连接为加法计数器。

分析表6.14可知,AB取值不同,74192的进制也不同,对多进制计数器设计采用反馈置数法较容易实现,故本例题选用反馈置数法进行设计。

① 当$AB = 00$时,74192为六进制加法计数器,选用后6个状态:0100 ～ 1001,遇0000置0100,即预置数据输入端$A_3A_2A_1A_0$接与计数器初始状态对应的电平0100。

② 当$AB = 01$时,74192为七进制加法计数器,选用后7个状态:0011 ～ 1001,遇0000置0011,即预置数据输入端$A_3A_2A_1A_0$接与计数器初始状态对应的电平0011。

③ 当$AB = 10$时,74192为八进制加法计数器,选用后8个状态:0010 ～ 1001,遇0000置0010,即预置数据输入端$A_3A_2A_1A_0$接与计数器初始状态对应的电平0010。

④ 当$AB = 11$时,74192为九进制加法计数器,选用后9个状态:0001 ～ 1001,遇0000置0001,即预置数据输入端$A_3A_2A_1A_0$接与计数器初始状态对应的电平0001。

（2）设计。

由上述分析可直接列出A_3、A_2、A_1、A_0关于变量A和B的对应关系表,见表6.15。

表6.15　AB与预置数据对应关系表

A	B	A_3	A_2	A_1	A_0
0	0	0	1	0	0
0	1	0	0	1	1
1	0	0	0	1	0
1	1	0	0	0	1

由表6.15可得

$$A_3 = 0, A_2 = \overline{A}\,\overline{B}, A_1 = A \oplus B, A_0 = B$$

根据逻辑表达式设计电路,如图6.62所示。

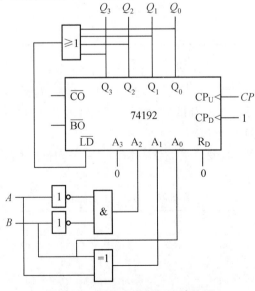

图6.62　可控多进制加法计数器

【例 6.22】　试以计数器 74161 为主要芯片,设计一个 8421BCD 码减法计数器。

解　(1)分析。

由于 74161 是一个 4 位二进制同步加法计数器,当 $\overline{LD}$,$\overline{R}_D$ 无效(即 $\overline{R}_D = \overline{LD} = 1$),$EP = ET = 1$ 时,74161 工作在加法计数方式,输出端 $Q_3Q_2Q_1Q_0$ 循环输出 0000 ~ 1111。如果将 74161 输出端逐位取反,则 $\overline{Q}_3\overline{Q}_2\overline{Q}_1\overline{Q}_0$ 循环输出 1111 ~ 0000,令 $B_8B_4B_2B_1 = \overline{Q_3Q_2Q_1Q_0}$,状态表见表 6.16。由表可知,74161 后十个状态 $Q_3Q_2Q_1Q_0$ 为 0110 ~ 1111,取反后 $\overline{Q}_3\overline{Q}_2\overline{Q}_1\overline{Q}_0$ 为 1001 ~ 0000。

表 6.16　74161 状态表

等效十进制数	计数状态				输出状态			
	Q_3	Q_2	Q_1	Q_0	B_8	B_4	B_2	B_1
0	0	0	0	0	1	1	1	1
1	0	0	0	1	1	1	1	0
2	0	0	1	0	1	1	0	1
3	0	0	1	1	1	1	0	0
4	0	1	0	0	1	0	1	1
5	0	1	0	1	1	0	1	0
6	0	1	1	0	1	0	0	1
7	0	1	1	1	1	0	0	0
8	1	0	0	0	0	1	1	1
9	1	0	0	1	0	1	1	0
10	1	0	1	0	0	1	0	1
11	1	0	1	1	0	1	0	0
12	1	1	0	0	0	0	1	1
13	1	1	0	1	0	0	1	0
14	1	1	1	0	0	0	0	1
15	1	1	1	1	0	0	0	0

(2)设计。

由分析可知,该电路需要采用反馈置数法进行设计。

① 首先,将 74161 设计成十进制加法计数器,初始状态设为 0110,计数状态 $Q_3Q_2Q_1Q_0$ 为 0110 ~ 1111,电路输出状态 $B_8B_4B_2B_1$ 为 1001 ~ 0000。每当 74161 计到 1111 时,$RCO = 1$,取反后送到 $\overline{LD}$ 端,74161 同步置数,由 1111 状态回到了初始状态 0110。

② 将输出端分别通过非门输出。电路如图 6.63 所示。

【例 6.23】　用 74194 构成具有自启动功能的八进制扭环形计数器,要求采用左移方式,画出全状态图。

解　(1)分析。

八进制扭环形计数器有 8 个稳定状态,1 片 4 位移位寄存器 74194 就可以实现八进制扭环形计数器功能。

(2)设计。

由于题中要求采用左移方式,所以 74194 的 S_1 和 S_0 端必须接 1 和 0,按照扭环形计数器的定义进行电路设计,如图 6.64 所示。

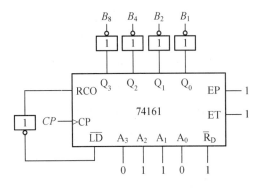
图 6.63　8421BCD 减法计数器

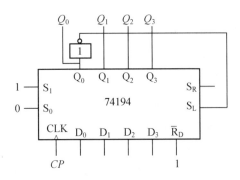
图 6.64　左移型八进制扭环形计数器电路图

（3）分析电路是否满足设计要求。

设电路的初始状态为0000，可画出电路的状态图，如图6.65（a）所示。如果将初始状态设为0010，则可画出由剩余8个状态构成的状态图，如图6.65（b）所示。图6.65（a）和（b）构成了该电路的全状态图。

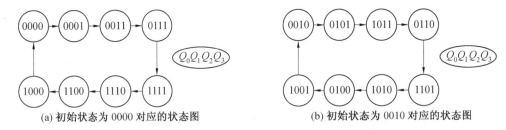

(a) 初始状态为 0000 对应的状态图　　　　(b) 初始状态为 0010 对应的状态图

图 6.65　左移型八进制扭环形计数器全状态图

如果选择图6.65（a）所示的8个状态构成八进制扭环形计数器，则图6.65（b）中的8个状态为无效状态。由图6.65可知，两个循环各自独立，假设电路初始状态为某一无效状态，那么无论经过多少个 CP 周期，电路都不会进入有效循环，所以图6.64构成的八进制扭环形计数器电路不具有自启动功能，需要进行修改。

（4）电路修改。

修改思路：设计一个反馈电路，通过该电路打破无效循环，在 CP 的控制下，让某个无效状态能回到某个有效状态，即从8个无效状态中任选1个状态作为反馈电路的控制端。

本题采用反馈清零法实现电路的自启动功能，选用0010状态作为反馈电路的控制端。当输出 $Q_0Q_1Q_2Q_3 = 0010$ 时，电路清零，回到有效状态0000，从而满足设计要求。

修改后的电路如图 6.66 所示，全状态图如图 6.67 所示。

【例6.24】　将例6.23改用右移方式实现，需对图6.66进行哪些修改？画出电路图和全状态图。

解　参考图6.67，首先画出采用右移方式设计具有自启动特性的八进制扭环形计数器全状态图，如图 6.68 所示。

有效状态的选择同例6.23，反馈电路的控制状态保持不变，反馈电路的连接不变。对图6.66仅需要进行以下两点修改：

（1）由于采用右移方式，所以74194的 S_1 和 S_0 端分别接0和1。

（2）由于采用右移方式，所以需将 Q_3 取反，再接到 S_R 端。

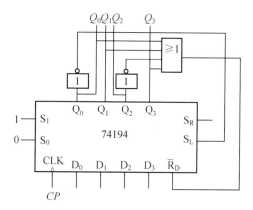

图 6.66　具有自启动功能的左移型八进制扭环形计数器电路图

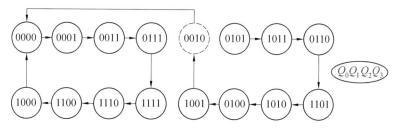

图 6.67　具有自启动功能的左移型八进制扭环形计数器全状态图

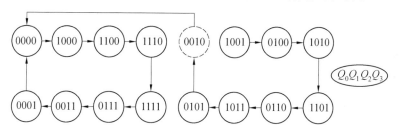

图 6.68　具有自启动功能的右移型八进制扭环形计数器全状态图

修改后的电路如图 6.69 所示。

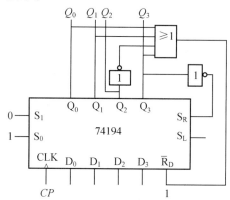

图 6.69　具有自启动功能的右移型八进制扭环形计数器电路图

6.6 计数器应用实验

6.6.1 实验目的和意义

（1）掌握常用集成计数器的功能及使用方法。

（2）掌握用集成计数器构成任意进制计数器的两种设计方法：反馈清零法和反馈置数法。

6.6.2 实验预习要求

（1）复习集成计数器 74161,74163 和 74192 的逻辑功能及使用方法。

（2）完成实验内容的预习与设计。

（3）按照要求完成实验报告相关部分的撰写。

6.6.3 实验仪器和设备

（1）数字电路实验箱:1 台。

（2）数字万用表:1 块。

（3）74161:1 片。

（4）74163:1 片。

（5）74192:2 片。

（6）7400:1 片。

（7）7408:1 片。

6.6.4 实验内容

1. 芯片逻辑功能测试

（1）74161 逻辑功能测试。

① 将 74161 插到实验箱 DIP16 管座上,注意芯片方向。

② 将 74161 的 16 引脚(U_{CC})接到实验箱的 + 5 V,8 引脚(GND)接到实验箱的地。

③ 将 74161 的 2 引脚(CP)与实验箱的脉冲输出端相连。

④ 将 74161 $\overline{LD}$,$\overline{R_D}$,A_3,A_2,A_1,A_0 分别与拨动开关相连。

⑤ 将 74161 输出引脚 RCO,Q_3,Q_2,Q_1,Q_0,按从左到右的顺序分别与发光二极管相连。

⑥ 检查电路,确认接线无误后,接通实验箱电源,参考表 6.1 完成 74161 的逻辑功能测试。

（2）参照 74161 的测试步骤,完成 74163 的逻辑功能测试。

（3）参照 74161 的测试步骤,完成 74192 的逻辑功能测试。

（4）参照 3.4 节完成 7400 和 7408 的逻辑功能测度。

2. 任意进制加法计数器的设计

（1）用 74161 设计十二进制加法计数器,要求分别采用反馈清零法和反馈置数法设计。

① 根据题意,完成设计。

a. 十二进制加法计数器(反馈清零法)。

采用反馈清零法设计十二进制加法计数器时,初始状态必须为 0000,计数状态为 0000 ~ 1011。由于 74161 的 $\overline{R}_D$ 为异步清零端,所以反馈电路的控制状态为 1100,反馈电路的逻辑表达式为 $\overline{R}_D = \overline{Q_3 Q_2}$。74161 的 EP、ET、$\overline{LD}$ 接高电平,$A_3 A_2 A_1 A_0$ 可以悬空。电路如图 6.70 所示。

b. 十二进制加法计数器(反馈置数法)。

采用反馈置数法设计十二进制加法计数器时,初始状态可以选择。设初始状态为 0001,则计数状态为 0001 ~ 1100。由于 74161 的 $\overline{LD}$ 为同步置数端,所以反馈电路的控制状态为 1100,反馈电路的逻辑表达式为 $\overline{LD} = \overline{Q_3 Q_2}$。74161 的 EP、ET、$\overline{R}_D$ 接高电平,$A_3 A_2 A_1 A_0$ 不能悬空,必须接与初始状态对应的电平,即 $A_3 A_2 A_1 A_0 = 0001$。电路如图 6.71 所示。

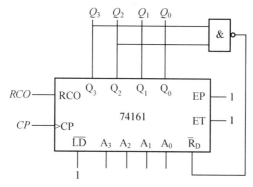

图 6.70　反馈清零法十二进制加法计数器电路图

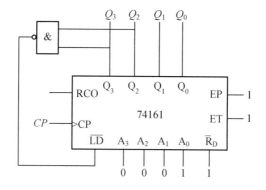

图 6.71　反馈置数法十二进制加法计数器电路图

② 在实验箱上,完成线路连接。

输出端 RCO,Q_3,Q_2,Q_1,Q_0 需要按从左到右顺序,依次与发光二极管相连。

③ 检查电路,确认无误后,接通电源,观察结果。如果结果不正确,认真观察实验现象,找出问题。关闭电源,改正错误,直到输出正确结果。

(2) 用 74163 设计十二进制加法计数器,要求分别采用反馈清零法和反馈置数法设计。

(3) 用 74192 设计 7 进制减法计数器,要求用反馈置数法设计。

(4) 用两片 74192 设计 100 进制的加法和减法计数器。

(5) 用两片 74192 设计二十八进制加法计数器,要求分别用反馈清零法和反馈置数法设计。

6.7 移位寄存器应用实验

6.7.1 实验目的和意义

（1）掌握4位双向移位寄存器74194的逻辑功能及使用方法。
（2）掌握用4位双向移位寄存器74194设计移位型计数器的方法。
（3）掌握用4位双向移位寄存器74194设计序列检测器的方法。

6.7.2 实验预习要求

（1）复习4位双向移位寄存器74194的逻辑功能及使用方法。
（2）复习用4位双向移位寄存器74194设计移位型计数器和序列检测器的方法。
（3）完成实验内容的预习与设计。
（4）按照要求完成实验报告相关部分的撰写。

6.7.3 实验仪器和设备

（1）数字电路实验箱：1台。
（2）数字万用表：1块。
（3）74194：2片。
（4）7400：1片。
（5）7404：1片。

6.7.4 实验内容

1. 芯片逻辑功能测试

（1）74194逻辑功能测试。

① 将74194插到实验箱DIP16管座上，注意芯片方向。

② 将74194的16引脚（U_{CC}）接到实验箱的 +5 V，8引脚（GND）接到实验箱的地。

③ 将74194的11引脚（CLK）与实验箱的脉冲输出端相连。

④ 将74194的$\overline{R}_D$，D_3，D_2，D_1，D_0，S_1，S_0，S_R，S_L分别与拨动开关相连。

⑤ 将74194输出引脚Q_0，Q_1，Q_2，Q_3分别与发光二极管相连。

⑥ 检查电路，确认接线无误后，接通实验箱电源，参考表6.9完成74194的逻辑功能测试。

（2）参照3.4节，完成7400和7404的逻辑功能测试。

2. 74194电路分析实验

（1）按照图6.72完成线路连接，确认接线无误后接通电源，首先在$\overline{R}_D$端加一个负脉冲，将74194的初始状态设置为0000，此后$\overline{R}_D$端一直为高电平，观察实验结果，画出状态图，指出电路逻辑功能。

（2）按照图6.73完成线路连接，确认接线无误后接通电源，先在S_0端加一个正脉冲，使

$S_1S_0 = 11$，在 CP 上升沿到来时，同步置数，将 74194 的初始状态设为 0001。此后 S_0 端一直为低电平，使 $S_1S_0 = 10$。观察实验结果，画出状态图，指出电路逻辑功能。

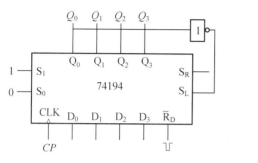

图 6.72　74194 电路图　　　　　　　图 6.73　74194 电路图

3. 74194 电路设计实验

（1）设计 8 路流水灯电路。

设计提示：

① 用 2 片 74194 构成 8 位双向移位寄存器，可参考图 6.39 完成设计。

② 用 8 位双向移位寄存器构成 8 进制环形计数器。

（2）用 74194 设计"1011"序列检测器，允许输入序列码重叠。

设计提示：

① 用 74194 设计"1011"序列检测器，可参考例 6.18 和例 6.19。

② 用 74161 和 74153 设计"1011"序列发生器，可参考例 6.17。

③ 将序列发生器的输出端与序列检测器的左移／右移输入端相连，验证序列检测器的正确性。

本章小结

　　常用模块级时序逻辑电路有计数器、寄存器、移位寄存器和锁存器等。本章重点介绍了常用模块级时序逻辑芯片的逻辑功能和使用方法，在此基础上详细介绍了模块级时序电路的分析方法和设计过程。

　　本章重点内容如下：

　　（1）计数器的种类繁多，用途广泛，常用于计数、定时、分频、产生节拍脉冲和时序脉冲等。本章以 74161，74163 和 74192 为例，重点介绍了常用计数器的逻辑功能和使用方法。

　　（2）锁存器、寄存器和移位寄存器也是最常用的时序逻辑电路器件。锁存器和寄存器的功能为在某一时刻将数据并行存入，完成数据的锁存或寄存；移位寄存器的功能为在时钟脉冲控制下，实现数据的左移或右移。移位寄存器可以实现串并转换或并串转换等逻辑功能。

　　（3）模块级时序电路的分析方法与触发器级时序逻辑电路的分析方法不同，通常需要经过下列几个分析步骤：

　　① 分析电路组成，按功能将电路划分为模块。

　　② 分析各模块的逻辑功能。

　　③ 分析模块间的连接方式。

　　④ 确定整个电路的逻辑功能。

本章通过几个例题详细介绍了模块级时序逻辑电路的分析方法。

（4）由于模块级同步时序逻辑电路的设计步骤与触发级同步时序逻辑电路的设计步骤大致相同，设计时可参考第 5 章相关内容。本章通过几个例题详细介绍了模块级时序逻辑电路的设计过程。

（5）本章最后两节是计数器和移位寄存器应用实验，包括计数器和移位寄存器芯片性能测试、时序逻辑电路分析及设计环节。通过这些实验，可加深对模块级时序逻辑电路的理解。

习　题

6.1　试述 74161 和 74192 属于何种类型的计数器，列出功能表。

6.2　简述 74160 系列芯片与 74190 系列芯片之间的相同点和不同点。

6.3　图 6.74 所示电路分别是几进制的计数器？给出分析过程并画出状态图。

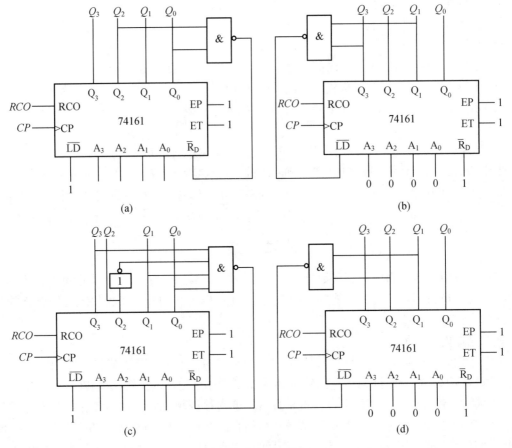

图 6.74　题 6.3 图

6.4　已知电路如图 6.75 所示，分析 $M=1$ 和 $M=0$ 时，计数器分别为几进制的加法计数器。

6.5　已知电路如图 6.76 所示，分析电路功能。

6.6　用 4 位同步二进制计数器 74161 设计十三进制加法计数器，可以添加必要的逻辑门电路。

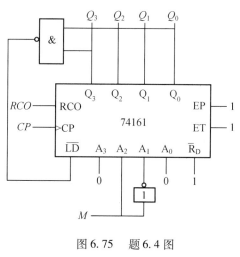

图 6.75　题 6.4 图

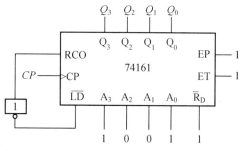

图 6.76　题 6.5 图

6.7　已知电路如图 6.77 所示,分析电路功能。

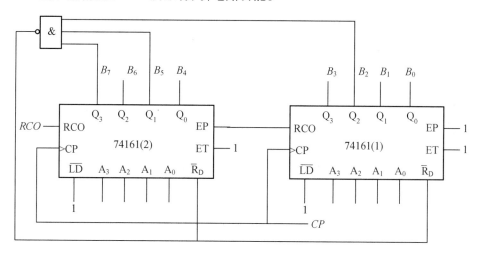

图 6.77　题 6.7 图

6.8　用 74192 设计八进制加法计数器,设计要求:① 计数状态为 0000 ~ 0111;② 计数状态为 0001 ~ 1000。

6.9　用 74192 构成七进制加法计数器。要求给出三种连接电路。

6.10　用 74192 设计六进制减法计数器,画出状态图和工作波形图。

6.11 用两片 74161 设计三十二进制加法计数器。

6.12 用两片 74192 设计三十二进制加法计数器。

6.13 用 74192 设计十二进制加法计数器。要求:(1)用反馈清零法设计;(2)用反馈置数法设计。

6.14 用 74161 设计十二进制加法计数器。要求:(1)用反馈清零法设计;(2)用反馈置数法设计。

6.15 用 74163 采用反馈置数法设计二十三进制加法计数器时,预置数据是多少? 给出设计过程。

6.16 已知电路如图 6.78 所示,X 为控制端,分析电路的逻辑功能。

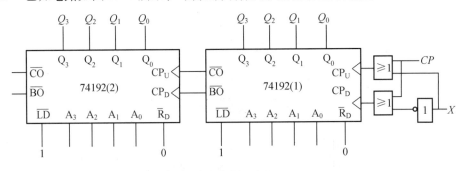

图 6.78 题 6.16 图

6.17 用 74192 设计八十三进制可逆计数器。

6.18 用 74161 设计一个可控进制的加法计数器,当 $M=1$ 时,电路为十二进制加法计数器;当 $M=0$ 时,电路为十进制加法计数器。

6.19 用 74163 和 74138 设计 8 路顺序脉冲发生器。

6.20 设计一个序列信号发生器,该发生器在时钟信号 CLK 作用下能周期性地输出"10110111"的序列信号。

6.21 用同步十进制可逆计数器 74190 和二 – 十进制优先编码器 74147 设计一个工作在减法计数状态的可控分频器,输入信号为 f_{in},输出信号为 f_{out}。要求在控制信号 A,B,C,D,E,F,G,H 有效时(高电平有效)f_{out} 分别输出分频比为 1/2,1/3,1/4,1/5,1/6,1/7,1/8 和 1/9 的信号。可以添加必要的逻辑门电路。

6.22 用 74194 设计"1101"序列检测器,允许输入序列码重叠。

6.23 用 74194 设计"1010"序列检测器,不允许序列码重叠。

6.24 用 74194 设计七进制变形扭环形计数器,画出状态图,要求采用右移方式。

6.25 分别用 74194 构成十四进制扭环形计数器和十一进制变形扭环形计数器。

第7章　脉冲信号的产生与变换

在数字系统中,常常需要不同频率的脉冲信号。获得脉冲信号的方法通常有两种:一种是由多谐振荡器直接产生,一种是利用整形电路获得。

本章首先介绍直接产生脉冲信号的多谐振荡器,然后介绍单稳态触发器和施密特触发器,最后介绍555定时器的功能及应用。

7.1　多谐振荡器

多谐振荡器是一种能够产生矩形脉冲的自激振荡电路,无须外加触发信号就能自动产生矩形脉冲。由于多谐振荡器在工作过程中没有稳态,故又称为无稳态电路。

本节以环形振荡器为例,介绍多谐振荡器的工作原理。

7.1.1　环形振荡器

1. 简单环形振荡器

图7.1(a)所示的是一种简单环形振荡。它由3个TTL"非"门首尾依次相连构成。

(1)工作原理。

根据"非"门的传输特性,如果电路初始没有振荡,3个"非"门均工作在传输特性的转折区,晶体管处于放大状态,但是这种放大状态是不稳定的,只要其中一个"非"门的输入电压产生小的波动,就会引起电路振荡。

假定由于某种原因(如电源波动或外来干扰)使 u_{i1} 产生一个微小正跳变,经过 G_1 门的传输延时 t_{pd} 后,u_{i2} 会产生一个较大幅度的负跳变;经过 G_2 门的传输延时 t_{pd} 后,u_{i3} 会产生一个更大幅度的正跳变;最后经过 G_3 门的传输延时 t_{pd} 后,在输出端 u_o 产生一个更大幅度的负跳变,并反馈到 G_1 门的输入端。也就是说,自从 $u_o(u_{i1})$ 产生正跳变起,经过 $3t_{pd}$ 的传输延时后,$u_o(u_{i1})$ 产生一个更大幅度的负跳变。依此类推,再经过 $3t_{pd}$ 的传输延时后,$u_o(u_{i1})$ 产生一个正跳变,如此周而复始,就产生了自激振荡。这个电路没有稳定状态,静止时,逻辑门只能工作在放大区,只要有微小的波动,就会引起振荡,直至产生图7.1(b)所示的稳定振荡波形。可见图7.1(a)所示电路是没有稳态的。

(2)振荡周期。

由图7.1(a)所示电路的分析可得输出波形的振荡周期 $T = 6t_{pd}$。同理,由 N 个(N 为不小于3的奇数)"非"门首尾相接都能产生自激振荡,若忽略各个门之间传输时延 t_{pd} 的差别,简单环形振荡器振荡周期为

$$T = 2Nt_{pd} \tag{7.1}$$

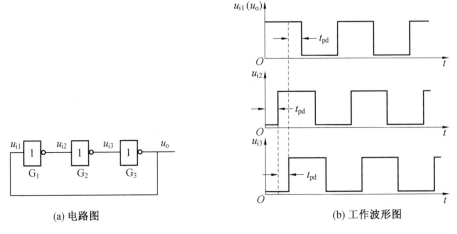

(a) 电路图　　　　　　　　　　　(b) 工作波形图

图 7.1　最简单的环形振荡器电路图及工作波形图

2. 带 RC 延时电路的环形振荡器

图 7.1(a) 所示的环形振荡器虽然结构简单,但并不实用。因为集成逻辑门的传输延时 t_{pd} 很短,CMOS 门的延时最多不过一二百纳秒,TTL 门一般只有几十纳秒,所以很难获得稍低频率的振荡信号,而且振荡信号的频率也不宜调节。为了克服以上缺点,在图 7.1(a) 所示电路的基础上加上 RC 延时电路,构成带 RC 延时电路的环形振荡器,如图 7.2 所示。

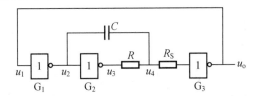

图 7.2　带 RC 延时电路的 TTL 环形振荡器电路图

RC 延时电路的加入不仅增加了传输延时时间,降低了振荡频率,而且可以通过改变 R 和 C 的大小实现对振荡频率的调节。由于 RC 延时电路的延时时间远大于门电路的传输时间 t_{pd},所以在分析电路时,可以不考虑 t_{pd} 的影响。另外,为了防止负电平时流过 G_3 门内部电流过大(不应超过 20 mA),通常在 G_3 门的输入端串联一个 100 Ω 左右的限流电阻 R_S。

(1) 工作原理。

① 暂态一。

$t = 0$ 时接通电源,假设电路的初始状态为 $u_1 = u_o = U_{OH}$,由于此时电容尚未充电,而且电容上的电压不会突变,对于 G_2 而言,其输入 u_2 为低电平,输出 u_3 必为高电平,即

$$u_1 = u_o = U_{OH} \rightarrow u_2 = U_{OL} \rightarrow u_3 = U_{OH}$$

此时通过电阻 R 对电容 C 充电,同时 G_3 门的输入级也会通过电阻 R_S 对电容 C 充电。随着充电的进行,u_4 将按照指数规律逐渐上升,但是在 u_4 上升到 G_3 门的阈值电平 U_{TH} 之前,电路的状态不发生变化,G_3 门的输入应该是 $u_4 = u_2 = U_{OL}$,从而使 G_3 门的输出 u_o 维持高电平。这就是电路的第一个状态。即 $u_o = U_{OH}$。

② 暂态二。

第一个状态是不稳定的,当 u_4 上升到 G_3 门的阈值电平 U_{TH} 时,电路的状态发生翻

转,$u_o = U_{OL}$。

$$u_1 = u_o = U_{OL} \rightarrow u_2 = U_{OH} \rightarrow u_3 = U_{OL}$$

电容 C 将通过电阻 R 放电。随着放电的进行,u_4 将按照指数规律逐渐下降。当 u_4 下降到 G_3 门的阈值电平 U_{TH} 时,电路的状态又发生翻转:

$$u_1 = u_o = U_{OH} \rightarrow u_2 = U_{OL} \rightarrow u_3 = U_{OH}$$

u_4 将随着 u_2 产生一个负跳变,幅值下降到 $U_{TH} - (U_{OH} - U_{OL})$,从而使 G_3 门的输出 u_o 维持在高电平,电路又返回到暂态一。

此后,电路又重复上述过程,不停地在两个暂态之间转换,形成了振荡,在 G_3 门的输出端产生了矩形脉冲信号。

（2）振荡周期的计算。

图 7.2 电路中各点的输出波形如图 7.3 所示,波形中 T_1 时间段为电容充电的暂态过程,T_2 时间段为电容放电的暂态过程。在振荡过程中,电路状态的转换主要是通过电容的充放电来实现,而状态转换的时刻则取决于 u_4 的大小。T_1 值和 T_2 值的计算方法请读者参阅其他相关资料。

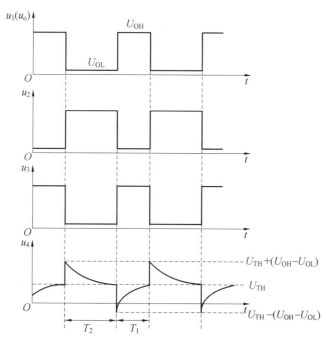

图 7.3　带 RC 延迟电路的环形振荡器工作波形

振荡周期约为

$$T \approx 2.2RC \tag{7.2}$$

图 7.2 所示的振荡电路可以通过改变 RC 参数来调节振荡周期,通常电容 C 用于粗调,电阻 R 用于微调。

7.1.2　石英晶体振荡器

环形振荡器的振荡周期 T 不仅与时间常数 RC 有关,还与电路的几个关键电平参数

U_{TH}，U_{OL} 和 U_{OH} 有关。而逻辑门电路的这些参数容易受环境温度、电源波动和干扰的影响，因此环形振荡器的频率稳定性比较差，不适应于对频率稳定性要求较高的场合。

为了获得频率稳定性好的脉冲信号，目前普遍采用的一种方法是在多谐振荡器中加入石英晶体，构成石英晶体振荡器。石英晶体振荡器的符号及阻抗频率特性如图7.4所示。石英晶体的选频特性比较好，它有一个极为稳定的串联谐振频率 f_0。f_0 的大小是由石英晶体的结晶方向和外形尺寸决定的，其稳定度（$\Delta f_0/f_0$）可达到 $10^{-10} \sim 10^{-11}$，可以满足大多数数字系统对频率稳定性的要求。目前，多种谐振频率的石英晶体已经被制成系列化的标准器件。

TTL 型石英晶体振荡器电路如图7.5所示。图中，并联在"非"门输入输出端的反馈电阻 R_1 和 R_2 的作用是使"非"门工作在特性曲线的转折区，对于 TTL 门电路，阻值一般在 $10\ \Omega \sim 100\ M\Omega$ 之间，电容 C_1 和 C_2 用于两个门电路之间的耦合，电容的取值应使其在频率 f_0 时的容抗可以忽略不计。由石英晶体振荡器的阻抗频率特性可知，当频率为 f_0 时的阻抗最小，频率为 f_0 的信号最容易通过，并在电路中形成最强的正反馈，而其他频率的信号都被石英晶体衰减，正反馈减弱，不足以形成振荡。所以石英晶体振荡器的振荡频率仅取决于石英晶体固有的谐振频率，而与电路中的其他参数无关。

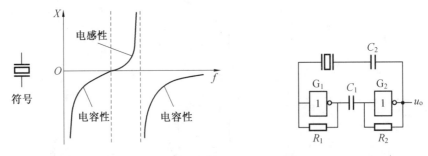

图7.4　石英晶体振荡器符号及其阻抗频率特性　　图7.5　石英晶体多谐振荡器

另外，为改善输出波形，提高驱动能力，通常在石英晶体振荡器输出端再加一级"非"门。

7.1.3　多谐振荡器的应用

利用多谐振荡器产生不同频率的脉冲信号，可为数字系统提供所需要的时钟信号。

图7.6所示电路是一个石英晶体多谐振荡器两相脉冲产生电路，其输出脉冲信号的波形图如图7.7所示。由图7.7可见，输出时钟 CP_1 和 CP_2 不仅相位错开，频率也是晶体振荡器固有频率的一半，即 $f_0 = CP$，$CP_1 = CP_2 = \dfrac{1}{2}CP$。

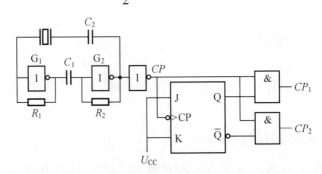

图7.6　石英晶体多谐振荡器两相脉冲产生电路

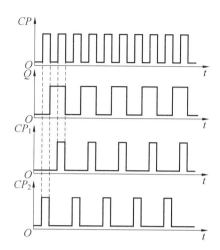

图 7.7　　石英晶体多谐振荡器两相脉冲产生电路输出波形图

7.2　　单稳态触发器

单稳态触发器有两个工作状态：稳态和暂态。在没有外来触发信号作用时，电路处于稳态；在受到外来触发信号作用时，电路从稳态过渡到暂态，经过一段时间后，电路会自动返回到稳态。

单稳态触发器的这些特点被广泛应用于脉冲整形、延时和定时等电路中。

7.2.1　　门电路组成的单稳态触发器

单稳态触发器的暂态通常由 RC 电路的充放电过程来维持，根据 RC 电路的不同接法分为微分型单稳态触发器和积分型单稳态触发器。

1.微分型单稳态触发器

（1）工作原理。

① 初始稳态。

由 CMOS 门电路和 RC 微分电路组成的微分型单稳态触发器如图 7.8 所示。

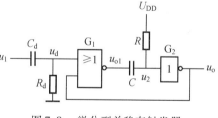

图 7.8　　微分型单稳态触发器

对于 CMOS 电路，可以近似认为 $U_{OH} \approx U_{DD}$，$U_{OL} \approx 0$，而且通常 $U_{TH} = \frac{1}{2}U_{DD}$。在稳态下 $u_1 = 0$，$u_2 = U_{DD}$，故 $u_o = 0$，$u_{o1} = U_{DD}$，电容 C 两端没有电压。

② 进入暂态。

当触发正脉冲 u_1 加到输入端时，由 C_d 和 R_d 组成的微分电路输出端 u_d 得到很窄的正负脉冲，当 u_d 上升到 U_{TH} 以后，引发如下的正反馈过程：

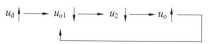

此过程使 u_{o1} 迅速变为低电平。由于电容上的电压不可能发生跃变,所以 u_2 也同时变成低电平,并使 u_o 跳变成高电平,电路进入暂态。这时即使 u_d 回到低电平,u_o 的高电平仍然维持。

与此同时,电路 C 开始充电,随着充电过程的进行 u_2 逐渐升高。当升至 $u_2 = U_{TH}$ 时,又引发另一个正反馈过程:

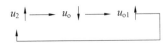

③ 返回稳态。

如果此时触发脉冲已消失(u_d 已回到低电平),也不影响 u_{o1} 和 u_2 上升为高电平,电路输出返回 $u_o = 0$ 的状态。同时,电容 C 通过电阻 R 和 G_2 门的输入保护电路放电,直至电容上的电压降为 0,电路恢复到稳态。

（2）电路参数。

根据以上的分析,可以画出电路中各点的波形图,如图 7.9 所示。

为了定量地描述单稳态触发器的性能,经常使用输出脉冲宽度 t_w、输出脉冲幅度 U_m、恢复时间 t_{re} 和分辨时间 t_d 等几个参数。

① 输出脉冲宽度 t_w。

由图 7.9 可见,输出脉冲宽度 t_w 等于电容 C 开始充电使 u_2 上升到 U_{TH} 的这段时间。

在电容充放电过程中,电容上的电压 u_C 从充放电开始到变化至 U_{TH} 所经过的时间可以用下式计算,即

$$t = RC\ln\frac{u_C(\infty) - u_C(0)}{u_C(\infty) - U_{TH}} \qquad (7.3)$$

其中,$u_C(0)$ 是电容电压的起始值;$u_C(\infty)$ 是电容电压的终值。电容电压从 0 V 充到 U_{TH} 的时间即为 t_w。将 $u_C(0) = 0$、$u_C(\infty) = U_{DD}$ 代入式(7.3)中,得到

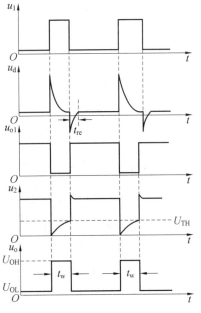

图 7.9　微分型单稳态触发器工作波形

$$t_w = RC\ln\frac{U_{DD} - 0}{U_{DD} - U_{TH}} = RC\ln 2 \approx 0.69RC \quad (7.4)$$

② 输出脉冲幅度 U_m。

输出脉冲幅度为

$$U_m = U_{OH} - U_{OL} \approx U_{DD} \qquad (7.5)$$

③ 恢复时间 t_{re}。

恢复时间是指从 u_o 返回低电平,到电容 C 放电完毕,电路恢复为起始时的稳态所需要的时间。一般认为经过(3 ~ 5) 倍电路时间常数的时间后,RC 电路基本达到稳态。恢复时间为

$$t_{re} \approx (3 \sim 5)R_{ON}C \qquad (7.6)$$

式中 R_{ON} 为 G_1 门的输出电阻。

④ 分辨时间 t_d。

分辨时间是指在保证电路能正常工作的前提下,允许两个相邻触发脉冲发出的最小时间

间隔,故有

$$t_d = t_w + t_{re} \tag{7.7}$$

微分型单稳态触发器可以用窄脉冲触发。在 u_d 的脉冲宽度大于输出脉冲宽度的情况下,电路仍能工作,但是输出脉冲的下降沿将变差。因为在 u_o 返回低电平的过程中输入 u_d 的高电平仍然存在,所以电路内部不能形成正反馈。

2. 积分型单稳态触发器

由 TTL"与非"门、"非"门和 RC 积分电路组成的积分型单稳态触发器如图 7.10 所示。为了保证 u_{o1} 为低电平时 U_A 的数值在 U_{TH} 以下,R 的阻值不能取得很大,这个电路用正脉冲触发。

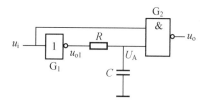

图 7.10　积分型单稳态触发器

（1）工作原理。

① 初始稳态。

在稳态下 $u_i = 0$,所以 $u_o = U_{OH}$,$u_{o1} = U_A = U_{OH}$。

② 进入暂态。

当输入正脉冲后 $u_i = 1$,u_{o1} 跳变为低电平。但是由于电容 C 上的电压不能突变,所以在一段时间内 $U_A > U_{TH}$。在这段时间内 G_2 门的两个输入端电压均高于 U_{TH},使 $u_o = U_{OL}$;电路进入暂态电容 C 开始放电。

③ 返回稳态。

这个暂态过程不能持续很久,随着电容 C 的放电 U_A 不断降低,至 $U_A < U_{TH}$ 后,u_o 回到高电平。即使 u_i 回到低电平,u_o 仍为高电平 U_{OH}。同时向电容 C 充电。经过恢复时间 t_{re}（从 u_i 回到低电平的时间算起）以后,U_A 恢复为高电平,电路回到稳态。电路中各点电压的波形图如图 7.11 所示。

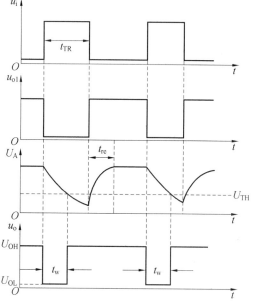

图 7.11　积分型单稳态触发器工作波形

（2）电路参数。

① 输出脉冲宽度 t_w。

由图 7.11 可见,输出脉冲宽度 t_w 等于从电容 C 开始放电时刻开始到 $U_A = U_{TH}$ 的时间。为了计算 t_w,需要画出 C 放电的等效电路,如图 7.12（a）所示。鉴于 U_A 高于 U_{TH} 期间 G_2 的输入电流非常小,可以忽略不计,因而电容 C 放电的等效电路可以简化为 $(R + R_o)$ 和 C 的串联。其中 R_o 为 G_1 门输出低电平时的输出电阻。

由图 7.12（b）所示的曲线得出 $u_C(0) = U_{OH}$,$u_C(\infty) = U_{OL}$,将其代入公式（7.3）可得

$$t_w = (R + R_o)C\ln\frac{U_{OL} - U_{OH}}{U_{OL} - U_{TH}} = RC\ln 2 \approx 0.69RC \tag{7.8}$$

② 输出脉冲幅度 U_m。

输出脉冲幅度为

$$U_m = U_{OH} - U_{OL} \tag{7.9}$$

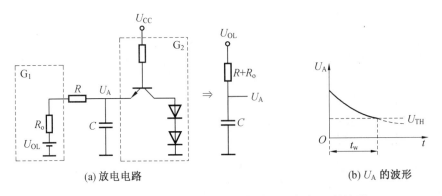

(a) 放电电路　　　　　　　　　(b) U_A 的波形

图 7.12　积分型单稳态触发器电容放电电路及 V_A 的波形

③ 恢复时间 t_{re}。

恢复时间等于 u_{o1} 跳变为高电平后电容 C 充电至 U_{OH} 所经过的时间。若取充电时间常数的 $(3 \sim 5)$ 倍时间为恢复时间,则得

$$t_{re} \approx (3 \sim 5)(R + R'_o)C \tag{7.10}$$

式中,R'_o 是 G_1 输出高电平时的输出电阻。这里为简化计算没有计入 G_2 门输入电路对电容充放电的影响,计算得到的恢复时间有余量。

④ 分辨时间 t_d。

电路的分辨时间应为触发脉冲的宽度和恢复时间之和,即

$$t_d = t_{TR} + t_{re} \tag{7.11}$$

与微分型单稳态触发器相比,积分型单稳态触发器具有抗干扰能力强的优点。因为数字电路中的噪声多为尖峰脉冲,而积分型单稳态触发器不会受到这种噪声的干扰。

积分型单稳态触发器的缺点是输出波形的边缘比较差,这是由于电路的转换过程中没有正反馈作用。此外,积分型单稳态触发器必须在触发脉冲宽度大于输出脉冲宽度时方能正常工作。

为了使积分型单稳态触发器在窄脉冲的触发下能够正常工作,可以采用图 7.13 所示的改进电路。这个电路在图 7.10 所示电路的基础上增加了"与非"门 G_3,将输出引入 G_3 门的输入端。该电路用负脉冲触发。

在负触发脉冲加到输入端时,使 u_{o3} 变成高电平,u_o 变成低电平,电路进入暂态。由于 u_o 反馈到 G_3 门的输入端,所以,即使此时负触发脉冲消失,u_{o3} 的高电平仍将维持不变。直到 RC 电路放电到 $U_A = U_{TH}$,u_o 才返回高电平,电路回到稳态。

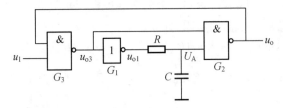

图 7.13　窄脉冲触发的积分型单稳态触发器

3. 可重触发和不可重触发

根据触发特性，单稳态触发器可以分为可重触发和不可重触发两种。二者的区别是：可重触发单稳态触发器在暂态期间，只要有新的触发脉冲作用，电路就会被再次触发，使电路的暂态时间延长；而不可重触发单稳态触发器在暂态期间，将不接受新的触发脉冲的作用，只有当其返回稳态后，才会被触发脉冲重新触发。图 7.14 是两种单稳态触发器的工作波形图。

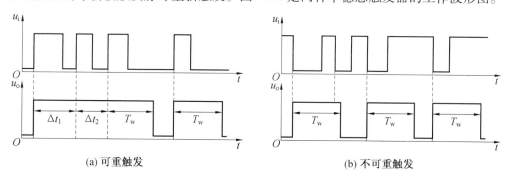

(a) 可重触发　　　　　　　　　　(b) 不可重触发

图 7.14　可重触发和不可重触发的单稳态触发器工作波形图

7.2.2　单稳态触发器的应用

1. 脉冲测频

如果将单稳态触发器的输出脉冲宽度 T_w 调整到 1 s，在 T_w 期间对输入的脉冲计数，可实现对脉冲的测频，测频波形如图 7.15 所示。

2. 脉冲延时

单稳态触发器可以将脉冲宽度为 T_0 的信号延迟 T_1 宽度的时间后再输出。其波形如图 7.16 所示。

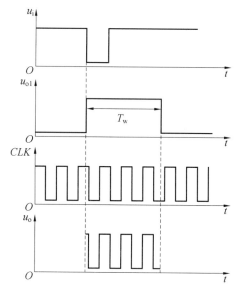

图 7.15　单稳态触发器脉冲测频波形图

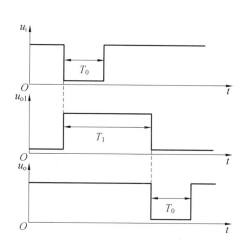

图 7.16　单稳态触发器脉冲延时波形图

3. 脉冲整形

矩形脉冲在传输过程中可能发生畸变,如边缘变缓、叠加噪声等,可以采用单稳态触发器对其进行整形。将待整形的信号作为触发信号输入单稳态触发器,输出端就可以得到干净且边缘陡峭的矩形脉冲。脉冲整形将在7.3节中详细介绍。

7.3 施密特触发器

施密特触发器是矩形脉冲变换中经常使用的一种电路,利用它可以将正弦波、三角波以及其他脉冲波形变换成边缘陡峭的矩形波。另外,它还可以用作脉冲鉴幅器和比较器。

7.3.1 施密特触发器的特性

施密特触发器是一种直接受输入信号电平控制的双稳态触发器。它有两个稳态,在外加信号的作用下,电路从一个稳态转换到另一个稳态,而且稳态的持续时间与输入信号电平密切相关。图7.17是施密特触发器的工作波形。可以看出,在输入信号上升过程中,当电平增大到 U_{T+} 时,输出由低电平跳变为高电平,即电路从一个稳态转换到另一个稳态,把这一变换时刻的输入信号电平 U_{T+} 称为正阈值电压。在输入信号的下降过程中,当其电平减小到 U_{T-} 时,输出由高电平跳变到低电平,电路又反转回到原来的稳态,把这一变换时刻的输入信号电平 U_{T-} 称为负阈值电压。施密特触发器的正负阈值电压是不相等的,把两者之间的电压差定义为回差电压 ΔU_T,即

$$\Delta U_T = U_{T+} - U_{T-} \tag{7.12}$$

施密特触发器的电压传输特性及符号如图7.18所示。

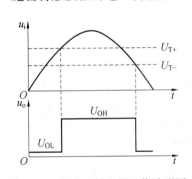

图 7.17 施密特触发器工作波形图

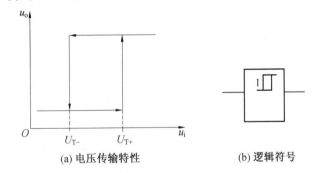

(a) 电压传输特性　　　　(b) 逻辑符号

图 7.18 施密特触发器电压传输特性及逻辑符号

7.3.2 施密特触发器的应用

1. 波形变换

利用施密特触发器在状态转换过程中的正反馈作用,可以将边沿变化缓慢的周期性信号(如正弦波、三角波等)变成边沿陡峭的矩形脉冲。在图7.19中,施密特触发器的输入 u_i 是一个直流分量和正弦波叠加的信号,只要 u_i 的幅值满足 $+U_{im} > U_{T+}$,$-U_{im} > U_{T-}$,在触发器的输出端就可以得到同频率的矩形波。

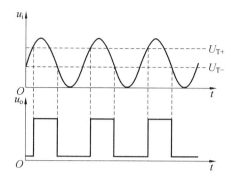

图 7.19　用施密特触发器进行波形变换

2. 脉冲整形

如图 7.20 所示,矩形波传输过程中有可能发生畸变,其中比较常见的有三种情况:(a) 矩形波的边沿变缓;(b) 在矩形波的边沿处产生振荡;(c) 矩形波叠加了干扰。无论哪一种情况,只要设置合适的 U_{T+} 和 U_{T-},均可以获得满意的整形矩形波输出。

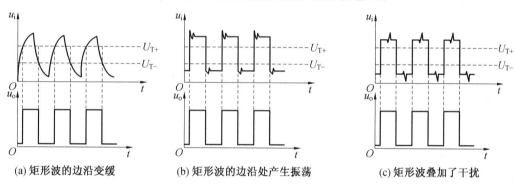

　　(a) 矩形波的边沿变缓　　　　　(b) 矩形波的边沿处产生振荡　　　　　(c) 矩形波叠加了干扰

图 7.20　用施密特触发器实现脉冲整形

3. 脉冲幅度鉴别

利用施密特触发器的输出取决于输入幅度的特点,可以将其用作脉冲幅度鉴别电路,其波形如图 7.21 所示。在施密特触发器的输入端输入一个幅度不等的矩形脉冲,根据施密特触发器的特点,当 $U_{im} > U_T$,$U_o = U_{oH}$,当 $U_{im} < U_T$ 时,$U_o = U_{oL}$,从而达到幅度鉴别的目的。

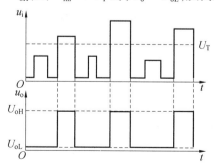

图 7.21　用施密特触发器实现脉冲幅度鉴别

7.4 555 定时器

555 定时器是一种应用广泛的模数混合集成电路元件,只需要外接少量的阻容元件就可以构成多种不同用途的电路,如多谐振荡器、单稳态触发器和施密特触发器等。

目前生产的 555 定时器有 TTL 和 CMOS 两种类型。通常,TTL 型 555 定时器的输出电流最高可达到 200 mA,具有很强的驱动能力,其产品型号都以 555 结尾;而 CMOS 型 555 定时器则具有低功耗、高输入阻抗的特点,其产品型号都以 7555 结尾。另外,还有一种将两个 555 定时器集成到一个芯片上的双定时器产品 556(TTL 型) 和 7556(CMOS 型)。

7.4.1 555 定时器的芯片结构及功能

1. 电路结构

555 定时器产品的电路结构、功能和外部引脚排列基本相同。图 7.22(a) 为双极型 CB555 定时器的内部结构图,图 7.22(b) 为其引脚图,图 7.22(c) 为其逻辑符号。

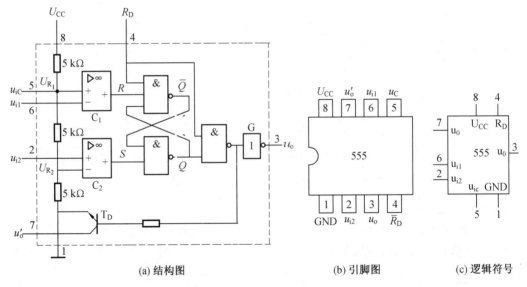

(a) 结构图   (b) 引脚图   (c) 逻辑符号

图 7.22 555 定时器内部结构、引脚图和逻辑符号

555 定时器由四部分组成:分压器,电压比较器,基本 RS 触发器,放电晶体管和输出驱动门。

(1) 分压器。

分压器由 8 引脚($+U_{CC}$)和 1 引脚(接地端 GND) 之间的三个 5 kΩ 电阻串联而成,三个电阻间的引出线为后级的两个电压比较器提供参考电平。同时在上端的电阻下方(与电压比较器 C_1 相连) 通过引脚 5(阈值控制端 u_{iC}) 输入电平信号可以改变参考电平的大小。当控制电压输入端 u_{iC} 悬空时, $U_{R_1} = (2/3) U_{CC}$, $U_{R_2} = (1/3) U_{CC}$;如果 u_{iC} 外界固定电压 U_{IC} ,则 $U_{R_1} = U_{IC}$, $U_{R_2} = U_{IC}/2$ 。当不需要外界控制电压时,一般是在 u_{iC} 和地之间接一个 0.01 μF 的滤波电容,以提高参考电压的稳定性。

（2）电压比较器。

C_1 和 C_2 是两个高精度的电压比较器,不使用 5 引脚时,电压比较器 C_1 的“＋”端电位为 $+\dfrac{2}{3}U_{CC}$、“－”端阈值电平输入 u_{i1};电压比较器 C_2 的“＋”端接触发电平输入 u_{i2};“－”端电位为 $+\dfrac{1}{3}U_{CC}$。当电压比较器的 $u_+ > u_-$ 时输出高电平,$u_+ < u_-$ 时输出低电平。

（3）基本 RS 触发器。

两个“与非”门构成基本 RS 触发器,当复位端 R_D(4 引脚) 为低电平时,芯片复位,$Q = 0$,$\overline{Q} = 1$。输出端(3 引脚)$u_o = 0$;当复位端 R_D(4 引脚) 为高电平时,基本 RS 触器的输出由电压比较器的状态控制,因此正常使用时,要将 $\overline{R}_D$ 接高电平。

（4）放电晶体管和输出驱动门。

放电晶体管 T_D 的工作状态受基本 RS 触发器控制,当 $Q = 0$ 时,晶体管 T_D 饱和导通,当 $Q = 1$ 时,晶体管 T_D 截止。

在输出级增加了一个“非”门,在提高 555 定时器的带载能力的同时,还可以起到隔离作用。

2. 工作原理

（1）当 $R_D = 0$ 时,输出 u_o 为低电平,放电晶体管 T_D 饱和导通。

（2）当 $R_D = 1$ 且 $u_{i1} > U_{R_1}$,$u_{i2} > U_{R_2}$ 时,比较器 C_1 的输出 $R = 0$,比较器 C_2 的输出 $S = 1$,基本 RS 触发器被置 0。放电晶体管 T_D 导通,输出 u_o 为低电平。

（3）当 $R_D = 1$ 且 $u_{i1} < U_{R_1}$,$u_{i2} < U_{R_2}$ 时,比较器 C_1 的输出 $R = 1$,比较器 C_2 的输出 $S = 0$,基本 RS 触发器被置 1。放电晶体管 T_D 导通,输出 u_o 为高电平。

（4）当 $R_D = 1$ 且 $u_{i1} > U_{R_1}$,$u_{i2} < U_{R_2}$ 时,比较器 C_1 的输出 $R = 0$,比较器 C_2 的输出 $S = 0$,基本 RS 触发器 $Q = \overline{Q} = 1$。放电晶体管 T_D 截止,输出 u_o 为高电平。

（5）当 $R_D = 1$ 且 $u_{i1} < U_{R_1}$,$u_{i2} > U_{R_2}$ 时,比较器 C_1 的输出 $R = 1$,比较器 C_2 的输出 $S = 1$,基本 RS 触发器状态不变。放电晶体管 T_D 的状态和输出 u_o 的状态也不变。

555 定时器的功能表见表 7.1。

表 7.1　555 定时器功能表

输入			输出	
R_D	u_{i1}	u_{i2}	u_o	T_D
0	Φ	Φ	0	导通
1	$> U_{R_1}$	$> U_{R_2}$	0	导通
1	$< U_{R_1}$	$< U_{R_2}$	1	截止
1	$> U_{R_1}$	$< U_{R_2}$	1	截止
1	$< U_{R_1}$	$> U_{R_2}$	保持	保持

根据表 7.1 可知,如果将放电端 u'_o 经过一个电阻接到电源上,那么只要这个电阻足够大,当 u_o 为高电平时,u'_o 也为高电平;当 u_o 为低电平时,u'_o 也为低电平。

7.4.2 用555定时器构成多谐振荡器

1. 电路结构

图7.23(a)是由555定时器构成的多谐振荡器电路,图7.23(b)是u_c和u_o的输出波形图。

根据图7.23(a)所示的电路,参考电压$U_{R_1} = \dfrac{2}{3}U_{CC}$,$U_{R_2} = \dfrac{1}{3}U_{CC}$。

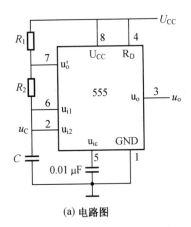
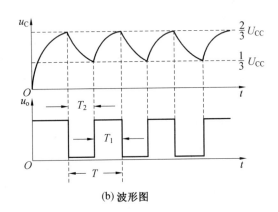

(a) 电路图   (b) 波形图

图7.23 555定时器构成多谐振荡器电路图及波形图

2. 工作原理

(1) 初始状态。

电源接通前,电容无储能,$u_C = 0$。

(2) 电容第一次充电。

电源接通后,开始通过电阻R_1和R_2对电容C进行第一次充电,使u_C逐渐升高,此时满足$u_{i1} < U_{R_1}$,$u_{i2} < U_{R_2}$,所以电路输出u_o为高电平,晶体管T_D截止。

当$(2/3)U_{CC} > u_C > (1/3)U_{CC}$时,满足$u_{i1} < U_{R_1}$,$u_{i2} < U_{R_2}$时,电路保持原状态不变,电路输出$u_o$仍为高电平,晶体管$T_D$仍然截止。

(3) 电容第一次充电结束。

当u_C的电压升高到大于$(2/3)U_{CC}$时,满足$u_{i1} > U_{R_1}$,$u_{i2} > U_{R_2}$,晶体管T_D饱和导通,输出u_o变为低电平。

(4) 电容第一次放电。

电容C开始通过晶体管T_D放电,随着电容放电的进行,u_C的电压逐渐下降,只要u_C不低于$(1/3)U_{CC}$,电路的输出将一直保持低电平,晶体管T_D一直饱和导通;当u_C下降到略低于$(1/3)U_{CC}$时,满足$u_{i1} < U_{R_1}$,$u_{i2} < U_{R_2}$,电路的状态发生翻转,输出u_o又跳变到高电平,晶体管T_D截止。

(5) 电路自激振荡。

随后电容C又开始充电,如此周而复始,电路工作在自激振荡状态,便形成了多谐振荡器。

3. 电路参数

(1) 输出高电平时间T_1。

根据上面的分析和电路的工作波形,电路输出高电平的时间就是电容的充电时间。根据

三要素公式

$$u_C(t) = u_C(\infty) + [u_C(0+) - u_C(\infty)]e^{-\frac{t}{\tau}} \tag{7.13}$$

且

$$u_C(\infty) = U_{CC}, u_C(0+) = \frac{1}{3}U_{CC}, u_C(T_1) = \frac{2}{3}U_{CC}, \tau = (R_1 + R_2)C$$

可得

$$T_1 = (R_1 + R_2)C\ln\frac{U_{CC} - U_{R_2}}{U_{CC} - U_{R_1}} = (R_1 + R_2)C\ln 2 \tag{7.14}$$

（2）输出低电平时间 T_2。

输出低电平时间也是电容的放电时间，同样根据三要素公式，且

$$u_C(\infty) = 0, u_C(0+) = \frac{2}{3}U_{CC}, u_C(T_2) = \frac{1}{3}U_{CC}, \tau = R_2 C$$

可得

$$T_2 = R_2 C\ln\frac{0 - U_{R_2}}{0 - U_{R_1}} = R_2 C\ln 2 \tag{7.15}$$

（3）输出脉冲周期 T。

该多谐振荡器输出脉冲的周期 T 就等于电容的充电时间 T_1 和放电时间 T_2 之和，即

$$T = T_1 + T_2 = (R_1 + 2R_2)C\ln 2 \tag{7.16}$$

（4）输出脉冲占空比 q。

根据式（7.14）和式（7.16），可求出输出脉冲的占空比

$$q = \frac{T_1}{T} = \frac{R_1 + R_2}{R_1 + 2R_2} = \frac{1}{1 + R_2/(R_1 + R_2)} \tag{7.17}$$

例如：产生周期为 1 s 的脉冲，取 $C = 10\ \mu F$，$R_1 = 1\ k\Omega$，R_2 选用 100 kΩ 的可变电阻，带入式
（7.16），可得

$$T = (1 + 2R_2) \times 10^3 \times 10 \times 10^{-6} \times 0.7 = 1\ s$$

计算后得 $R_2 \approx 71\ k\Omega$，占空比为 $q = \frac{72}{143} \approx 50.4\%$。

4. 占空比可调的多谐振荡器

由图 7.23 和式（7.17）可知，调整输出信号的频率和占空比有两种方法：

（1）通过改变电阻 R_1，R_2 和电容 C 的参数，调整输出脉冲的频率和占空比。

（2）如果参考电压由外接电压控制，通过改变电压值也可以调整输出脉冲的频率。

但是由于 $T_1 > T_2$，两种方法都很难得到占空比为 50% 的标准矩形波，而且通过改变外界
电压或电阻调整占空比，输出信号的周期必然随之改变。

解决这一问题，可以利用二极管的单向导电性，将外接电容的充电和放电回路相互隔离，
就可以得到占空比为 50% 的频率可调的多谐振荡器。电路如图 7.24 所示。

忽略二极管导通电压，可得

充电时间常数　　　　　　　　$\tau_1 = R_1 C$

放电时间常数　　　　　　　　$\tau_2 = R_2 C$

输出高电平持续时间　　　　　$T_1 = 0.7R_1 C$

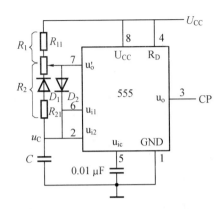

图 7.24　占空比可调的多谐振荡器

输出低电平持续时间　　　　　　　　$T_2 = 0.7 R_2 C$

输出信号周期　　　　　　$T = T_1 + T_2 = 0.7(R_1 + R_2)C$

占空比　　　　　　　　　　　$q = \dfrac{T_1}{T} = \dfrac{R_1}{R_1 + R_2}$

调节可变电阻 R_P 滑动端的位置,就可以改变 R_1 和 R_2 的数值,从而改变输出信号的占空比,同时可以保证输出信号周期不变。而且当 $R_1 = R_2$ 时,输出信号占空比为50%。

如果产生周期为 1 s 的时钟脉冲信号,若选择电容 $C = 10\ \mu F$,则

$$T_1 = 0.7 R_1 C = 0.7 \times R_1 \times 10 \times 10^{-6} = 0.5\ s$$

计算后得 $R_1 \approx 71.4\ k\Omega$。同理 $R_{12} \approx 71.4\ k\Omega$。$R_P$ 若选用 100 kΩ 的可变电阻,则选 $R_{11} = R_{12} = 21.4\ k\Omega$。

7.4.3　用555定时器构成单稳态触发器

1. 电路结构

由 555 定时器构成的单稳态触发器电路及其工作波形图如图 7.25(a)(b) 所示。参考电压 $U_{R_1} = (2/3) U_{CC}$,$U_{R_2} = (1/3) U_{CC}$。

2. 工作原理

在图 7.25(a) 所示的电路中,外加触发信号从触发输入端 u_{i2} 输入,输入脉冲下降沿触发。

（1）初态。

没有触发信号时,u_{i2} 处于高电平,则电路为稳定状态时输出 u_o 必然为低电平,晶体管 T_D 饱和导通。这是因为:假设在接通电源之后基本 RS 触发器的状态是 $Q = 1$,则晶体管 T_D 饱和导通,输出为低电平,且状态保持不变,如果在接通电源后基本 RS 触发器的状态是 $Q = 0$,则输出 u_o 为高电平,晶体管 T_D 截止,电容将会被充电,u_C 的电压上升;当 u_C 上升到大于 $(2/3) U_{CC}$ 时,晶体管 T_D 饱和导通,输出 u_o 变为低电平,电路自动进入稳定状态,同时电容 C 经晶体管 T_D 迅速放电至 $u_C \approx 0$,电路状态稳定不变。

（2）下降沿触发。

当触发脉冲的下降沿到来时,满足 $u_{i1} < U_{R_1}$,$u_{i2} < U_{R_2}$,所以输出 u_o 迅速跳变为高电平,晶体管 T_D 截止,同时电源开始通过电阻 R 对电容 C 充电,即电路进入了暂态。

（3）触发结束。

随着充电的进行，当 u_C 上升至略大于 $(2/3)U_{CC}$ 时，如果此时触发脉冲消失，则满足 $u_{i1} > U_{R_1}$，$u_{i2} > U_{R_2}$，所以输出 u_o 迅速跳变为低电平，晶体管 T_D 饱和导通。

（4）回到稳态。

同时电容 C 经晶体管 T_D 迅速放电到 $u_C \approx 0$，此时满足 $u_{i1} < U_{R_1}$，$u_{i2} < U_{R_2}$，电路又回到稳定状态，且维持稳定状态不变。

3. 电路参数

（1）输出脉冲的宽度 T_w。

电路输出脉冲的宽度 T_w 等于暂态持续的时间，如果不考虑晶体管的饱和电压降，T_w 即为电容充电过程中电容电压 u_C 从 0 上升到 $(2/3)U_{CC}$ 所用的时间。因此，输出脉冲的宽度为

$$T_w = RC\ln\frac{U_{CC} - 0}{U_{CC} - \frac{2}{3}U_{CC}} = RC\ln 3 \tag{7.18}$$

555 定时器接成单稳态触发器时，一般外接电阻的取值范围为 $2\ \text{k}\Omega \sim 20\ \text{M}\Omega$，外接电容 C 的取值范围为 $100\ \text{pF} \sim 1\ 000\ \mu\text{F}$，因此，其输出脉冲宽度可以从几微秒到几小时。但要注意，随着输出脉冲宽度的增大，脉宽的精度和稳定度都会下降。

（2）恢复时间 T_{re}。

恢复时间 T_{re} 是指电路结束暂态后回到初始状态所用的时间，即电容放电到输出电压为 0 V 所用的时间，这个时间很短。

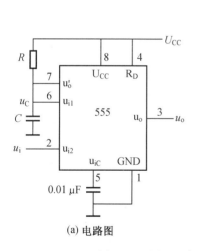

(a) 电路图

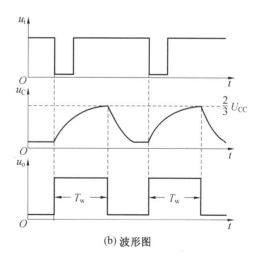

(b) 波形图

图 7.25　用 555 定时器构成的单稳态触发器及其输出波形图

7.4.4　用 555 定时器构成施密特触发器

1. 电路结构

将 555 定时器阈值输入端 u_{i1} 和触发输入端 u_{i2} 连在一起作为外加触发信号 u_i 的输入端，就构成了施密特触发器。所构成的施密特触发器电路、传输特性及工作波形如图 7.26（a）、（b）和（c）所示。参考电压 $U_{R_1} = (2/3)U_{CC}$，$U_{R_2} = (1/3)U_{CC}$。

2. 工作原理

（1）u_i 升高。

在 u_i 从 0 开始升高的过程中，当 $u_{i1} < (1/3)U_{CC}$ 时，满足 $u_{i1} < U_{R_1}$，$u_{i2} < U_{R_2}$，所以电路输出 u_o 为高电平；当 $(1/3)U_{CC} < u_{i1} < (2/3)U_{CC}$ 时，满足 $u_{i1} < U_{R_1}$，$u_{i2} > U_{R_2}$，555 定时器的状态不变，u_o 仍为高电平；当 $u_{i1} > (2/3)U_{CC}$ 后，满足 $u_{i1} > U_{R_1}$，$u_{i2} > U_{R_2}$，u_o 才跳变为低电平。

（2）u_i 下降。

在 u_i 从高于 $(2/3)U_{CC}$ 的电压开始下降的过程中，当 $(1/3)U_{CC} < u_{i1} < (2/3)U_{CC}$ 时，满足 $u_{i1} < U_{R_1}$，$u_{i2} > U_{R_2}$，u_o 仍保持低电平不变；当 $u_{i1} < (1/3)U_{CC}$ 后，满足 $u_{i1} < U_{R_1}$，$u_{i2} < U_{R_2}$，电路输出 u_o 跳变为高。

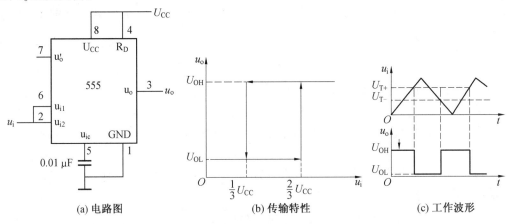

(a) 电路图 (b) 传输特性 (c) 工作波形

图 7.26　555 定时器构成的施密特触发器电路图、传输特性及工作波形图

3. 电路参数

通过以上分析，可以得到该施密特触发器的三个电压参数

（1）正向阈值电压 U_{T+}。

$$U_{T+} = U_{R_1} = (2/3)U_{CC} \tag{7.19}$$

（2）负向阈值电压 U_{T-}。

$$U_{T-} = U_{R_2} = (1/3)U_{CC} \tag{7.20}$$

（3）回差电压 ΔU_T。

$$\Delta U_T = (1/3)U_{CC} \tag{7.21}$$

由 555 定时器构成的施密特触发器的电压传输特性取决于两个参考电压 U_{R_1}，U_{R_2}。当然，也可以外接信号 U_{iC}，通过改变控制电压 U_{iC} 的大小调节施密特触发器的传输特性。

本章小结

本章主要介绍了多谐振荡器、单稳态触发器和施密特触发器三种波形发生和脉冲整形的电路。

（1）多谐振荡器是可以直接产生矩形脉冲信号的自激振荡电路，不需要外加输入信号。在工作过程中，多谐振荡器有两个暂态交替出现，不存在稳态。

（2）单稳态触发器和施密特触发器必须有输入触发信号才能产生输出脉冲信号，同时他们还可以将其他形状的输入信号变换成所需要的矩形脉冲信号，从而达到脉冲整形的目的。

单稳态触发器的工作状态是一个稳态和一个暂态。输出脉冲信号的宽度由电路本身的参数决定,与输入信号无关;输入信号只起到触发的作用,决定脉冲产生的时间。

施密特触发器有两个稳态。矩形脉冲信号受输入信号电平的控制,呈现一种"滞回"传输特性,主要参数包括正向阈值电压 U_{T+}、负向阈值电压 U_{T-} 和回差电压 ΔU_T 等。

除了用于脉冲整形与波形变换外,单稳态触发器和施密特触发器还可以用于其他应用,如单稳态触发器可以用于脉冲延迟、脉冲定时,施密特触发器可以用于幅度鉴别等。

(3)555 定时器是一种用途广泛使用方便的集成芯片。本章主要介绍了用 555 定时器构成多谐振荡器、单稳态触发器和施密特触发器的典型应用电路。

习　题

7.1　用于产生矩形脉冲的电路可分为几类?

7.2　说明带有 RC 延迟电路的环形振荡器中 RC 的作用。

7.3　单稳态触发器有几个工作状态? 它的主要用途是什么?

7.4　可重单稳态触发器和不可重单稳态触发器有什么区别?

7.5　简述施密特触发器的工作特点和主要用途。

7.6　反相输出的施密特触发器的输入波形如图7.27所示,试画出其输出波形,并指出该电路的功能。

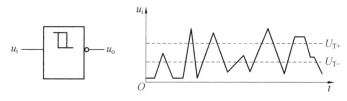

图 7.27　习题 7.6 波形图

7.7　由 TTL"与非"门和"非"门构成的电路如图 7.28 所示,若每个门平均传输延时 $t_{pd}=50$ ns,则在 $u_i=0$ 或 $u_i=1$ 时,电路能否产生振荡? 如果能产生振荡,试计算出该电路的振荡周期 T 和频率 f。

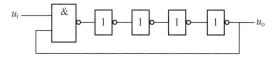

图 7.28　习题 7.7 电路图

7.8　用门电路构成的微分型单稳态触发器和积分型单稳态触发器如图 7.8 和图 7.10 所示,其中,$U_{DD}=5$ V,$R=300$ Ω,$C=1$ μF,$R_d=3$ kΩ,$C_d=0.01$ μF,估算它们各自的输出脉冲宽度。

7.9　试画出 555 定时器构成多谐振荡器、单稳态触发器和施密特触发器电路的原理接线图。

7.10　由 555 定时器构成的多谐振荡器电路如图 7.24 所示,若 $U_{CC}=5$ V,$R_1=R_2=5.1$ kΩ,$C=0.01$ μF,求电路的振荡周期和输出脉冲占空比。

7.11　试用 555 定时器设计一个振荡频率为 500 Hz,输出脉冲占空比为 1/2 的多谐振荡

器(只要求画出电路,选好参数值)。

7.12　用555定时器构成单稳态触发器,要求按钮按下后,定时器的暂稳态时间为1 s。试选择电阻和电容参数,并画出电路图。

7.13　用555定时器和 JK 触发器设计一个 4 000 Hz 与 2 000 Hz 的时钟源电路。

第8章 D/A 与 A/D 转换

由数字信号转换为模拟信号的过程称为 D/A 转换,实现 D/A 转换的电路称为 D/A 转换器,简称 DAC(Digital to Analog Converter)。由模拟信号转换为数字信号的过程称为 A/D 转换,实现 A/D 转换的电路称为 A/D 转换器,简称 ADC(Analog to Digital Converter)。

在计算机构成的控制系统中,待采集量通常是模拟量,这些模拟量需经 A/D 转换器转换成数字量送到计算机。而计算机去控制执行机构时,常常需要经 D/A 转换器将数字量转换成模拟量。

本章重点介绍常用 D/A 转换器和 A/D 转换器的组成及转换原理。

8.1 D/A 转换器

8.1.1 D/A 转换原理

实现 D/A 转换的电路有多种,本节介绍权电阻网络 DAC、T 型电阻网络 DAC 和倒 T 型电阻网络 DAC 的组成及转换原理。

1. 权电阻网络 DAC

4 位权电阻网络 DAC 电路如图 8.1 所示,电路由权电阻网络、位切换开关和运算放大器组成。其中,$D_3D_2D_1D_0$ 为待转换的 4 位二进制数字量,D_3 为高位,D_0 为低位。位切换开关 $S_3S_2S_1S_0$ 受 $D_3D_2D_1D_0$ 控制,若 $D_i = 0(i = 3,2,1,0)$,开关 S_i 打到右边;若 $D_i = 1$,开关 S_i 打到左边。权电阻的阻值按 $8:4:2:1$ 的比例配置,开关 S_i 打到左边时,第 i 路输入电流 $I_i = U_{REF}/(2^{3-i}R)$,其中 U_{REF} 为基准电压。

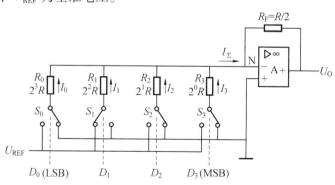

图 8.1 4 位权电阻网络 DAC 电路图

为了简化分析,设运算放大器工作在理想状态,N 点为虚地,经运算放大器反相求和,可得

输出电压 U_0 为

$$U_0 = - I_\Sigma R_F \tag{8.1}$$

由图可知

$$
\begin{aligned}
I_\Sigma &= D_3 I_3 + D_2 I_2 + D_1 I_1 + D_0 I_0 \\
&= D_3 \frac{U_{REF}}{R_3} + D_2 \frac{U_{REF}}{R_2} + D_1 \frac{U_{REF}}{R_1} + D_0 \frac{U_{REF}}{R_0} \\
&= D_3 \frac{U_{REF}}{2^0 R} + D_2 \frac{U_{REF}}{2^1 R} + D_1 \frac{U_{REF}}{2^2 R} + D_0 \frac{U_{REF}}{2^3 R} \\
&= \frac{U_{REF}}{2^3 R} \sum_{i=0}^{3} D_i \times 2^i
\end{aligned} \tag{8.2}
$$

将式(8.2)代入式(8.1)中,则有

$$U_0 = - I_\Sigma R_F = - \frac{U_{REF}}{2^4} \sum_{i=0}^{3} D_i \times 2^i \tag{8.3}$$

由式(8.3)可以看出,权电阻网络 DAC 电路实现了将输入的 4 位二进制数字量 $D_3 D_2 D_1 D_0$ 转换为模拟电压 U_0 输出。

当输入二进制数字量为 n 位时,权电阻网络由 n 个电阻构成($R, 2R, \cdots, 2^{n-1}R$),反馈电阻 $R_F = R/2$,输出电压 U_0 为

$$U_0 = - \frac{U_{REF}}{2^n} \sum_{i=0}^{n-1} D_i \times 2^i \tag{8.4}$$

权电阻网络 DAC 的优点是电路结构简单,电阻个数少。其缺点是电阻的阻值差别较大,这个问题在输入二进制数字量 n 较大时尤为突出。例如当 $n = 12$ 时,最大电阻与最小电阻的比例为 2 048∶1,要在如此大的范围内保证电阻的精度,对于集成 DAC 的制造是十分困难的,所以权电阻网络 DAC 实际中使用不多。

2. T 型电阻网络 DAC

4 位 T 型电阻网络 DAC 电路如图 8.2 所示,电路由 $R - 2R$ 电阻网络、位切换开关和运算放大器组成。若 $D_i = 0$,开关 S_i 打到右边;若 $D_i = 1$,开关 S_i 打到左边。

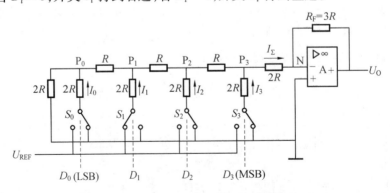

图 8.2   4 位 T 型电阻网络 DAC 电路图

如果不考虑基准电压 U_{REF} 的内阻,则无论开关状态如何,从 $R - 2R$ 电阻网络任何一个节点 P_0, P_1, P_2, P_3 向左、向右或向下看的等效电阻均为 $2R$,从运算放大器虚地 N 向左看去,$R - 2R$ 电阻网络的等效电阻为 $3R$。

可得输出电压 U_0 为

$$U_O = -I_\Sigma R_F = -\frac{U_{REF}}{2^4}\sum_{i=0}^{3}D_i \times 2^i \tag{8.5}$$

T 型电阻网络 DAC 的优点是只有 R 和 $2R$ 两种电阻,为集成电路的制造带来了很大方便。其缺点是电阻数量多,且当开关状态发生变化时,电流大小及方向的变化会影响开关速度和使用寿命。

3. 倒 T 型电阻网络 DAC

4 位倒 T 型电阻网络 DAC 电路如图 8.3 所示。

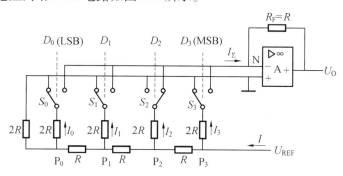

图 8.3　4 位倒 T 型电阻网络 DAC 电路图

输出电压 U_O 为

$$U_O = -I_\Sigma R_F = -\frac{U_{REF}}{2^4}\sum_{i=0}^{3}D_i \times 2^i \tag{8.6}$$

推广到 n 位倒 T 型电阻网络 DAC,可得

$$U_O = -\frac{U_{REF}}{2^n}\sum_{i=0}^{n-1}D_i \times 2^i \tag{8.7}$$

与 T 型电阻网络 DAC 电路相比,倒 T 型电阻网络 DAC 电路的突出优点在于:无论输入信号 $D_3 D_2 D_1 D_0$ 如何变化,流过基准电压 U_{REF}、位切换开关 $S_3 S_2 S_1 S_0$ 及各电阻支路的电流均保持不变,$R-2R$ 电阻网络各节点的电压也保持不变,这有利于提高 DAC 的转换速度。再加上倒 T 型电阻网络 DAC 电路只有 R 和 $2R$ 两种电阻,便于集成,使其成为目前集成 DAC 中应用最多的转换电路。

8.1.2　D/A 转换器的主要技术指标

衡量 D/A 转换器性能优劣的主要技术指标是转换精度和转换速度。

1. 转换精度

D/A 转换器的转换精度通常用分辨率和转换误差来描述。

(1) 分辨率。

分辨率是指对输出模拟电压的分辨能力,用最小输出电压与最大输出电压的比值表示。最小输出电压 LSB 是指当输入数字量仅最低位为 1 时对应的输出电压,而最大输出电压 MSB 是指当输入数字量各位全是 1 时对应的输出电压。n 位输入数字量的 D/A 转换器的分辨率为

$$分辨率 = \frac{LSB}{MSB} = \frac{1}{2^n-1} \tag{8.8}$$

例如,当 $n=8$ 时,DAC 的分辨率为 $\frac{1}{2^8-1}=\frac{1}{255}$。如果输出模拟电压满量程为 10 V,则 8 位

D/A 转换器的分辨电压为 $\frac{10}{255} \approx 0.039\ 2$ V;12 位 D/A 转换器的分辨电压约为 0.002 44 V。

D/A 转换器位数越多,分辨输出最小电压能力就越强。因此,D/A 转换器也可以用输入数字量位数表示分辨率,如 8 位 D/A 转换器的分辨率为 8 位。

分辨率表示 D/A 转换器在理论上可以达到的精度。但由于 D/A 转换器的各个环节在参数和性能上与理论值之间不可避免地存在着差异,所以 D/A 转换器实际能达到的转换精度要低于理论值。

（2）转换误差。

D/A 转换器的转换误差是指实际输出模拟电压与理论值之间的差值,通常用最小输出电压 LSB 的倍数表示。例如,转换误差为 0.5LSB,表示输出电压的实际值和理论值之间的最大差值不超过最小输出电压的一半。

2. 转换速度

转换速度通常用建立时间来描述。从输入的数字量发生变化开始,直到输出电压进入规定的误差范围内的时间,称为建立时间。误差范围一般取 $\pm\frac{1}{2}$LSB。由于数字量的变化量越大,建立时间越长,所以在集成 D/A 转换器性能表中给出的都是输入数字量从全 0 变到全 1 时的建立时间。

建立时间越小,D/A 转换器的转换速度越快。

8.1.3 集成 DAC 芯片 0832

DAC0832 是采用 CMOS 工艺制造的 8 位电流型 D/A 转换器,其引脚图和内部结构如图 8.4 所示。

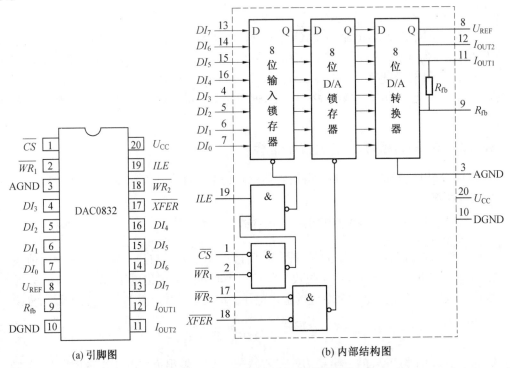

(a) 引脚图   (b) 内部结构图

图 8.4 DAC0832 引脚图和内部结构图

引脚功能：

$DI_7 \sim DI_0$：8 位数字量输入端，其中 DI_7 为最高位，DI_0 为最低位。

ILE：输入锁存允许信号，高电平有效。

$\overline{CS}$：片选信号，低电平有效。

$\overline{WR_1}$：输入锁存器的写信号，低电平有效。

$\overline{XFER}$：数据转移控制信号，低电平有效。

$\overline{WR_2}$：D/A 锁存器的写信号，低电平有效。

U_{REF}：基准电压，取值范围：$-10 \sim +10$ V。

R_{fb}：反馈电阻接线端，芯片内部已集成反馈电阻。

I_{OUT1}、I_{OUT2}：模拟电流输出端，I_{OUT1} 与 I_{OUT2} 的和为常数。

U_{CC}：工作电源，取值范围为 $+5 \sim +15$ V。

AGND、DGND：模拟地、数字地。

由图 8.4 可知，当 $\overline{CS}$、ILE 和 $\overline{WR_1}$ 3 个信号同时有效时，$DI_7 \sim DI_0$ 输入的数字量写入 8 位输入锁存器；当 $\overline{XFER}$ 和 $\overline{WR_2}$ 两个信号同时有效时，将 8 位输入锁存器中的数字量写入 8 位 D/A 锁存器，同时启动 8 位 D/A 转换，转换结果由 I_{OUT1}，I_{OUT2} 输出。

由于 DAC0832 为电流型 D/A 转换器，所以要获得模拟电压输出，需要外接运算放大器。

根据 DAC0832 内部两个锁存器工作状态的不同，DAC0832 有以下 3 种工作方式。

① 双缓冲工作方式：两个 8 位锁存器同时处于受控锁存工作状态，且受不同信号控制。

② 单缓冲工作方式：两个锁存器中，其中一个处于直通状态，另一个处于受控锁存状态；或者两个 8 位锁存器同时处于受控锁存工作状态，且受同一个信号控制。

③ 直通工作方式：两个锁存器均处于直通状态，当外部输入数字量发生变化时，D/A 转换器输出亦随之变化。

8.2　A/D 转换器

8.2.1　A/D 转换原理

实现 A/D 转换的电路有多种，本节介绍逐次逼近式 ADC 和双积分式 ADC 的转换原理。

1. 逐次逼近式 ADC

逐次逼近式 ADC 是使用最多的一种 A/D 转换器，n 位逐次逼近 A/D 转换电路如图 8.5 所示，主要由电压比较器、逻辑控制电路、逐次逼近寄存器（SAR）、D/A 转换器和数字输出缓冲器等组成。其中 u_i 为待转换的模拟量，CP 为时钟脉冲信号，C_1 为启动控制信号，U_{REF} 为基准电压，$D_{n-1}\cdots D_0$ 为 n 位转换结果。

在转换开始前，先将 SAR 清零。电路在启动控制信号 C_1 控制下开始 A/D 转换，具体转换过程如下：

（1）第 1 个 CP 周期：将 SAR 的最高位 Q_{n-1} 置"1"，SAR 输出端 $Q_{n-1}Q_{n-2}\cdots Q_1 Q_0 = 100\cdots00$，$n$ 位数字量 $100\cdots00$ 经 D/A 转换后送电压比较器，与输入模拟量 u_i 进行比较。

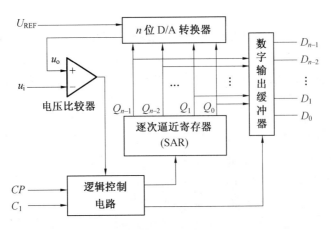

图 8.5　逐次逼近式 ADC 电路图

（2）第 2 个 CP 周期：根据比较结果，确定最高位 Q_{n-1} 的值，如果 u_i 大，则 $Q_{n-1} = 1$，否则 $Q_{n-1} = 0$，设 Q_{n-1} 的值为 A_{n-1}；然后将 SAR 的次高位 Q_{n-2} 置"1"，对 n 位数字量 $Q_{n-1}Q_{n-2}\cdots Q_1Q_0 = A_{n-1}100\cdots 00$ 进行 D/A 转换，结果送电压比较器，与输入模拟量 u_i 进行比较。

（3）第 3 个 CP 周期：根据比较结果，确定次高位 Q_{n-2} 的值，如果 u_i 大，则 $Q_{n-2} = 1$，否则 $Q_{n-2} = 0$，设 Q_{n-2} 的值为 A_{n-2}；将 SAR 的 Q_{n-3} 位置"1"，对 n 位数字量 $A_{n-1}A_{n-2}1\cdots 00$ 进行 D/A 转换，结果送电压比较器，与输入模拟量 u_i 进行比较。

按照同样的方法进行比较，确定 SAR 后面位的值。

（4）第 n 个 CP 周期：根据比较结果确定 Q_1 的值；将 SAR 的 Q_0 位置"1"，即 $Q_0 = 1$，对 n 位数字量 $A_{n-1}A_{n-2}\cdots A_1 1$ 进行 D/A 转换，结果送电压比较器，与输入模拟量 u_i 进行比较。

（5）第 $n + 1$ 个 CP 周期：根据比较结果确定 Q_0 的值。至此，一次 A/D 转换全部完成。

逐次逼近式 A/D 转换电路的优点是：电路简单，易于集成，精度高。缺点是：一次转换需要 $n + 1$ 个 CP 周期，转换速度要慢一些，属于中速 ADC。因此，逐次逼近式 ADC 广泛应用于中速高精度以下的场合。

2. 双积分式 ADC

双积分式 ADC 电路如图 8.6 所示，主要由积分器、过零比较器、计数器和逻辑控制单元等组成。其中 u_i 为待转换的模拟量，CP 为时钟脉冲信号，ST 为启动控制信号，U_{REF} 为基准电压，

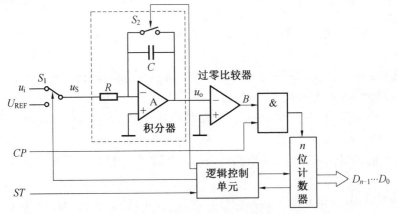

图 8.6　双积分式 ADC 电路图

$D_{n-1}\cdots D_0$ 为 n 位转换结果。

积分器是转换器的核心部分,其输入端 u_S 与单刀双掷开关 S_1 相连。S_1 在逻辑控制单元控制下,在不同的阶段 u_S 分别与 u_i 和 U_{REF} 相连,其中 u_i 和 U_{REF} 的极性相反。

在转换开始前,先将计数器清零,并闭合开关 S_2,使电容 C 完全放电,然后断开 S_2。电路在启动控制信号 ST 控制下开始 A/D 转换,具体转换过程如下:

（1）将开关 S_1 打到上方,$u_S = u_i$,积分器对 u_i 进行积分,积分时间为固定值 T_1。积分器输出 u_o 在 T_1 时间段的波形如图8.7所示。由于 $u_o < 0$,过零比较器输出 $B = 1$,CP 通过"与"门加到计数器的时钟脉冲输入端,计数器从 0 开始计数。积分时间 T_1 为

$$T_1 = 2^n T_{CP} \qquad (8.9)$$

其中,T_{CP} 是时钟脉冲 CP 的周期。

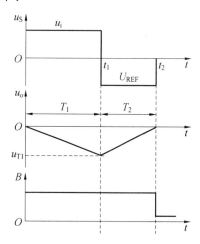

（2）在 2^n 个 T_{CP} 后,计数器回到 0,同时逻辑控制单元将开关 S_1 切换到下方,$u_S = U_{REF}$,积分器对 U_{REF} 进行反向积分,积分器输出 u_o 在 T_2 时间段的波形如图8.7所示。由于 $u_o < 0$,计数器从 0 开始计数。当时间 $t = t_2$ 时,$u_o = 0$,比较器输出 $B = 0$,计数器无脉冲输入,计数器停止计数。计数器的值 D 就是 A/D 转换输出的数字量。

图 8.7　双积分式 ADC 电路波形图

$$T_2 = t_2 - t_1 = -\frac{u_i}{U_{REF}} 2^n T_{CP} \qquad (8.10)$$

$$D = \frac{T_2}{T_{CP}} = -\frac{u_i}{U_{REF}} 2^n \qquad (8.11)$$

由式（8.11）可以看出,D 和 u_i 大小成正比。

双积分式 ADC 电路的优点是转换精度高,抗干扰能力强。其缺点是转换速度慢,一般为几毫秒 ～ 几百毫秒。所以双积分式 ADC 通常应用在低速高精度的场合。

8.2.2　A/D 转换器的主要技术指标

A/D 转换器的主要性能指标与 D/A 转换器类似,本节只介绍转换精度和转换速度。

1. 转换精度

A/D 转换器的转换精度也用分辨率和转换误差来描述。

（1）分辨率。

分辨率是指 A/D 转换器对输入模拟信号的分辨能力,通常用输出数字量的位数 n 来表示。例如,n 位二进制 A/D 转换器可分辨 2^n 个不同等级的模拟信号,即能分辨的最小输入电压为 $U_{max}/2^n$,其中 U_{max} 为输入最大量程(满量程)。

（2）转换误差。

A/D 转换器的转换误差是由 A/D 转换电路中元器件的非理想特性造成的,是一个综合性指标,一般以最低有效位 LSB 的倍数给出。

例如,某个 A/D 转换器的转换误差为 ±0.5LSB,这表示 A/D 转换器的实际输出数字量和理论值之间的误差不大于0.5LSB。

2.转换速度

A/D 转换器的转换速度可以用完成一次 A/D 转换所用时间来表示。转换速度主要取决于转换器的电路结构,结构不同,转换速度相差甚远。

8.2.3 集成 ADC 芯片 0809

ADC0809 是 CMOS 工艺制造的 8 位逐次逼近式 A/D 转换器,其引脚图和内部结构如图 8.8 所示。

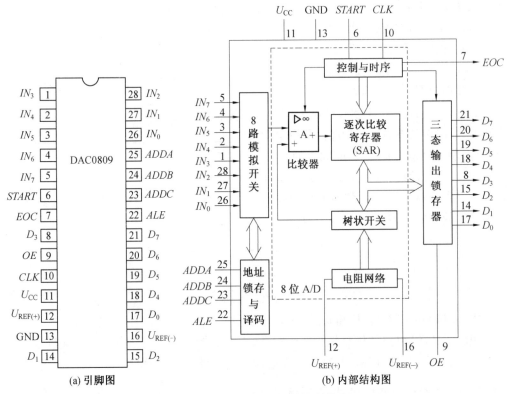

(a) 引脚图　　　　　　　　　(b) 内部结构图

图 8.8　ADC0809 引脚图和内部结构图

引脚功能:

$IN_7 \sim IN_0$:8 路模拟量输入。

$ADDC,ADDB,ADDA$:模拟输入通道地址选择线。当 $ADDC,ADDB,ADDA$ 等于 000 时,选中 IN_0 通道,对 IN_0 通道输入的模拟量进行转换;当 $ADDC,ADDB,ADDA$ 等于 001 时,选中 IN_1 通道,对 IN_1 通道输入的模拟量进行转换;依此类推,当 $ADDC,ADDB,ADDA$ 等于 111 时,选中 IN_7 通道,对 IN_7 通道输入的模拟量进行转换。

ALE:地址锁存允许信号。

CLK:时钟脉冲信号,频率范围为 10 ~ 1 280 kHz。

$START$:转换启动控制信号。在 $START$ 的上升沿将逐次逼近寄存器 SAR 清零,在 $START$ 的下降沿启动转换。

EOC:转换结束输出信号,高电平有效。在 $START$ 的下降升沿到来后,EOC 变为低电平,表示正在进行 A/D 转换;A/D 转换结束后,EOC 变为高电平,通知数据接收设备取走 A/D 转换结果。

OE:输出允许信号,高电平有效。

$D_7 \sim D_0$:8 位数字量输出端。

$U_{\text{REF}(+)}$:正基准电压输入端。

$U_{\text{REF}(-)}$:负基准电压输入端。

U_{CC}:工作电源。

GND:接地端。

由图 8.8 可知,ADC0809 有 8 路模拟通道 $IN_7 \sim IN_0$,在某一时刻,仅能对选中通道的输入模拟量进行转换。ADC0809 的工作过程如下:

(1) 由 $ADDC$,$ADDB$,$ADDA$ 输入三位地址信号,在 ALE 端加一个正脉冲,脉冲的上升沿锁存三位地址信号,选中待转换通道。

(2) 在 $START$ 端加一个正脉冲,脉冲的下降沿启动 A/D 转换,经过短暂延时后,EOC 变为低电平。

(3) 当 EOC 变为高电平时,A/D 转换结束。

(4) 将输出允许信号 OE 置为高电平,打开三态门,转换结果送到数字量输出端 $D_7 \sim D_0$。

本章小结

本章重点介绍了常用 A/D 和 D/A 转换电路的转换原理和技术指标,在此基础上介绍了典型芯片 DAC0832 和 ADC0809。

本章主要讲述的内容如下:

(1) 在 D/A 转换器中,介绍了权电阻网络 DAC、T 型电阻网络 DAC 和倒 T 型电阻网络 DAC 的电路组成、转换原理及特点,其中倒 T 型电阻网络应用最为广泛。

(2) 在 A/D 转换器中,介绍了逐次逼近式 ADC 和双积分式 ADC 的电路组成、转换原理及特点。其中逐次逼近式 ADC 在转换速度和转换精度上都处于中间水平,应用最为广泛。双积分式 ADC 转换精度可以做得很高,但转换速度较慢,所以双积分式 ADC 通常应用在低速高精度的场合。

(3) 选择 ADC 和 DAC 时,转换精度和转换速度是两个最重要的指标。转换精度通常用分辨率和转换误差来描述。

习　题

8.1　权电阻网络 DAC 电路有何优点?

8.2　T 型电阻网络 DAC 电路有何优点?

8.3　与 T 型电阻网络 DAC 电路相比,倒 T 型电阻网络 DAC 电路有何优点?

8.4　在图 8.1 所示的 4 位权电阻网络 DAC 电路中,若 $U_{\text{REF}} = -5$ V,则当输入数字量各位分别为 1 和全部为 1 时,输出的模拟电压分别为多少?

8.5　在图 8.2 所示的 4 位 T 型电阻网络 DAC 电路中,若 $U_{\text{REF}} = 5$ V,$R = 2$ kΩ,试分别计算当 $D = (1001)_2$ 和 $D = (1111)_2$ 时,I_Σ 和 U_0 为多少?

8.6　将图 8.3 所示的倒 T 型电阻网络 DAC 电路扩展为 10 位,$U_{\text{REF}} = -10$ V,为了保证由 U_{REF} 偏离标准值所引起的输出模拟电压误差小于 $0.5U_{\text{LSB}}$,试计算 U_{REF} 允许的最大变化量。

8.7 一个 8 位 D/A 转换器的最小输出电压为 0.02 V,当输入代码为 11011001 时,输出电压为多少?

8.8 已知逐次逼近式 ADC 电路如图 8.5 所示,简述 A/D 转换过程。

8.9 已知双积分式 ADC 电路如图 8.6 所示,简述 A/D 转换过程。

8.10 在图 8.7 所示的电路中,若基准电压 $U_{REF} = -10$ V,计数器位数 $n = 10$,CP 脉冲的频率是 10 kHz,求完成一次转换最长需要多少时间? 若输入的模拟电压 $u_i = 5$ V 时,试求转换时间和输出的数字量 D 各为多少?

第9章 半导体存储器

前面几章重点介绍了小规模和中规模数字逻辑电路,本章介绍大规模数字逻辑电路中的半导体存储器。

9.1 半导体存储器的分类

由半导体器件组成的存储器称为半导体存储器,半导体存储器是计算机系统的重要组成部分。

9.1.1 按使用属性分类

半导体存储器按使用属性分类可分为只读存储器 ROM 和随机存取存储器 RAM。

(1) 只读存储器 ROM。

在计算机系统工作时,CPU 仅能对 ROM 进行读操作,不能进行写操作。ROM 中的数据需要提前写入。断电时,ROM 中的数据不会丢失。

ROM 又分为掩膜 ROM,PROM,EPROM,EEPROM 等。

① 掩膜 ROM:片内数据在生产芯片时由厂家写入,数据一旦写入不能更改,使用者不可对其再编程。

② PROM:允许一次编程,此后不可更改数据。

③ EPROM:用紫外光擦除,擦除后可编程,并允许使用者多次擦除和编程。

④ EEPROM:加电时可在线进行擦除和编程,也允许使用者多次擦除和编程。

(2) 随机存取存储器 RAM。

在计算机系统工作时,CPU 对 RAM 可进行读或写操作。断电时,RAM 中的数据丢失。

根据存储单元结构的不同,RAM 又分为静态随机存取存储器 SRAM 和动态随机存取存储器 DRAM。

① SRAM:基本存储单元由触发器构成,电路结构较复杂,集成度不高,但读写速度快。在不掉电的情况下,可长期保存数据。

② DRAM:基本存储单元由电容构成,结构简单,集成度高,读写速度较慢。在不掉电的情况下,需要刷新电路配合,才能保证存储数据不丢失。

按存储器使用属性分类时,闪存 FLASH Memory 不好归类。闪存 FLASH Memory 在关闭电源时,片内数据不丢失,具有 ROM 特性;在正常工作时,CPU 对闪存 FLASH Memory 既可以进行读操作,又可以进行写操作,闪存 FLASH Memory 具有 RAM 特性。于是出现了按存储器电源关闭后数据丢失与否的分类方法。

9.1.2 按存储器掉电后数据丢失与否分类

按存储器掉电后信息丢失与否分类,可分为易失性存储器和非易失性存储器。

(1)易失性存储器。

掉电后数据丢失的存储器称为易失性存储器。读写存储器 RAM 就是易失性存储器。

(2)非易失性存储器。

掉电后数据不丢失的存储器称为非易失性存储器。非易失性存储器包括掩膜 ROM、PROM、EPROM、EEPROM、闪存 FLASH Memory 等。

闪存 FLASH Memory 能够在线快速擦写,但只能按块(Block)擦除。

9.1.3 按存储器制造工艺分类

按存储器制造工艺分类,可分为双极型存储器和 MOS 型存储器。由于 MOS 电路具有低功耗、便于集成等特点,目前大容量的存储器都是采用 MOS 工艺制作。

双极型存储器:速度快、集成度低、功耗大。

MOS 型存储器:速度慢、集成度高、功耗低。

9.2 随机存取存储器 RAM

9.2.1 RAM 的结构

RAM 主要由地址译码器、存储阵列、控制电路和缓冲电路组成。RAM 的组成框图如图 9.1 所示。

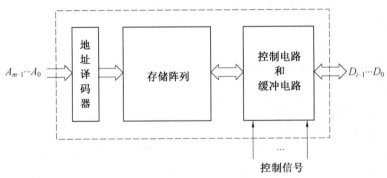

图 9.1 RAM 组成框图

(1)地址译码器。

地址译码器根据输入地址进行寻址,找到所要寻址的存储单元。图 9.1 所示电路共有 m 根地址线,存储阵列共有 2^m 个存储单元。

(2)存储阵列。

存储阵列是存储器的核心部件,用来存储数据。每个存储单元能够存储多少位二进制数取决于数据线的根数。图 9.1 所示电路共有 i 根数据线,每个存储单元能够存储 i 位二进制数。

(3)控制电路和缓冲电路。

控制电路用来控制存储器数据流的方向,即读出数据或写入数据。缓冲电路用来对读出数据或写入数据进行缓冲。

　　RAM 的存储容量取决于地址线的根数 m 和数据线的根数 i,存储容量与 m、i 的关系为:存储容量 $= 2^m \times i$ 位。$2^{10} = 1$ K。通常已知某存储芯片的存储容量,可推算出该芯片的地址线根数和数据线根数。例如:某芯片的存储容量为 2K × 8 位,由于 $2K \times 8 = 2^{11} \times 8$,所以该芯片有 11 根地址线,8 根数据线。

9.2.2　典型 SRAM 芯片

　　典型的 SRAM 芯片有 2K × 8 位的 6116,8K × 8 位的 6264,16K × 8 位的 62128,32K × 8 位的 62256 等。这些芯片都是单一 + 5 V 电源供电,6116 芯片采用 DIP24 封装,6264,62128 和 62256 等芯片采用 DIP28 封装。

　　6264 引脚图和逻辑符号如图 9.2 所示。

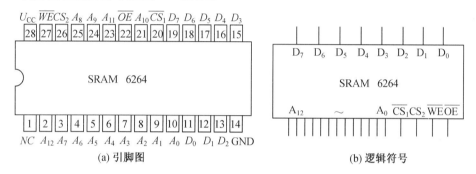

图 9.2　6264 引脚图和逻辑符号

引脚功能:

$A_{12} \sim A_0$:地址输入线,共 13 根。

$D_7 \sim D_0$:双向三态数据线,共 8 根。

$\overline{CS_1}$,CS_2:片选信号输入线。$\overline{CS_1}$ 低电平有效,CS_2 高电平有效。

$\overline{OE}$:读选通信号输入线,低电平有效。

$\overline{WE}$:写允许信号输入线,低电平有效。

U_{CC}: + 5 V 电源。

GND:接地端。

NC:空引脚。

6264 功能表见表 9.1。

表 9.1　6264 功能表

CS_2	$\overline{CS_1}$	$\overline{OE}$	$\overline{WE}$	$D_7 \sim D_0$	工作方式
0	0	×	×	高阻态	未选中
0	1	×	×	高阻态	未选中
1	1	×	×	高阻态	未选中
1	0	0	1	数据输出	读操作
1	0	1	0	数据输入	写操作
1	0	1	1	高阻态	选中,但无读、写操作
1	0	0	0	禁用	禁用

6264 有两个片选信号输入端,仅当 $CS_2 = 1$、$\overline{CS_1} = 0$ 时,才能选中 6264。

6264 有 13 根地址线,即 $m = 13$,片内共有 $2^{13} = 8K$ 个存储单元,又由于 6264 有 8 根数据线,即 $i = 8$,每个存储单元存放的是 8 位二进制数,所以 6264 的存储容量为 8K × 8 位。

9.3 只读存储器 ROM

9.3.1 ROM 的结构

ROM 主要由地址译码器、存储阵列、控制电路和缓冲电路组成。ROM 的组成框图如图 9.3 所示。

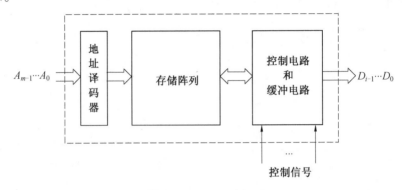

图 9.3 ROM 组成框图

对比图 9.1 和图 9.2 可知,ROM 的数据线是单向的,由存储器往外输出。ROM 的控制电路用来控制存储器数据流的方向,但只能读出数据,不能写入数据。

ROM 的存储容量同样取决于地址线的根数 m 和数据线的根数 i,存储容量与 m,i 的关系同 RAM。

9.3.2 典型 EPROM 芯片

典型的 EPROM 芯片有 2K × 8 位的 2716,8K × 8 位的 2764,16K × 8 位的 27128,32K × 8 位的 27256 等。这些芯片都是单一 + 5 V 电源供电,2716 芯片采用 DIP24 封装,2764、27128 和 27256 等芯片采用 DIP28 封装。

2764 引脚图和逻辑符号如图 9.4 所示。

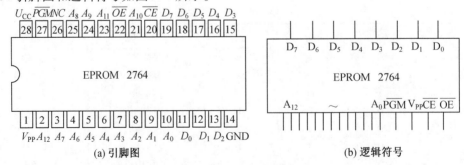

图 9.4 2764 引脚图和逻辑符号

引脚功能：

$A_{12} \sim A_0$：地址输入线，共 13 根。

$D_7 \sim D_0$：数据线输出线，共 8 根。

$\overline{CE}$：片选信号输入线，低电平有效。

$\overline{OE}$：输出允许控制线，低电平有效。

$\overline{PGM}$：编程脉冲输入端。对 2764 编程时，需在该引脚加上编程脉冲。

V_{PP}：编程电压输入端。对 2764 编程时，需在该引脚加上编程电压。

U_{CC}：$+5$ V 电源。

GND：接地端。

NC：空引脚。

2764 功能表见表 9.2。

表 9.2　2764 功能表

$\overline{CE}$	$\overline{OE}$	$D_7 \sim D_0$	工作方式
1	×	高阻态	未选中
0	1	高阻态	选中，但无读操作
0	0	数据输出	读操作

由表 9.2 可知，当 $\overline{CE}=0$，输出允许控制端 $\overline{OE}=0$ 时，2764 将被选中的存储单元的数据送到数据线 $D_7 \sim D_0$ 输出。

9.4　存储器容量的扩展

单个半导体存储器容量是有限的，要构成较大容量的存储空间，可以用多片小容量的存储芯片进行扩展。存储器扩展通常有三种方法：位扩展，字扩展，字和位同时扩展。

9.4.1　位扩展

在计算机系统中，最小的数据存储单位是字节。如果一个存储芯片的数据线数量不足 8 根，就必须进行位扩展。

位扩展是用多片存储器芯片组成一个大容量的存储空间，该存储空间的存储单元数量与芯片一致，仅增加数据位数。

由于数据位数取决于数据线的根数，存储单元数量取决于地址线的根数，因此，位扩展实际上就是地址线根数不变，仅对数据线进行扩展。

【例9.1】　已知某芯片的容量为4K×1位，用该芯片扩展容量为4K×8位的存储空间，需要多少4K×1位的芯片？

解　芯片的容量为4K×1位，可知该芯片有12根地址线，1根数据线。4K×8位的存储空间有 12 根地址线，8 根数据线。对二者进行比较，存储单元个数一样（地址线根数一样），所以只需进行位扩展，即扩展数据位数。

由于该芯片有1根数据线，存储空间有8根数据线，8/1＝8，即数据线由1根扩展到8根，需要该芯片 8 片。

【例 9.2】 已知 SRAM 芯片的容量为 $1K \times 2$ 位,用该芯片扩展容量为 $1K \times 8$ 位的存储空间,需要多少片? 画出扩展图。

解 (1)芯片数量确定。

芯片的容量为 $1K \times 2$ 位,可知该芯片有 10 根地址线,2 根数据线。$1K \times 8$ 位的存储空间有 10 根地址线,8 根数据线。比较可知,二者的存储单元个数一样(地址线根数一样),所以只需扩展数据线。由于该芯片有 2 根数据线,存储空间有 8 根数据线,$8/2 = 4$,即数据线由 2 根扩展到 8 根,所以需要 4 片。

(2)存储空间扩展。

位扩展的连线方法如下:

① 将所有芯片的地址线并联后,作为新扩展存储空间的地址线。

② 将所有芯片的片选线并联后,作为新扩展存储空间的片选线。

③ 当对 RAM 芯片进行位扩展时,将所有 RAM 芯片的读写控制线并联后,作为新扩展存储空间的读写控制线;当对 ROM 芯片进行位扩展时,将所有 ROM 芯片的读控制线并联后,作为新扩展存储空间的读控制线。

④ 不同芯片的数据线按顺序引出,作为新扩展存储空间的数据线。

(3)画出扩展图。

扩展图如图 9.5 所示。

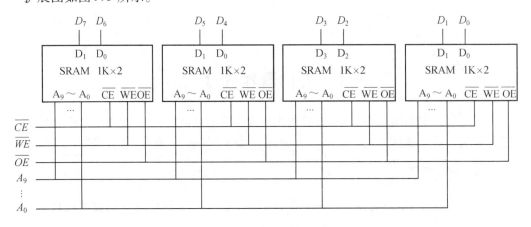

图 9.5 例 9.2 扩展图

9.4.2 字扩展

字扩展也是用多片存储芯片组成一个大容量的存储空间,该存储空间的数据位数与芯片一样,但存储单元数量需要增加。存储单元数量取决于地址线的根数,因此,字扩展实际上就是增加地址线根数。

【例 9.3】 已知 SRAM6264 的容量为 $8K \times 8$ 位,用该芯片扩展容量为 $64K \times 8$ 位的存储空间,需要 SRAM6264 多少片?

解 SRAM6264 的容量为 $8K \times 8$ 位,有 8 根数据线。$64K \times 8$ 的存储空间也有 8 根数据线。二者的数据位数一样,所以只需进行字扩展,即增加存储单元的数量。

由于 SRAM6264 有 8K 个存储单元,存储空间有 64K 个存储单元,64/8 = 8,所以,需要 8 片 SRAM6264。

【例9.4】 已知 EPROM2764 的容量为 8K × 8 位,用该芯片扩展容量为 16K × 8 位的存储空间,需要多少片 EPROM2764? 画出扩展图。

解　(1)芯片数量确定。

EPROM2764 的容量为 8K × 8 位,可知该芯片有 13 根地址线,8 根数据线。16K × 8 位的存储空间有 14 根地址线,8 根数据线。二者的数据位数一样,所以只需进行字扩展。

由于 EPROM2764 有 8K 个存储单元,存储空间有 16K 个存储单元,16/8 = 2,所以,需要 2 片 EPROM2764。

(2)存储空间扩展。

字扩展的连线方法如下:

① 将所有芯片的地址线并联后,作为新扩展存储空间的片内地址线。

② 将所有芯片的数据线并联后,作为新扩展存储空间的数据线。

③ 当用 RAM 芯片进行字扩展时,将所有 RAM 芯片的读写控制线并联后,作为新扩展存储空间的读写控制线;当用 ROM 芯片进行字扩展时,将所有 ROM 芯片的读控制线并联后,作为新扩展存储空间的读控制线。

④ 芯片的片选线分别与译码器的输出端相连,译码器的输入端通常为 CPU 的高位地址,称为片选地址线。

(3)画出扩展图。

扩展图如图 9.6 所示。

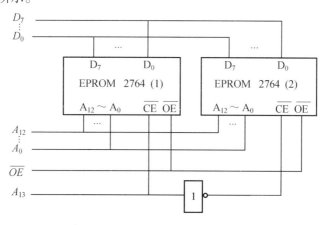

图 9.6　例 9.4 扩展图

9.4.3　字和位同时扩展

如果存储器的字数和位数都不能满足数字系统对存储空间的要求,就需要进行字和位同时扩展。

【例9.5】 已知芯片 p 的容量为 64K × 1 位,用该芯片扩展容量为 128K × 8 位的存储空间,需要芯片 p 多少片?

解　芯片 p 的容量为 64K × 1 位,用其扩展 128K × 8 位的存储空间。

① 由于二者的数据位数不一样,所以先进行位扩展,由 1 位扩展为 8 位,8/1 = 8,所以需要 8 片。即用 8 片芯片进行位扩展后,存储空间为 64K × 8 位。

② 在上一步的基础上再进行字扩展。将 64K × 8 位扩展为 128K × 8 仅需要进行字扩展,由于 128/64 = 2,所以需要 2 组 64K × 8 位。

由上述分析可知,扩展容量为 128K × 8 位的存储空间,需要 16 片芯片 p。

注意:在进行字和位同时扩展时,首先进行位扩展,设计出满足字长要求的存储空间;将满足字长要求的存储空间看成一个整体,再对这个"整体"进行字扩展,满足存储空间对字数的要求。

本章小结

本章首先介绍了半导体存储器的分类、内部结构和典型芯片,在此基础上介绍了存储器容量的扩展方法。

(1) 半导体存储器的分类方法不唯一,本章介绍了三种常用的分类方法:按使用属性分类,半导体存储器可分为只读存储器 ROM 和随机存取存储器 RAM;按掉电后存储信息丢失与否,半导体存储器可分为易失性存储器和非易失性存储器;按制造工艺,半导体存储器可分为双极型存储器和 MOS 型存储器。

(2) 分别介绍了 RAM 和 ROM 的内部结构,主要由地址译码器、存储阵列、控制电路和缓冲电路组成。

(3) 典型的 SRAM 芯片有 2K × 8 位的 6116,8K × 8 位的 6264,16K × 8 位的 62128,32K × 8 位的 62256 等;典型的 EPROM 芯片有 2K × 8 位的 2716,8K × 8 位的 2764,16K × 8 位的 27128,32K × 8 位的 27256 等。

(4) 由于单个芯片的存储容量有限,要构成较大容量的存储空间,通常要进行存储器扩展。本章重点介绍了三种扩展方法,即位扩展、字扩展及字和位同时扩展。

习 题

9.1 简述 ROM 和 RAM 的主要区别。

9.2 掩膜 ROM,PROM,EPROM,EEPROM 之间有何不同?

9.3 简述 SRAM 和 DRAM 之间的不同。

9.4 单项选择题

(1) 当电源关闭后,只读存储器 ROM 中的内容(   )。

A. 全部丢失   B. 全部为 0   C. 保持不变   D. 回到初始状态

(2) 当电源关闭后,随机存取存储器 RAM 中的内容(   )。

A. 全部丢失   B. 全部为 0   C. 保持不变   D. 回到初始状态

(3) 已知存储器的容量为 256K × 2 位,则该存储器有(   )根地址线,(   )根数据线。

A. 18,2   B. 17,2   C. 16,8   D. 256,2

(4) 只读存储器 ROM 不具有下列(   )引脚。

A. $\overline{OE}$ B. $\overline{CE}$ C. $\overline{WE}$ D. GND

(5) 某存储器有 13 根地址线,8 根数据线,则该存储器的容量为(   )。

A. 4K × 8　　　　　　B. 8K × 8　　　　　　C. 16K × 8　　　　　　D. 32K × 8

9.5　判断题,正确的打 √,错误的打 ×,并改正。

(1) SRAM 需要有刷新电路,以防止电容上存储的信息丢失。

(2) PROM 是可编程的 ROM,使用者可多次对其进行编程。

(3) 双极型存储器的集成度高。

(4) 闪存 flash memory 能够在线快速擦写,属于易失性存储器。

(5) DRAM 和 SRAM 的区别是前者电源关闭后信息不丢失。

9.6　一个半导体存储器的容量为 256K × 8 位,则该存储器有多少根地址线?

9.7　一个半导体存储器由 13 根地址线,8 根数据线,则该存储器的存储容量为多少?

9.8　一个 RAM 芯片的容量为 64K × 8 位,判断下列哪些说法是正确的?

(1) 该芯片有 512K 个存储单元。

(2) 每次可同时读 / 写 16 位数据。

(3) 该 RAM 芯片有 16 根地址线。

(4) 该 RAM 芯片有 16 根数据线。

9.9　已知芯片 p 的容量为 2K × 1 位,用该芯片扩展容量为 2K × 8 位的存储空间,需要多少片 p 芯片?

9.10　已知芯片 q 的容量为 2K × 8 位,用该芯片扩展容量为 64K × 8 位的存储空间,需要多少片 q 芯片?

9.11　已知芯片 r 的容量为 16K × 1 位,用该芯片扩展容量为 64K × 8 位的存储空间,需要多少片 r 芯片?

第10章　数字系统设计

本章通过 8 个设计实例,详细介绍数字系统的设计过程。首先根据设计要求,确定系统功能,再根据系统功能进行模块划分和模块设计,最后完成系统仿真和设计。

10.1　电子时钟的设计

10.1.1　设计要求

设计一个能准确计时的电子时钟,用 6 位数码管分别显示时、分、秒。

10.1.2　电路组成

电子时钟电路主要由秒脉冲模块、计时模块和显示模块三部分组成,电路组成框图如图 10.1 所示。

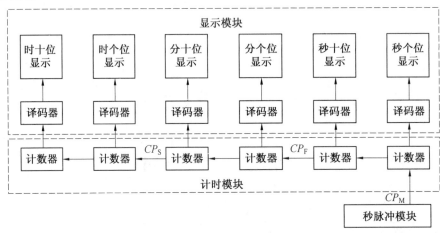

图 10.1　电子时钟电路组成框图

10.1.3　电路设计

1.秒脉冲模块设计

秒脉冲模块采用 555 定时器设计,设计电路参照图 7.23,合理选择参数即可得到周期为 1 s 的秒脉冲。

2. 计时模块设计

计时模块选用十进制可逆计数器 74192 设计,由六十进制加法计数器和二十四进制加法计数器组成。

(1) 六十进制加法计数器设计。

采用反馈清零法完成六十进制加法计数器的设计,参照图 6.32 连接电路。

(2) 二十四进制加法计数器设计。

二十四进制加法计数器采用反馈清零法设计,电路有 0 ~ 23 共 24 个状态,电路如图 10.2 所示。

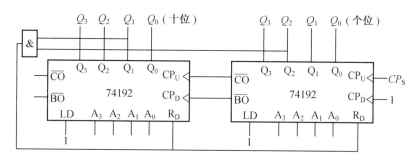

图 10.2　二十四进制加法计数器电路

3. 显示模块设计

显示模块由 6 片 CD4511 和 6 个共阴极数码管组成,CD4511 输出端需要通过限流电阻后与数码管相连,限流电阻的阻值一般为 300 Ω ~ 1 kΩ。CD4511 和数码管的连接方法参见第 4 章相关内容。

10.1.4　仿真实现

完成了各模块设计后,首先对模块分别进行仿真,验证无误后,将三个模块连接起来进行系统仿真,仿真电路如图 10.3 所示。

10.2　循环彩灯控制电路设计

10.2.1　设计要求

循环彩灯共有三种亮灭方式:

(1) 方式一:8 个彩灯从左至右依次点亮,然后再从左至右依次熄灭。

(2) 方式二:8 个彩灯分成左右两组,4 个彩灯为一组,在脉冲控制下,两组分别从左到右依次点亮,然后再从左到右依次熄灭。

(3) 方式三:8 个彩灯分成左右两组,每组 4 个,从中间开始,两组分别向两边依次点亮,然后再从中间开始分别向两边依次熄灭。

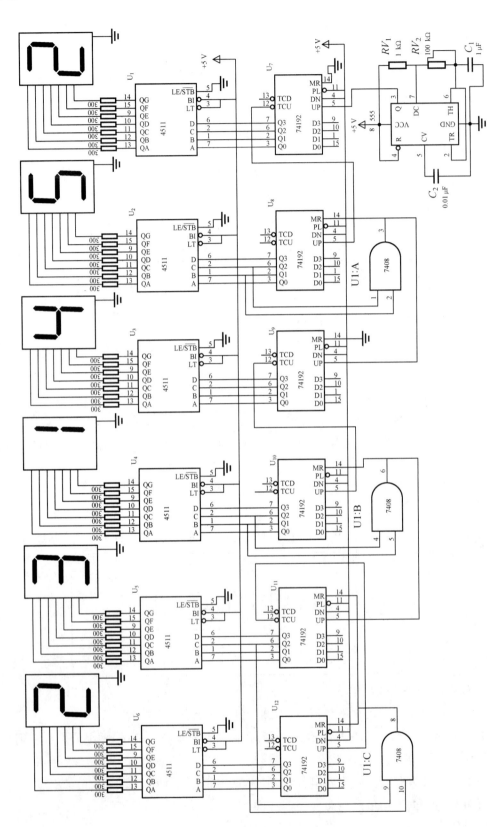

图 10.3　电子时钟仿真电路图

10.2.2　电路组成

根据设计要求,可将循环彩灯控制电路分为时钟脉冲模块、亮灭方式控制模块、亮灭方式选择及显示模块三部分,电路组成框图如图 10.4 所示。

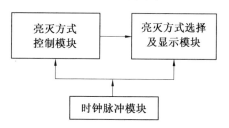

图 10.4　循环彩灯控制电路组成框图

10.2.3　电路设计

1. 时钟脉冲模块设计

参考图 7.23 设计。

2. 亮灭方式选择及显示模块设计

本设计采用移位寄存器 74194 实现彩灯亮灭方式的选择。一片 74194 可控制 4 个彩灯,8 个彩灯需要 2 片 74194。电路如图 10.5 所示,其中 74194(1) 控制右侧的 4 个彩灯,74194(2) 控制左侧的 4 个彩灯。

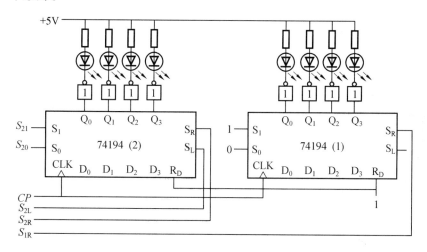

图 10.5　亮灭方式选择及显示电路图

由设计要求可知,彩灯共有三种亮灭方式。

(1) 方式一。

方式一需要 16 个脉冲控制,4 个脉冲为一组。

① 第一组脉冲,74194(1) 右移输入"0",74194(2) 右移输入"1";

② 第二组脉冲,74194(1) 右移输入"1",74194(2) 右移输入"1";

③ 第三组脉冲,74194(1) 右移输入"1",74194(2) 右移输入"0";

④ 第四组脉冲,74194(1) 右移输入"0",74194(2) 右移输入"0"。

(2) 方式二。

方式二需要 8 个脉冲控制,4 个脉冲为一组。

① 第一组脉冲,两片 74194 同时右移输入"1";

② 第二组脉冲,两片 74194 同时右移输入"0"。

(3) 方式三。

方式三需要 8 个脉冲控制,4 个脉冲为一组。

① 第一组脉冲,74194(1) 右移输入"1",74194(2) 左移输入"1";

② 第二组脉冲,74194(1) 右移输入"0",74194(2) 左移输入"0"。

综上,一个循环共有 32 个脉冲周期。循环彩灯亮灭方式与 74194 工作状态对应关系见表 10.1。

表 10.1　亮灭方式与 74194 工作状态对应关系表

彩灯亮灭状态		74194(2)				74194(1)			
组别	彩灯电平值	工作方式	S_{21}	S_{20}	S_{2R}	S_{2L}	工作方式	S_{11}	S_{10}	S_{1R}
1	1000 0000 1100 0000 1110 0000 1111 0000	右移	0	1	1	×	右移	0	1	0
2	1111 1000 1111 1100 1111 1110 1111 1111	保持	0	0	1	×	右移	0	1	1
3	0111 1111 0011 1111 0001 1111 0000 1111	右移	0	1	0	×	右移	0	1	1
4	0000 0111 0000 0011 0000 0001 0000 0000	保持	0	0	0	×	右移	0	1	0
5	1000 1000 1100 1100 1110 1110 1111 1111	右移	0	1	1	×	右移	0	1	1

续表 10.1

彩灯亮灭状态		74194(2)					74194(1)			
组别	彩灯电平值	工作方式	S_{21}	S_{20}	S_{2R}	S_{2L}	工作方式	S_{11}	S_{10}	S_{1R}
6	0111 0111 0011 0011 0001 0001 0000 0000	右移	0	1	0	×	右移	0	1	0
7	0001 1000 0011 1100 0111 1110 1111 1111	左移	1	0	×	1	右移	0	1	1
8	1110 0111 1100 0011 1000 0001 0000 0000	左移	1	0	×	0	右移	0	1	0

由表 10.1 可见,74194(1)一直工作在右移方式,74194(2)有右移、保持和左移三种工作状态。

3. 亮灭方式控制模块设计

亮灭方式控制模块用来控制两片 74194 的移位方式、移位输入数值和周期。

根据设计要求,方式一需要 16 个脉冲控制,4 个脉冲为一组,方式二和方式三需要 8 个脉冲控制,仍然是 4 个脉冲为一组,一次循环共需要 32 个脉冲周期。亮灭方式控制模块由两片 74161 级联而成,电路如图 10.6 所示。74161(1)的 Q_{12} 每 8 个脉冲发生一次翻转,74161(1)的 Q_{13} 每 16 个脉冲发生一次翻转,74161(2)的 Q_{20} 每 32 个脉冲期发生一次翻转。

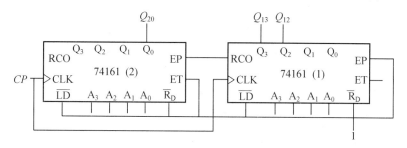

图 10.6　三十二进制加法计数器电路图

因为 74194(1)一直工作在右移方式,将其 $S_1 S_0$ 接 01 即可。因此,用图 10.6 中的 Q_{20},Q_{13},Q_{12} 三个输出端控制 S_{21},S_{20},S_{2R},S_{2L} 和 S_{1R},亮灭方式控制状态表见表 10.2。

表 10.2　亮灭方式控制状态表

输入			输出				
			74194(2)				74194(1)
Q_{20}	Q_{13}	Q_{12}	S_{21}	S_{20}	S_{2R}	S_{2L}	S_{1R}
0	0	0	0	1	1	×	0
0	0	1	0	0	1	×	1
0	1	0	0	1	0	×	1
0	1	1	0	0	0	×	0
1	0	0	0	1	1	×	1
1	0	1	0	1	0	×	0
1	1	0	1	0	×	1	1
1	1	1	1	0	×	0	0

根据表 10.2 求出 $S_{21}, S_{20}, S_{2R}, S_{2L}$ 和 S_{1R} 的逻辑表达式,化简后为

$$\begin{cases} S_{21} = Q_{20}Q_{13} \\ S_{20} = Q_{20}\overline{Q}_{13} + \overline{Q}_{20}\overline{Q}_{12} \\ S_{2R} = \overline{Q}_{13}\overline{Q}_{12} + \overline{Q}_{20}\overline{Q}_{13} = \overline{Q}_{13}(\overline{Q}_{20} + \overline{Q}_{12}) \\ S_{2L} = \overline{Q}_{12} \\ S_{1R} = \overline{Q}_{13}(Q_{20} \oplus Q_{12}) + Q_{13}\overline{Q}_{12} \end{cases} \quad (10.1)$$

采用小规模组合逻辑电路实现 5 个逻辑表达式,亮灭方式控制电路如图 10.7 所示。

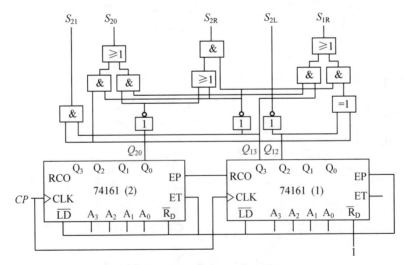

图 10.7　亮灭方式控制电路图

10.2.4　仿真实现

完成了各模块电路的设计后,分别对各模块进行仿真,验证无误后,将四个模块连接起来进行系统仿真,仿真电路如图 10.8 所示。

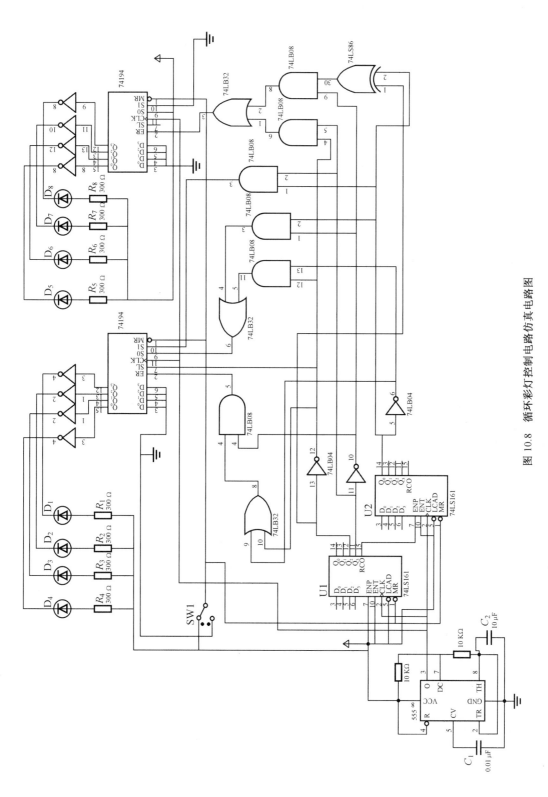

图 10.8　循环彩灯控制电路仿真电路图

10.3　汽车尾灯控制电路设计

10.3.1　设计要求

汽车尾部左右两侧各有 3 个指示灯,汽车尾灯控制电路具体要求如下:

(1) 汽车正向行驶时,左右两侧指示灯全灭;

(2) 左转弯时,左侧 3 个指示灯由左向右轮流点亮;

(3) 右转弯时,右侧 3 个指示灯由左向右轮流点亮;

(4) 刹车时 6 个指示灯同时闪烁。

10.3.2　电路组成

汽车尾灯控制电路由时钟脉冲模块、运行状态控制开关、汽车尾灯控制模块和尾灯显示电路四部分组成,组成框图如图 10.9 所示。

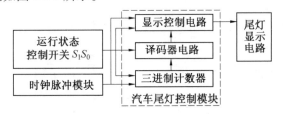

图 10.9　汽车尾灯控制电路组成框图

左侧 3 个尾灯用 $D_1D_2D_3$ 表示,右侧 3 个尾灯用 $D_4D_5D_6$ 表示。根据设计要求,列出汽车尾灯运行状态表,见表 10.3。

表 10.3　汽车运行状态关系表

运行状态	控制开关状态		左侧尾灯	右侧尾灯
	S_1	S_0	$D_1D_2D_3$	$D_4D_5D_6$
正常行驶	0	0	0　0　0	0　0　0
左转弯	0	1	$100 \rightarrow 010 \rightarrow 001 \rightarrow 100$	0　0　0
右转弯	1	0	0　0　0	$100 \rightarrow 010 \rightarrow 001 \rightarrow 100$
刹车	1	1	$000 \rightarrow 111 \rightarrow 000$	$000 \rightarrow 111 \rightarrow 000$

10.3.3　电路设计

1. 时钟脉冲模块设计

参考图 7.23 设计。

2. 汽车尾灯控制模块设计

汽车尾灯控制模块由三进制计数器和显示控制电路两部分组成。

(1) 三进制计数器设计。

本例采用 JK 触发器构成三进制计数器,计数状态为 00,01,10,电路如图 10.10 所示。

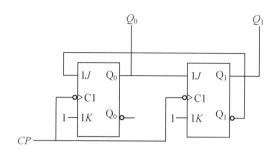

图 10.10　三进制计数器电路图

（2）显示控制电路设计。

用 74138 译码器和逻辑门设计显示控制电路,电路如图 10.11 所示。

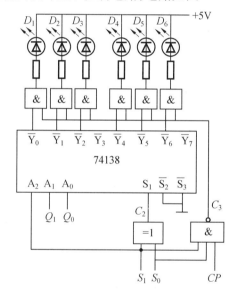

图 10.11　显示控制电路图

① 当运行状态控制开关 $S_1S_0 = 00$ 时,汽车正常行驶。

由于 $S_1S_0 = 00$, $C_2 = 0$, 74138 的使能端 S_1 无效, 74138 的 8 个输出端均输出高电平,同时 $C_3 = \overline{S_1 \cdot S_0 \cdot CP} = 1$, 所以 6 个灯熄灭。

② 当运行状态控制开关 $S_1S_0 = 01$ 时,汽车左转弯。

由于 $S_1S_0 = 01$, $C_2 = 1$, 74138 工作在译码状态, 74138 的译码输入端 $A_2A_1A_0$ 从 000—001—010 循环变化,同时 $C_3 = \overline{S_1 \cdot S_0 \cdot CP} = 1$, 所以与 74138 输出端 $\overline{Y}_0\overline{Y}_1\overline{Y}_2$ 相连的 $D_1D_2D_3$ 3 个灯轮流点亮。

③ 当运行状态控制开关 $S_1S_0 = 10$ 时,汽车右转弯。

由于 $S_1S_0 = 10$, $C_2 = 1$, 74138 工作在译码状态, 74138 的译码输入端 $A_2A_1A_0$, 100—101—110 循环变化,同时 $C_3 = \overline{S_1 \cdot S_0 \cdot CP} = 1$, 所以与 74138 输出端 $\overline{Y}_4\overline{Y}_5\overline{Y}_6$ 相连的 $D_4D_5D_6$ 3 个灯轮流点亮。

④ 当运行状态控制开关 $S_1S_0 = 11$ 时,汽车刹车。

由于 $S_1S_0 = 11$, $C_2 = 0$, 74138 的使能端 S_1 无效, 74138 的 8 个输出端均输出高电平,同时

$C_3 = \overline{S_1 \cdot S_0 \cdot CP} = \overline{CP}$，所以与 74138 输出端相连的 6 个灯与 CP 同步闪烁。

10.3.4　仿真实现

仿真电路如图 10.12 所示。

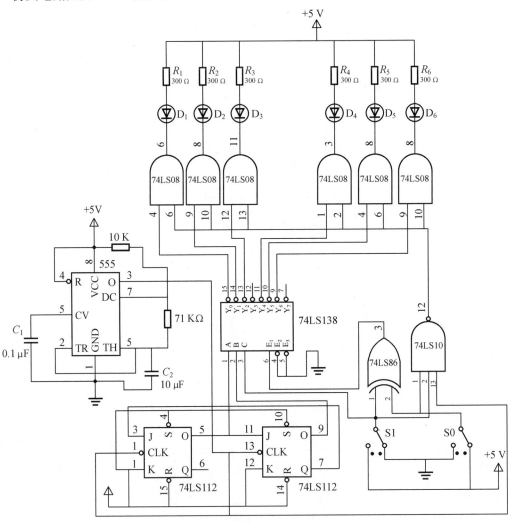

图 10.12　汽车尾灯控制电路仿真电路图

10.4　交通灯控制电路设计

10.4.1　设计要求

十字路口交通灯控制电路示意图如图 10.13 所示。A 通道和 B 通道为互相垂直的十字路口车行通道,两路车辆交替通行,电路工作过程如下:

（1）A 通道左转绿灯亮 21 s，此时 A 通道直行红灯亮，B 通道直行和左转灯均为红灯；

（2）A 通道左转黄灯亮 5 s，此时 A 通道直行红灯亮，B 通道直行和左转灯均为红灯；

（3）A 通道直行绿灯亮 21 s，此时 A 通道左转红灯亮，B 通道直行和左转灯均为红灯；

（4）A 通道直行黄灯亮 5 s，此时 A 通道左转红灯亮，B 通道直行和左转灯均为红灯；

（5）A 通道和 B 通道互换，B 通道开始重复 A 通道交通灯在步骤（1）~（4）中的工作过程，同时 A 通道重复 B 通道交通灯在步骤（1）~（4）中的工作过程。

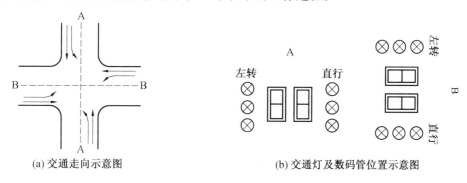

图 10.13　十字路口交通走向及交通灯和数码管位置示意图

10.4.2　电路组成

由图 10.13 可见，十字路口交通灯有四组红黄绿信号灯分别指示当前汽车通行的状态，两组数码管显示 A 通道和 B 通道信号灯亮灭的时间。十字路口交通灯控制电路主要由时钟脉冲模块、多模值计数器、计时显示模块和交通灯显示模块四部分构成。电路组成框图如图 10.14 所示。

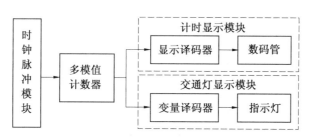

图 10.14　十字路口交通灯控制系统电路组成框图

10.4.3　电路设计

1. A 通道交通灯控制电路设计

（1）时钟脉冲模块设计。

参考图 7.23 设计。

（2）多模值计数器设计。

多模值计数器电路分为多模值倒计时电路和多模值转换控制电路两部分。

① 多模值倒计时电路设计。

由设计要求可知，多模值计数器为减法计数器，且要实现 21 进制、5 进制和 52 进制三种计数方式。多模值转换的循环方式是 21 进制、5 进制、21 进制、5 进制和 52 进制。

多模值倒计时电路采用 74192 设计,下面介绍设计过程。

74192 为异步置数,采用反馈置数法,遇 99 置数,置数的多模值在置数端进行设置。采用 74161 实现模式之间的切换。因为是五种模式,74161 接成五进制计数器,即当 74161 的 $Q_2Q_1Q_0 = 000$ 时,74192 遇 99 置数 20,当 $Q_2Q_1Q_0 = 001$ 时,74192 遇 99 置数 4,$Q_2Q_1Q_0 = 010$ 时,74192 遇 99 置数 20,$Q_2Q_1Q_0 = 011$ 时,74192 遇 99 置数 4,$Q_2Q_1Q_0 = 100$ 时,74192 遇 99 置数 51,由此得出多模值逻辑状态表,见表 10.4。

表 10.4　A 通道多模值置数逻辑状态表

74161			74192(2)				74192(1)			
Q_2	Q_1	Q_0	D_3	D_2	D_1	D_0	D_3	D_2	D_1	D_0
0	0	0	0	0	1	0	0	0	0	0
0	0	1	0	0	0	0	0	1	0	0
0	1	0	0	0	1	0	0	0	0	0
0	1	1	0	0	0	0	0	1	0	0
1	0	0	0	1	0	1	0	0	0	1

由表 10.4 可以得出:

对于 74192(2):$D_3 = 0, D_2 = Q_2, D_1 = \overline{Q_2}\,\overline{Q_0}, D_0 = Q_2$。

对于 74192(1):$D_3 = 0, D_2 = Q_0, D_1 = 0, D_0 = Q_2$。

② 多模值转换控制电路设计。

由于多模值转换的循环方式是 21 进制、5 进制、21 进制、5 进制和 52 进制。用 74161 采用反馈清零法设计五进制加法计数器,控制五种模值的循环转换。74161 的 $\overline{R}_D = \overline{Q_2Q_0}$。电路图如图 10.15 所示,其中 74161 的时钟信号与四输入"与非"门的输出端相连。

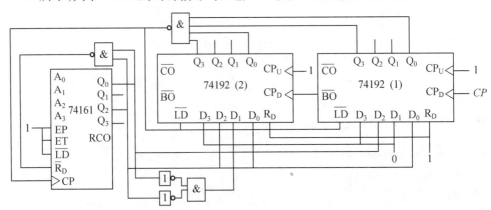

图 10.15　A 通道多模值计数器电路图

电路启动时,74161 的 $Q_2Q_1Q_0 = 000$,第一个脉冲使 74192 的状态由 00000000 变成 10011001,四输入与非门输出一个负的窄脉冲,使两片 74192 置数,74192(2) 的 $D_3D_2D_1D_0 =$

0010 , $74192(1)$ 的 $D_3D_2D_1D_0 = 0000$,电路开始从 $20 \rightarrow 0$ 进行 21 进制倒计时,同时 74161 的输出变为 $Q_2Q_1Q_0 = 001$ 。

倒计时归零后,两片 74192 又经历 $00000000 \rightarrow 10011001$,与非门再输出一个窄脉冲, $74192(2)$ 的 $D_3D_2D_1D_0 = 0000$, $74192(1)$ 的 $D_3D_2D_1D_0 = 0100$,电路开始从 $4 \rightarrow 0$ 进行 5 进制倒计时,同时 74161 的输出变为 $Q_2Q_1Q_0 = 010$ 。

倒计时归零后,两片 74192 又经历 $00000000 \rightarrow 10011001$,与非门再输出一个窄脉冲, $74192(2)$ 的 $D_3D_2D_1D_0 = 0010$, $74192(1)$ 的 $D_3D_2D_1D_0 = 0000$,电路开始从 $20 \rightarrow 0$ 进行 21 进制倒计时,同时 74161 的输出变为 $Q_2Q_1Q_0 = 011$ 。

倒计时归零后,又经历 $00000000 \rightarrow 10011001$,与非门再输出一个窄脉冲, $74192(2)$ 的 $D_3D_2D_1D_0 = 0000$, $74192(1)$ 的 $D_3D_2D_1D_0 = 0100$,电路开始从 $4 \rightarrow 0$ 进行 5 进制倒计时,同时 74161 的输出变为 $Q_2Q_1Q_0 = 100$ 。

倒计时归零后,又经历 $00000000 \rightarrow 10011001$,与非门再输出一个窄脉冲, $74192(2)$ 的 $D_3D_2D_1D_0 = 0101$, $74192(1)$ 的 $D_3D_2D_1D_0 = 0001$,电路开始从 $51 \rightarrow 0$ 进行 52 进制倒计时。同时 74161 的输出变为 $Q_2Q_1Q_0 = 101$,但是由于 74161 是异步清零,因此这个状态是一个毛刺,使 74161 的输出转瞬归零。在 52 进制倒计时结束后,由于此时 74161 的 $Q_2Q_1Q_0 = 000$,因此在 $00000000 \rightarrow 10011001$ 变化时,倒计时电路置数为 $74192(2)$ 的 $D_3D_2D_1D_0 = 0010$, $74192(1)$ 的 $D_3D_2D_1D_0 = 0000$,进入下一个循环。

（3）计时显示模块设计。

计时显示模块由显示译码器 CD4511 和共阴极数码管构成,参见第 4 章相关内容。

（4）交通灯显示模块设计。

A 通道有两组交通灯,左转的绿、黄、红灯和直行的绿、黄、红灯,交通灯亮灭状态见表 10.5。

表 10.5　A 通道交通灯亮灭状态表

模式	持续时间 /s	74161 输出 $Q_2Q_1Q_0$	左转			直行		
			绿灯 AG_1	黄灯 AY_1	红灯 AR_1	绿灯 AG_2	黄灯 AY_2	红灯 AR_2
1	21	001	亮	灭	灭	灭	灭	亮
2	5	010	灭	亮	灭	灭	灭	亮
3	21	011	灭	灭	亮	亮	灭	灭
4	5	100	灭	灭	亮	灭	亮	灭
5	52	000	灭	灭	亮	灭	灭	亮

交通灯采用译码器 74138 控制。74138 的译码输入端接 74161 的输出端 $Q_2Q_1Q_0$,电路如图 10.16 所示。限流电阻的阻值一般为 300 Ω ~ 1 kΩ 。由于模式变换有一个"毛刺",所以,74138 的状态从 001 开始。

由图 10.16 可见,绿灯和黄灯只在一个模式中点亮,而红灯是三个模式状态点亮,采用三输入与门控制红灯的点亮状态。因为 74138 为低电平输出有效,交通灯采用共阳极连接,由此

可得交通灯的驱动逻辑关系为:

$$AG_1 = \overline{Y_1} , AY_1 = \overline{Y_2} , AR_1 = \overline{Y_3} \cdot \overline{Y_4} \cdot \overline{Y_0}$$

$$AG_2 = \overline{Y_3} , AY_2 = \overline{Y_4} , AR_2 = \overline{Y_2} \cdot \overline{Y_1} \cdot \overline{Y_0}$$

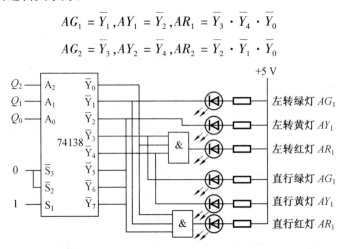

图 10.16　A 通道指示灯译码显示电路图

综上,完成 A 通道交通灯控制电路设计,仿真电路图如图 10.17 所示。

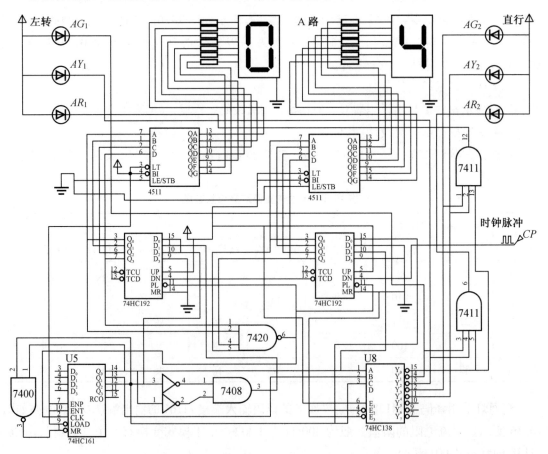

图 10.17　A 通道交通灯控制电路仿真电路图

2．B 通道交通灯控制电路设计

B 通道的设计原理与 A 通道相同,区别是数码管和交通灯的亮灭状态时间不同,即多模值计数器的进制运行顺序不同。

(1)B 通道多模值计数器设计。

对于 B 通路,虽然也是五种模式。但是模式的先后顺序与 A 通道不同,B 通道的五种模式计数器的数制是 52 进制、21 进制、5 进制、21 进制和 5 进制。设计方法与 A 通道相同,只是 74192 的置数端连接方法不同,B 通道多模值置数逻辑状态表见表 10.6。

表 10.6　B 通道多模值置数逻辑状态表

74161			74192(2)				74192(1)			
Q_2	Q_1	Q_0	D_3	D_2	D_1	D_0	D_3	D_2	D_1	D_0
0	0	0	0	1	0	1	0	0	0	1
0	0	1	0	0	1	0	0	0	0	0
0	1	0	0	0	0	0	1	0	0	0
0	1	1	0	0	0	0	0	1	0	0
1	0	0	0	1	0	1	0	0	0	1

由表 10.6 可以得出：

① 对于 74192(2)：$D_3 = 0, D_2 = \overline{Q_2}\,\overline{Q_1}\,\overline{Q_0}, D_1 = Q_0, D_0 = \overline{Q_2}\,\overline{Q_1}\,\overline{Q_0}$；

② 对于 74192(1)：$D_3 = 0, D_2 = Q_2 \otimes Q_1 \cdot \overline{Q_0}, D_1 = 0, D_0 = \overline{Q_2}\,\overline{Q_1}\,\overline{Q_0}$。

(2)B 通道交通灯亮灭状态设计。

B 通道交通灯的亮灭状态见表 10.7。

表 10.7　B 通道交通灯亮灭状态表

模式	持续时间 /s	74161 输出 $Q_2Q_1Q_0$	左转			直行		
			绿灯 BG_1	黄灯 BY_1	红灯 BR_1	绿灯 BG_2	黄灯 BY_2	红灯 BR_2
1	52	001	灭	灭	亮	灭	灭	亮
2	21	010	亮	灭	灭	灭	灭	亮
3	5	011	灭	亮	灭	灭	灭	亮
4	21	100	灭	灭	亮	亮	灭	灭
5	5	000	灭	灭	亮	灭	亮	灭

10.4.4　仿真实现

对 A 通道和 B 通道控制电路分别仿真验证后,将两通道电路组合在一起,如图 10.18 所示,图中直接采用 DCLOCK 作为脉冲信号。

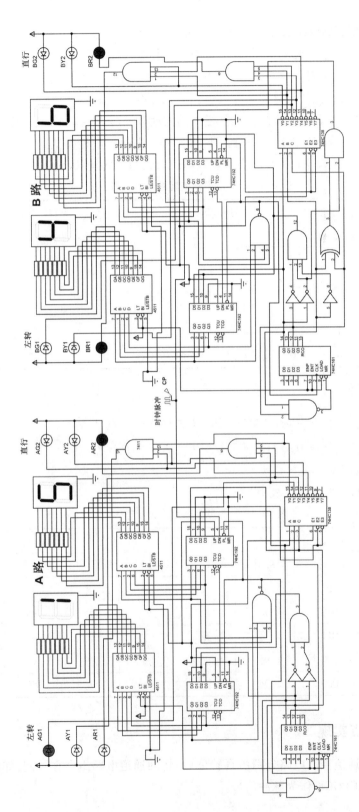

图 10.18　十字路口交通灯控制电路仿真电路图

10.5　抢答器电路设计

10.5.1　设计要求

抢答器设计要求如下：

（1）主持人未按下开始按钮，如果有选手抢答，电路显示第一个抢答者号码，同时红灯点亮，发出警告。

（2）主持人按下开始按钮后，即发出抢答指令后，开始 10 s 倒计时，在倒计时期间，红灯闪烁，提示选手可以抢答。

（3）倒计时期间若有选手抢答，红灯停止闪烁，绿灯亮起，电路显示第一个抢答者号码，此时其他选手抢答无效。

（4）倒计时期间没有选手抢答，倒计时时间到，红灯常亮，提示本轮抢答结束。

（5）若倒计时结束，仍有选手继续抢答，则显示抢答者号码，同时红灯点亮予以警告。

10.5.2　电路组成

抢答器电路由时钟脉冲模块、开始按钮 S、抢答模块、计时模块和警示模块共五部分组成。电路组成框图如图 10.19 所示。

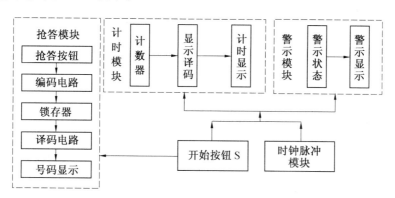

图 10.19　抢答器电路组成框图

10.5.3　电路设计

1. 时钟脉冲模块设计

参考图 7.23 设计。

2. 抢答模块电路设计

本设计共有 4 个抢答按钮。根据设计要求，抢答电路采用优先编码器 74148 进行编码。电路图如图 10.20 所示。

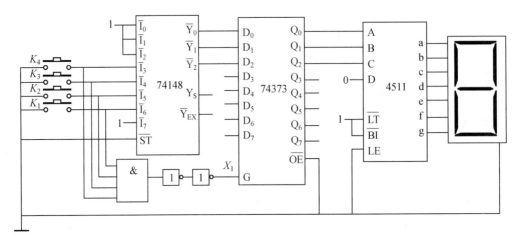

图 10.20　抢答模块电路图

4 个抢答按钮 K_1,K_2,K_3,K_4 分别与 74148 的 $\overline{I}_6,\overline{I}_5,\overline{I}_4,\overline{I}_3$ 相连,74148 的其余编码输入端均接高电平。

当有选手成功抢答后,将选手号码编码,同时 $X_1=0$,74373 的锁存控制端 $G=0$,成功抢答选手号码被锁存到 74373,该号码经译码后送数码管显示。

3.计时模块电路设计

计时模块分两部分:10 s 倒计时电路和十进制加法计数器电路。

(1) 10 s 倒计时电路。

用两片 74192 设计 10 s 倒计时电路,计数状态为:$10,9,8,\cdots,2,1$。

(2) 十进制加法计数器电路。

用一片 74161 设计十进制加法计数器电路,当 74161 计数到 1001 时,10 秒倒计时电路清零。

计时模块电路如图 10.21 所示。其工作过程如下:

① 当主持人未按下开始按钮 S 时,$S=0$,74161 的清零端和脉冲输入端均为 0,74161 不工作;两片 74192 的置数端为 0,倒计时电路锁定在置数状态,输出显示 10。

② 当主持人按下开始按钮时,$S=1$,74161 的清零端置 1,脉冲接入 74161 的 CP 端。如果没有选手抢答,$X_1=1$,74192(1) 按 $0000\rightarrow1001\rightarrow1000$ 开始倒计时,其四个输出端 $Q_3\sim Q_0$ 经四输入或门后,连接到 74161 的 EP 端,由于 $X_2=1$,所以 $EP=1$。X_2 同时接到两输入与门的一个输入端(另一输入端 $X_1=1$),所以 74161 的 $ET=1$,74161 开始加法计数。由于 $S=1,X_1=1$,两片 74192 的置数端 $\overline{LD}=1$、清零端 $R_D=0$,倒计时电路开始工作。

③ 在 10 s 倒计时期间,如果一直没有选手抢答,$X_1=1$。当 74161 计数到 1001(9) 时,两片 74192 清零。由于 74192 清零,使 74161 的 $EP=ET=0$,74161 也停止计数。

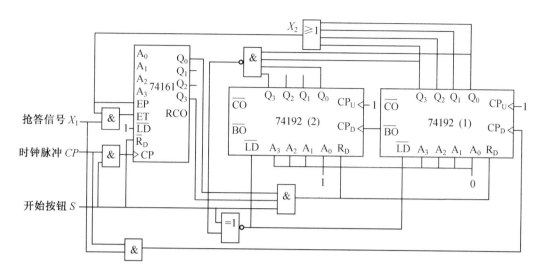

图 10.21　计时模块电路图

④ 在 10 s 倒计时期间,如果有选手抢答,$X_1 = 0$,则 74161 的 $ET = 0$,74192 的脉冲输入同时为 0,74161 和倒计时电路均停止计数 。

4. 警示模块设计

警示模块电路图如图 10.22 所示。

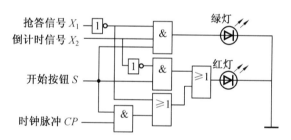

图 10.22　警示模块电路图

警示模块工作过程如下:

① 当主持人未按下按钮 S 时,$S = 0$,绿灯熄灭。此时如果有选手抢答,$X_1 = 0$,则 $\overline{X_1} = 1$,红灯亮,表示抢答无效。

② 当主持人按下开始按钮 S 时,$S = 1$。如果有选手抢答 $X_1 = 0$,倒计时信号 $X_2 = 1$(表示倒计时进行中),三输入"与"门输出高电平,绿灯亮;如果无人抢答,$X_1 = 1$,$\overline{X_1} = 0$,红灯闪烁,直到计时结束,$X_2 = 0$,红灯常亮。

10.5.4　仿真实现

仿真电路图如图 10.23 所示。

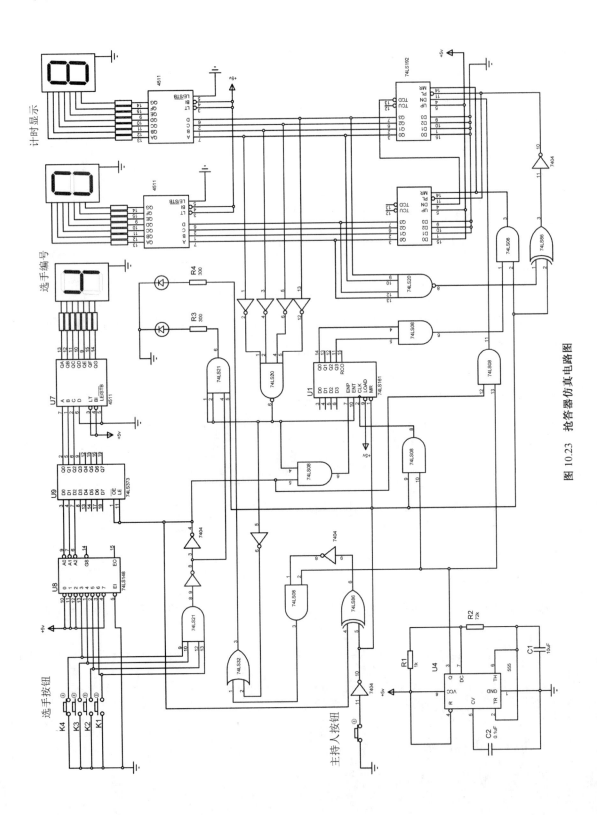

图 10.23　抢答器仿真电路图

10.6　表决器电路设计

10.6.1　设计要求

本设计设置 15 个开关,开关为"1"时表示同意,开关为"0"时表示反对。表决器电路对每次表决的结果进行统计,用数码管显示同意的人数和反对的人数。

10.6.2　电路组成

表决器电路组成框图如图 10.24 所示,由时钟脉冲模块、表决模块、计数控制模块、统计模块和显示模块组成。

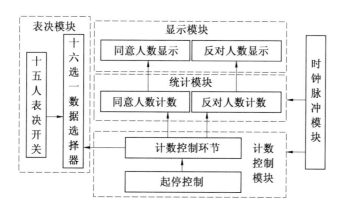

图 10.24　表决器电路组成框图

10.6.3　电路设计

1.表决模块设计

表决模块由 15 个开关、两片八选一数据选择器 74151 和逻辑门构成,电路如图 10.25 所示。

其中,图中的 $P_3 P_2 P_1 P_0$ 与计数控制模块中 74161 的计数输出端相连。当 $P_3 = 0$ 时,选通 74151(1),$Y = Y_1$;当 $P_3 = 1$ 时,选通 74151(2),$Y = Y_2$。表决电路输出逻辑表达式为

$$Y = \overline{P}_3 \cdot Y_1 + P_3 \cdot Y_2 = \overline{\overline{\overline{P}_3 Y_1} \cdot \overline{P_3 Y_2}}$$

2.计数控制模块设计

计数控制模块电路如图 10.26 所示。电路由 1 片 74161、1 个 D 触发器、逻辑门、投票结束指示灯和开关 S 组成。其中开关 S 为投票控制开关,当 S 闭合时,允许投票;当 S 断开时,禁止

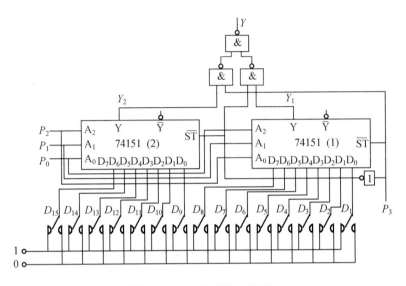

图 10.25　表决模块电路图

投票。

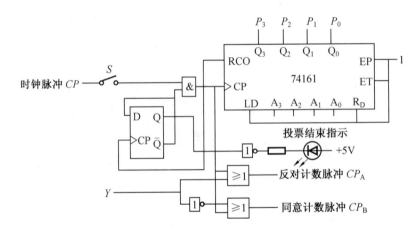

图 10.26　计数控制模块电路图

① 当 S 断开时,无时钟脉冲输入,74161 不计数,不能投票。

② 当 S 闭合时,允许投票。

S 闭合,时钟脉冲信号通过两输入"与"门送到 74161 的计数脉冲输入端 CP 和两输入"或"门的输入端。

74161 工作在 16 进制加法计数方式,此时 74161 的进位输出端 $RCO = 0$。由于 RCO 与 D 触发器的脉冲输入端相连,所以 D 触发器无脉冲输入,处于初始状态:$Q = 0, \overline{Q} = 1$。投票结束指示灯熄灭。

当 74161 计数输出为 0000 ~ 0111(对应前 8 个时钟脉冲信号)时,$P_3 = 0, Y$ 输出的是 74151(1) 的数据;当 74161 计数输出为 1000 ~ 1110(对应后 7 个时钟脉冲信号)时,$P_3 = 1, Y$

输出的是 74151(2) 的数据。两个两输入"或"门分别输出同意计数脉冲 CP_A 和反对计数脉冲 CP_B。

当 74161 计数输出为 1111 时,$RCO=1$,D 触发器翻转,$Q=1$,$\overline{Q}=0$,两输入"与"门输出为 0。74161 无脉冲输入,停止计数。此时投票结束指示灯亮起。

3. 统计模块设计

统计模块由同意人数统计电路和反对人数统计电路两部分组成。

(1) 同意人数统计电路设计。

用两片 74192 级联成一百进制加法计数器,将同意计数脉冲 CP_A 接入 74192(1) 的 CP_U 端。电路如图 10.27 所示。

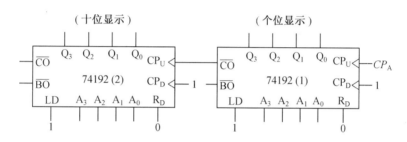

图 10.27　同意人数统计电路图

(2) 反对人数统计电路设计。

与图 10.27 所示电路仅有一点不同,即用反对计数脉冲 CP_B 替换 CP_A。

4. 显示模块设计

显示模块由显示译码器 CD4511 和共阴极数码管构成,参考第 4 章相关内容。

5. 时钟脉冲模块设计

参考图 7.23 设计。

10.6.4　仿真实现

仿真电路如图 10.28 所示。电路中的计数脉冲接入的是 DCLOCK。在图 10.28 中,表决结果是 10 个同意(接高电平),5 个反对(接低电平),投票结束指示灯点亮表示投票结束。

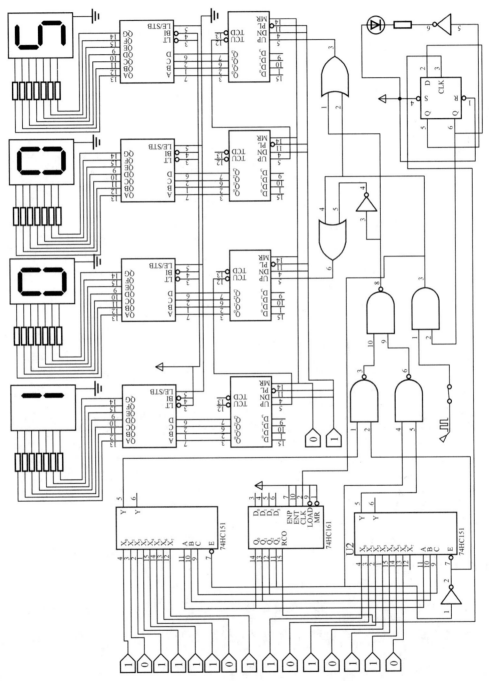

图 10.28 表决器仿真电路图

10.7　点名器电路设计

10.7.1　设计要求

设计一个能统计 8 人出勤和缺勤情况的点名器电路,要求具有如下功能:

(1) 分别用 1 位数码管显示出勤人数($N_{出勤}$)和缺勤人数($N_{缺勤}$)。

(2) 当 $N_{出勤}$ < $N_{缺勤}$ 时,点亮绿色发光二极管,用 4 个数码管显示出勤人员的编号。

(3) 当 $N_{出勤}$ ≥ $N_{缺勤}$ 时,点亮红色发光二极管,用 4 个数码管显示缺勤人员的编号。

10.7.2　电路组成

本设计由时钟脉冲模块、签到模块、控制模块、出勤／缺勤统计模块和号码处理模块组成。组成框图如图 10.29 所示。

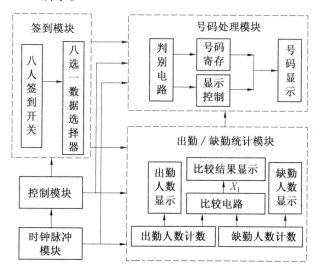

图 10.29　点名器电路组成框图

10.7.3　电路设计

1. 时钟脉冲模块设计

参考图 7.23 设计。

2. 签到模块设计

签到模块由 8 个按键和 1 片八选一数据选择器 74151 组成。当按键为“1”时,表示出勤;当按键为“0”时,表示缺勤。74151 的地址端 $A_2 A_1 A_0$ 受控于控制模块。电路如图 10.30 所示。

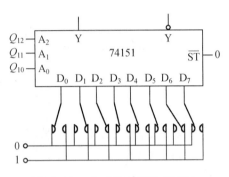

图 10.30　点名器电路组成框图

3. 控制模块设计

控制模块和时钟脉冲模块一起,控制出勤／缺勤统计模块和号码处理模块的工作过程。按照设计思路,完成一次点名需要 16 个周期,前 8 个周期进行出勤人数和缺勤人数的统计和比较,后 8 个周期将需要显示的号码显示出来。但是由于同步计数脉冲工作延时,一片 74163 无法完成全部工作,因为一片 74163 后 8 个周期实际上只有 7 个周期为有效周期,因此控制模块需要两片 74163,控制模块电路如图 10.31 所示。前 8 个周期 74163(1) 正常工作,$Q_{13} = 0$,74163(2) 的 $Q_{20} = 0$,二者取"非"之后相"与"输出为 1。后 8 个周期 74163(1) 的 $Q_{13} = 1$,第 16 个周期时,74163(1) 的 $RCO = 1$,74163(2) 的 $ET = 1$,$Q_{20} = 1$,补充 1 个周期,脉冲结束后,"与"门输出为 0,电路停止工作。74163(1) 的 $Q_{12} Q_{11} Q_{10}$ 控制 74151 的互补输出端 Y 和依次输出 8 个签到开关的数值。

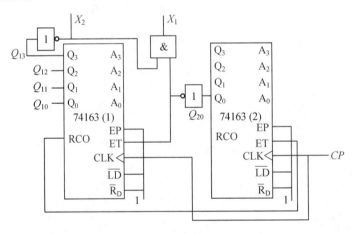

图 10.31　控制模块电路图

4. 出勤／缺勤统计模块设计

出勤／缺勤统计模块由 2 片 74163 芯片、1 片 7485、2 个发光二极管、2 个显示译码器和 2 个数码管组成。电路如图 10.32 所示。其中 74163(3) 用来统计出勤人数 $N_{出勤}$,74163(4) 用来统计缺勤人数 $N_{缺勤}$,统计过程由数码管实时显示,图 10.32 中忽略了显示译码器 CD4511 和共阴极数码管部分,连接方法可参照前面章节的相关内容。7485 用来比较 $N_{出勤}$ 与 $N_{缺勤}$ 的大小,当

$N_{出勤} < N_{缺勤}$ 时，$X_3 = 1$，点亮绿色发光二极管；当 $N_{出勤} \geqslant N_{缺勤}$ 时，$X_4 = 1$，点亮红色发光二极管。两片74163的 ET 端分别与图10.30中八选一数据选择器的互补输出端相连，两个 EP 端接在一起由图10.31所示电路的 X_1 控制。

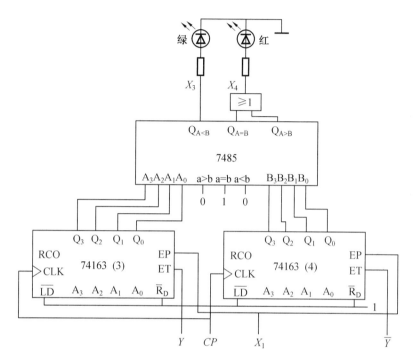

图 10.32　出勤／缺勤统计模块电路图

5. 号码处理模块设计

（1）号码寄存和显示电路设计。

号码寄存和显示电路如图10.33所示。依据题意，当 $X_3 = 1$（$N_{出勤} < N_{缺勤}$），显示出勤人员号码；当 $X_3 = 0$（$N_{出勤} \geqslant N_{缺勤}$），显示缺勤人员号码。

图10.33中的74163(5) ～ 74163(8)采用级联方式连接，用来寄存待显示的号码。根据 X_2 的值确定需要寄存的号码类别。4个计数器74163均工作在置数状态，如果待显示的号码仅有1位，仅需将74163(5)置数，然后通过数码管显示；如果待显示的号码大于1位，先将第一位号码置数到74163(5)的输出端，显示的同时，此号码也输入74163(6)的输入端，下一个脉冲到来时，74163(5)的输出端显示第二个号码，74613(6)的输出端显示第一个号码，同时74163(6)的输出端显示的号码被置数到74163(7)的输入端。依此类推，直到4个号码显示完成。

图10.33中 Y 为图10.30中74151的输出端。X_2 为图10.31中74163(1)的 $\overline{Q_3}$，当 $X_2 = 1$ 时，为前8个周期，号码处理模块不工作，当 $X_2 = 0$ 时，号码处理模块工作。X_3 为图10.32中 $N_{出勤} < N_{缺勤}$ 的比较结果输出，当 $X_3 = Y = 0$ 时，说明此时 $N_{出勤} \geqslant N_{缺勤}$，需要显示缺勤号码，此时的 $Y = 0$，当前号码为缺勤人员，"异或"门输出为0，如果此时 $X_2 = 0$，"或"门输出为0，74163(5) ～ 74163(8)均工作在置数状态，将显示的号码置数显示；当 $X_3 = 0$，$Y = 1$ 时，说明此

时 $N_{出勤} \geq N_{缺勤}$,需要显示缺勤号码,此时的 $Y = 1$,当前号码为出勤人员,"异或"门输出为1, "或"门输出也为1,74163(5) ~ 74163(8) 均工作在保持状态。

74163(5) ~ 74163(8) 输出接 CD4511 和共阴极数码管。

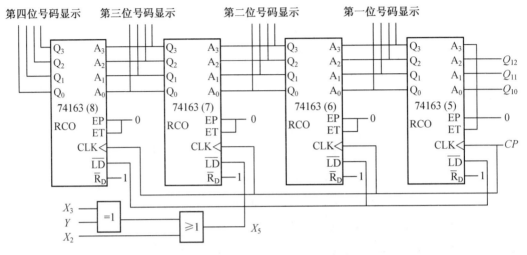

图 10.33　号码寄存和显示电路图

（2）消隐控制设计。

由题意可知,显示号码的数码管共有 4 个,最多可显示 4 个号码。当待显示号码数量小于 4 时,就会出现不需要显示的数码管,需要将这些数码管消隐。本设计采用 74194 控制数码管的消隐,电路如图 10.34 所示。

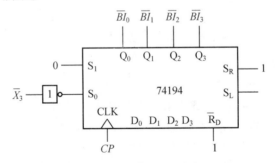

图 10.34　消隐控制电路图

74194 的 4 个输出端 Q_3, Q_2, Q_1, Q_0 分别与 4 片 CD4511 的消隐控制端相连,S_1 端接低电平,S_0 端接图 10.33 中 X_5,S_R 端接高电平。初始时 $Q_3 Q_2 Q_1 Q_0 = 0000$,4 个 CD4511 均处于消隐状态。前 8 个周期 $X_5 = 1$,74194 处于保持状态,输出为 0000;后 8 个周期中,当 $X_5 = 1$ 时,$S_1 S_0 = 00$,74194 处于保持状态,显示译码器的工作状态不变;当 $X_5 = 0$ 时,$S_1 S_0 = 01$,74194 工作在同步右移方式,右移输入 1,相应的显示译码器由消隐状态变为译码状态,点亮相应的数码管。

10.7.4　仿真实现

仿真电路如图 10.35 所示,电路中的计数脉冲接入的是 DCLOCK。

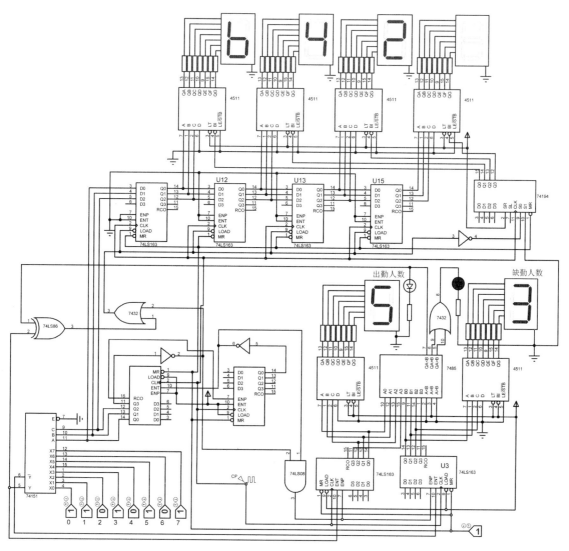

图 10.35　点名器仿真电路图

10.8　电子密码锁控制电路设计

10.8.1　设计要求

设计一个可重置密码的电子密码锁控制电路,要求密码锁处于打开状态时可设置 4 位密码。密码锁处于锁住状态时,正确输入 4 位密码,锁可以打开;如果密码输入错误,锁打不开。

10.8.2　电路组成

电子密码锁的控制电路由数字按键编码模块、缓存显示电路、密码锁存比较模块、开锁控制模块、缓存控制模块和时钟脉冲模块六部分组成。电子密码锁组成框图如图 10.36 所示。

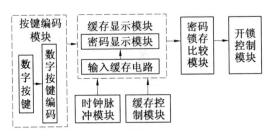

图 10.36　电子密码锁组成框图

10.8.3　电路设计

1. 按键编码模块设计

按键编码模块由 0~9 十个数字键和编码器芯片组成,本设计选用优先编码器芯片 74148 对数字键值进行编码,需要两片 74148 级联,级联实现方法参见第 4 章 4.3 节相关内容,数字按键编码电路原理图如图 10.37 所示。需要说明的是,数字编码输出的是反码。

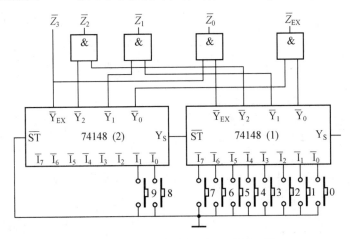

图 10.37　数字按键及编码电路原理图

2. 缓存控制模块设计

缓存控制模块原理图如图 10.38 所示。电路实现如下几个方面的功能:

(1)控制四位密码的移位缓存。正常情况下,退格键没有按下时是低电平,每按下一次数字键,图 10.37 的 $\overline{Z}_{EX}$ 输出一个低电平,取"非"后变成高电平,即每按下一次数字键,相当于输入一个脉冲信号。74194(1)的 $S_1 S_0 = 01$,工作在右移状态,

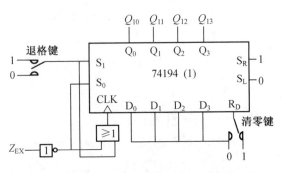

图 10.38　密码暂存管理电路原理图

$S_R = 1$,每输入一个脉冲,74194(1)右移输入一个"1",4 个脉冲后,输出 $Q_{10} Q_{11} Q_{12} Q_{13}$ 依次为"1",即 74194(1)的输出 $Q_{10} Q_{11} Q_{12} Q_{13} = 1111$,将四个数码送至输入缓存电路暂存。

(2)当清零键按下时,74194(1)的输出 $Q_{10} Q_{11} Q_{12} Q_{13} = 0000$,控制 4 个缓存寄存器同时清零。

（3）当退格键按下时,74194 的脉冲端输入一个脉冲,同时 74194(1) 的 $S_1S_0 = 10$,工作在左移状态,由于 $S_L = 0$,则左移输入"0",将缓存寄存器清零,达到退格的目的,直到四个输入的数字都被清零,清除输错的数字后可以重新输入。

3. 缓存显示模块设计

无论是设置密码还是输入密码开锁,只要有数字键按下,就会将按键值编码送到缓存电路暂存。采用 4 片双向移位寄存器 74194 暂存 4 位密码键值,同时将键入的密码显示出来。

（1）缓存电路设计。

缓存电路图如图 10.39 所示。

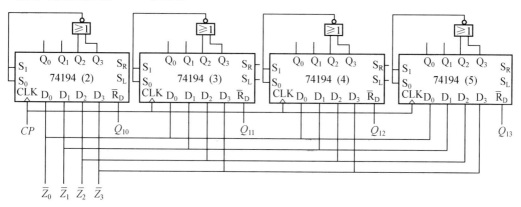

图 10.39　输入数字缓存电路图

在没有数字需要编码时,编码器的输出为 1111,74194(1) 的输出是 0000,此时 4 个暂存密码的 74194(2) ~ 74194(5) 的 $S_1S_0 = 11$,寄存器处于置数状态。当按下第一个数字键时,74194(1) 右移,$Q_{10} = 1$,第一个寄存器的清零端置 1,将输入 $\overline{Z_3}\,\overline{Z_2}\,\overline{Z_1}\,\overline{Z_0}$ 对应数字反码置数到 74194(2) 的输出端,由于十个数字的四位反码必有一个值为 1,则相对应的"或非"门输出为 0,此时松开按键,寄存器在脉冲到来后转入保持状态;按下第二个数字键时,第一个寄存器已经处于保持状态不变,而 74194(1) 右移,$Q_{11} = 1$,第二个寄存器的清零端置 1,将第二个数字的反码置入 74194(3);同理,第三个和第四个寄存器分别在数字键按下后,清零端置 1,然后将按下的数字反码置数到寄存器的输出端。

（2）密码显示电路设计。

无论是设置密码还是输入密码,每次按下数字键时,电路均将相应的数字用数码管显示出来,由于 74148 是反码输出,因此密码数值显示之前需要将 4 个缓存寄存器的所有输出端接"非"门。显示模块由显示译码器 CD4511 和共阴极数码管构成,参考第 4 章相关内容。

4. 密码锁存比较模块

4 位密码锁存采用两片锁存器 74373。设置一个开关 S,当开关置于高电平时,电路工作在密码设置状态,此时锁存器 74373 的 $G = 1,\overline{OE} = 0$,锁存器工作于直通状态,将键入的数字直接送到输出端,锁存器的输出端与数值比较器的 A 端口相连;当开关 S 置于低电平时,电路工作在密码输入状态,锁存器 74373 的 $G = 0,\overline{OE} = 0$,锁存器工作在锁存状态,此时键入数字不进入锁存器,直接送入电压比较器的 B 端口。

2 位密码锁存和密码比较电路原理图如图 10.40 所示,比较结果用 M_i 表示。4 位密码锁只

需要增加一组相同的逻辑电路即可。

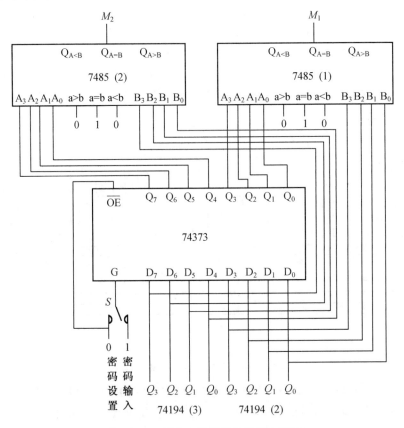

图 10.40　两位密码锁存和比较电路图

5. 开锁模块设计

当输入的密码和设置的密码相同时,锁打开,不相同时锁无法打开。开锁电路图如图 10.41 所示,用指示灯点亮表示锁打开,用开关代表钥匙,输入密码后,开关闭合,如果密码正确,开锁指示灯亮,表示锁已打开。

图中 $M_1M_2M_3M_4$ 为图 10.40 所示的密码比较电路的输出,S 为图 10.40 所示的密码设置和输入方式控制开关,$S=0$ 时设置密码,$S=1$ 时输入密码。

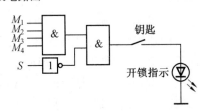

图 10.41　开锁控制电路图

6. 时钟脉冲模块设计

参考图 7.23 设计。

10.8.4　仿真实现

仿真电路如图 10.42 所示,电路中的计数脉冲接入的是 DCLOCK。

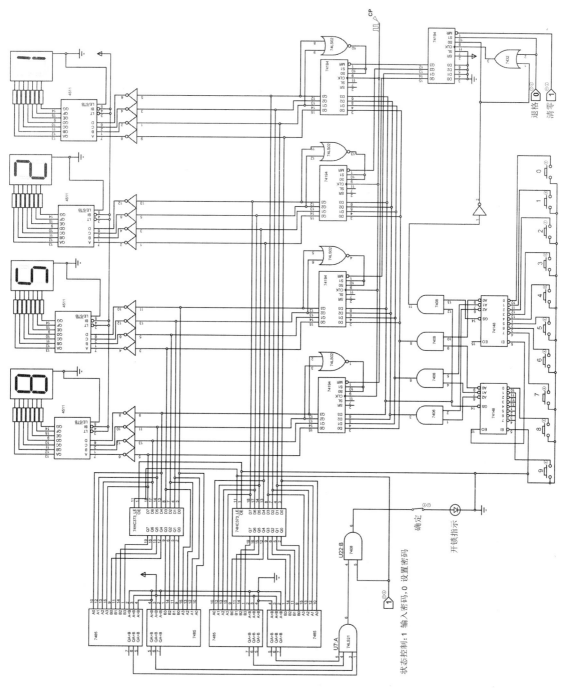

图 10.42　密码锁控制电路仿真电路图

附录 常用元器件一览表

附表 1 Proteus 常用电工器件一览表

名称	规格	Proteus 中的关键字	备注
电容	普通	CAP	可根据具体电路要求选择电容种类
	普通	REALCAP	
	普通	CAPACITOR	
	电解电容	根据电容值选择	
电感	普通	REALIND	可根据具体电路要求选择电感种类
LED 灯	双色	LED-BIBY	—
	蓝色	LED-BLUE	—
	黄色	LED-YELLOW	—
	绿色	LED-GREEN	—
	红色	LED-RED	—
电阻	可变电阻	POT-HG	电阻种类很多,可以根据电路实际情况选择
	0.6 W	据阻值选择	
	普通	RES	
开关	—	SWITCH	运行时可以实时闭合和断开
单刀双置开关	—	SW-SPDT	—
拨码开关	10 状态、4 输出	THUMBSWITCH-BCD	—
继电器	直流 12 V	G2RL-1A-CF-DC12	带 2 个常开常闭触点的继电器
电池	DC	BATTERY	直流电源,可以修改电源幅值
分段线性电压源	—	VPWLIN	—
直流电压源	—	VSOURCE	—
蜂鸣器	直流	BUZZER	—

附表 2 Proteus **常用模拟器件一览表**

名称	规格	Proteus 中的关键字	备注
三端稳压器	12 V	7812	—
电解电容	—	根据电容值选择	—
二极管	普通	DIODE	—
	50 V,1 A	1N4001	反向电压 50 V,正向电流 1 A
	—	1N4148	一种小型的高速开关二极管
稳压二极管		根据稳定电压、工作电流选择	—
	若选取 5.1 V,49 mA	1N4733A	—
	16 V	1N4745A	—
	6.2 V	1N4735A	—
三极管	NPN 双极性晶体管	NPN	
	NPN 晶体管	BDX53	
	PNP 晶体管	BDX54	
整流桥	单向 50 V,2 A	2W005G	
数码管	7 段 BCD 码	7SEG-BCD	—
	共阴极 7 段 BCD 码	7SEG-MPX1-CA	—
		7SEG-MPX1-CC	
集成运放	μa741	741	一种线性集成电路
	超低失调电压运算放大器	OP07	
正弦信号源	AC	VSIN	—
低功耗高频晶体管	NPN	2N2222	—
低功耗晶体管	NPN	PN2369A	—
定时器	—	TRAN-2P2S	
集成函数信号发生器	—	ICL8038	一种有多种波形输出的精密振荡集成芯片

附表3　Proteus 常用数字电路器件一览表

名称	规格	Proteus 中的关键字	备注
数码管	7 段 BCD 码	7SEG-BCD	输出从 0～9 对应于 4 根线的 BCD 码
	共阳极 7 段 BCD 码	7SEG-MPX1-CA	—
	共阴极 7 段 BCD 码	7SEG-MPX1-CC	—
逻辑状态	—	LOGICSTATE	
集成运放	μa741	741	—
脉冲信号源	—	VPULSE	—
时钟信号	—	CLOCK	—
与非门	7400	7400	—
驱动门	7407	7407	—
与门	7408	7408	—
或门	7432	7432	—
非门	7404	7404	—
三输入与门	7411	7411	—
三输入或门	4075	4075	—
7 段 BCD 码解码器	4511	4511	—
8 选 1 数据选择器	74151	74151	—
4 选 1 数据选择器	74153	74153	—
三输入与非门	7410	7410	—
4 位移位寄存器	74194	74194	—
4 位二进制计数器	74161	74161	—
十进制加减计数器	74192	74192	—
异或	74HC86	74HC86	—
4 输入与门	74HC4072	74HC4072	—
D 触发器	74HC74	74HC74	—
4 输入与门	74HC21	74HC21	—
38 译码器	74HC138	74HC138	—
7 段 BCD 码解码器	7448	7448	—
JK 触发器	74HC112	74HC112	—
双十进制计数器	74LS390	74LS390	—
地	—	GROUND	—
电源	—	POWER	—

参 考 文 献

[1] 闫石. 数字电子技术基础[M]. 6 版. 北京:高等教育出版社,2019.

[2] 杨聪锟. 数字电子技术基础[M]. 2 版. 北京:高等教育出版社,2019.

[3] 蒋立平. 数字逻辑电路与系统设计[M]. 3 版. 北京:电子工业出版社,2019.

[4] 王毓银,陈鸽,杨静,等. 数字电路逻辑设计[M]. 3 版. 北京:高等教育出版社,2018.

[5] 杨志忠,卫桦林. 数字电子技术基础[M]. 3 版. 北京:高等教育出版社,2021.

[6] 邓元庆. 数字电路与系统设计[M]. 3 版. 西安:西安电子科技大学出版社,2016.

[7] 康华光. 电子技术基础:数字部分[M]. 7 版. 北京:高等教育出版社,2021.

[8] 李景宏. 数字逻辑与数字系统[M]. 北京:电子工业出版社,2017.

[9] 蔡良伟. 数字电路与逻辑设计[M]. 3 版. 西安:西安电子科技大学出版社,2018.

[10] 白中英. 数字逻辑[M]. 7 版. 北京:科学出版社,2021.

[11] 欧阳星明. 数字逻辑[M]. 5 版. 武汉:华中科技大学出版社,2021.

[12] 赵明. 电工学实验教程[M]. 2 版. 哈尔滨:哈尔滨工业大学出版社,2016.

[13] 赵明. Proteus 电工电子仿真技术实践[M]. 2 版. 哈尔滨:哈尔滨工业大学出版社,2017.

[14] 李晖,金浩,赵明. 电工电子技术基础实验教程[M]. 北京:中国铁道出版社,2021.

[15] 王博,姜义. 精通 Proteus 电路设计与仿真[M]. 北京:清华大学出版社,2018.